孝亦有道

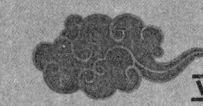

立世修身第一课

FILIAL PIETY IS YOUDAO

董晓鸣 著

一部触及灵魂、拷问良心的
经典之作

北方联合出版传媒（集团）股份有限公司
辽海出版社

图书在版编目(CIP)数据

孝亦有道/董晓鸣著.—沈阳：辽海出版社，2015.5
(2020.9重印)
ISBN 978-7-5451-3464-3

Ⅰ.①孝… Ⅱ.①董… Ⅲ.①孝—文化研究—中国 Ⅳ.①B823.1

中国版本图书馆CIP数据核字(2015)第092953号

孝亦有道
董晓鸣·著

责任编辑：丁 雁　封面设计：杨 超　责任校对：周建刚
出版发行：北方联合出版传媒（集团）股份有限公司
　　　　　辽海出版社
地　　址：沈阳市和平区十一纬路25号（110003）
电　　话：024-23284381
E-mail：dszbs@mail.lnpgc.com.cn　http://www.lhph.com.cn
经　　销：全国各新华书店
印刷者：沈阳东泽印刷有限公司
幅面尺寸：170mm×240mm　16.5印张　250千字
2015年7月第1版　2020年9月第4次印刷
定　　价：42.80元

版权所有　翻印必究　印装差错　负责调换

谨以此书

献给我的父亲母亲和岳父岳母

并向天下所有伟大的父母致敬

在看这本书前,请先放下你的浮躁。
如果你做不到,就请先放下这本书!

小 引

先给大家看几条我在2015年春节前后一个多月时间内看到的新闻:

①2015年2月9日,在三亚火车站上演的荒唐一幕。海口铁路公安处三亚火车站派出所执勤民警在巡逻过程中发现售票厅中有一名年轻男子在死命追打一名中年男子,民警立即上前制止,经询问,被打中年男子是年轻男子的父亲。中年男子称:他要带他儿子从三亚乘车经河南郑州转车回江苏老家过年,儿子嫌坐火车时间长,加上其父亲民工打扮难看,还带着其他民工坐火车,所以不愿意和他们一起坐车,还称有损自己干净的形象,不管回家机票多贵,都要坐飞机回家。父亲对其儿子说,实在没钱了,如果买了机票,今年就没钱回家过年了,让儿子理解一下。儿子却说:"那是你的事,你今天不让我坐飞机,我回老家了非打死你不可!"(呵呵)听了这般缘由,面对如此冷血的儿子,民警看着都心寒。

②2015年2月11日,铜川市公安局印台分局东坡派出所"破获"了一起有些离奇的"盗窃案":母亲"偷了"儿子的钱,还把他的身份证和去外地的火车票藏了起来。原来,眼看要过年了,儿子要出门打工,母亲有点不愿意,但又劝不住,就想出"偷"盘缠的方法,好让儿子能留在家里过完年再去外地打工。

③2015年2月18日,家住南京市建邺区80多岁的陈老先生因为寂寞难耐,以"丢人"的心态,将自己三个子女告上法庭,请求法院判令子女们轮流来看望照顾自己,并给付医疗费、赡养费等费用。陈老先生独自一人生活,长期生病,生活不能自理,非常需要人护理和照顾。但三个子女不仅平

时不来照顾，逢年过节也不来看望父亲。陈老先生说："逢年过节，别人家都喜气洋洋，人来人往。我家除了电视机陪我，就没了别人，心都是凉的。"一提到将要到来的春节，戳到老人的痛处，老人黯然泪下。

④2015年2月22日，记者在武汉市公安局采访了解到，今年春节武汉发生多起因为空巢老人无人照料引发的治安案件。大年初一，武汉市江汉区一六旬老人因子女常年不回家过年，愤然离家出走并要跳江轻生，幸被民警及时发现，挽回一命。

⑤2015年2月22日，菏泽巨野公安局110指挥中心接到报警，报警人称自己的丈夫在去年农历八月十五，将亲生儿子勒死在家中。通过再三询问，巨野县营里镇的年近七旬的孙老汉承认了他用麻绳勒死儿子，并将儿子尸体埋到了自家农田的犯罪事实。经调查是孙老汉伙同大儿子共同实施作案，孙老汉的大儿子称：他弟弟经常喝酒赌博，喝醉以后拿着刀，经常扬言要杀父母，这一次他又喝酒吓唬父母，在这种情况下，失手杀了他。

⑥2015年3月1日凌晨1:30许，合肥市望湖派出所民警在太湖路一家饭店门口，发现一名老汉自言自语，情绪异常，询问得知，老汉姓任，75岁，老伴儿已经过世。任老汉称："儿子出差前，让我进城看看孙子。"当晚任老汉用湿毛巾擦拭了几把脸后，发现脸盆中的水还温热，就用来给两岁大的孙子洗澡。刚洗没多久，被儿媳看到，"儿媳质问我为什么不用淋浴喷头洗，我觉得脸盆里的水温正好，也不脏，浪费那些水干啥？"任老汉的回答彻底惹恼了儿媳，"她先是把我一通骂，又让我收拾行李离开"。当晚，怕惊着孩子，任老汉带行李离家。民警发现时，他已经在外晃荡了三个多小时。民警把任老汉送回儿子家，要求儿媳开门，房门迟迟不开。在门口僵持了5分多钟，心寒的老汉铁心离开。当夜，任老汉在家门口附近一家小旅店凑合了一晚，次日伤心地返回了农村老家。

……

前面这些新闻，虽然只是文字描述，而非直观的见闻，却已然让人不寒而栗，悲愤莫名。试想，如果我们是新闻中的老人，等我们老了也遭受如此的境遇，那有多悲惨，那得多凄凉！

小　引

　　看完这些，你可能会觉得你做得比他们好太多，我也相信这样的事绝不会发生在看这本书的人身上。但是亲爱的朋友，你对父母就真的做到了尽善尽美吗？我恳请你借遇到这本书的机会，无论再忙都抽出几分钟的时间，认真反思一下自己是否孝顺，也想一想应该怎样对待父母。如果你没有太多的时间思考，不妨看看我这本书中梳理出来的多年与父母相处的心得，应该会对你有所帮助。

| 自 序

首先我要向你声明,我不是作家,而是一名军人,虽然也上过大学,但文字写作着实不是我所擅长的。之所以自不量力写这本关于孝道的书,主要是看了太多虐待老人的新闻,实在按捺不住内心的愤怒,觉得不能任由这样的事态发展,应该早点让人们醒悟。于是起早贪黑把自己对孝道的感悟,凑成了这本书。

我始终觉得"孝"不是一个应该被探讨的话题,但太多的人因为不懂孝、不会孝、不行孝,伤害了父母而不自知。有些父母的处境用"水深火热"来形容都不为过。于是孝道变成了不得不讨论,并且必须深入讨论、马上讨论的话题。而一旦讨论这个话题,每个人都无法回避。因为人人都是父母所生、父母所养,因此每个人都要赡养父母。虽然如何尽孝是每个人都应该认真思考的问题,但是绝大多数的人却不会对孝道做专门的思考,因为在绝大多数人看来,孝道是不需要思考的,顺其自然就行。即便有思考孝道的,也只仅限于写这方面东西的人。很少有人来教我们应该如何尽孝。为了填补这方面的空白,我结合自身对孝道的感悟整理出了这本拙作。在这本书中我把尽孝的一些误区梳理出来,希望人们能避免;把对父母尽孝的有效方法总结提炼出来,希望人们能在与父母相处的过程中加以运用。孝亦有道,方为孝道。我希望这些方法能让人们在尽孝时少走弯路,别走错路,也希望这本书能够成为子女们学习孝道的自学参考书,更希望它能成为年轻父母教育孩子学习孝道的教科书。我深知我的水平有限,但我仍然坚信,如果你用心品读,这本书就一定会对你有所帮助。

虽然我不确定我在书中赤裸的真实能否打动你,也不知道这满篇直抒胸臆的大白话能否经得起推敲,但我还是想和这个世界谈谈,和这个世界上父母尚在的人们谈谈。不谈人生,不谈梦想,我就想谈谈我们的爹娘。

书籍出版后,如发现任何文字或内容上的错误和不正确的资料引用,还望不吝赐教,我一定会在书籍再版时加以改正。如果您能给我提一些完善的建议,我更不胜感激。

最后我要对在我成长的路上曾经给我鼓励、支持,以及在这本书创作过程中帮助过我的人一并深表谢忱。

董晓鸣

2015年3月18日于沈阳

目 录

第一章 孝之现状

视角一：一份报告　　　　　　　　　　　　　　　　003

视角二：一条新闻　　　　　　　　　　　　　　　　004

视角三：一段视频　　　　　　　　　　　　　　　　005

视角四：一场婚礼　　　　　　　　　　　　　　　　005

视角五：一则启事　　　　　　　　　　　　　　　　006

视角六：一个电话　　　　　　　　　　　　　　　　006

视角七：一项规定　　　　　　　　　　　　　　　　007

视角八：一部法律　　　　　　　　　　　　　　　　008

第二章 孝之反省

孝之测试

初级测试　　　　　　　　　　　　　　　　　　　　011

中级测试　　　　　　　　　　　　　　　　　　　　012

高级测试　　　　　　　　　　　　　　　　　　　　014

孝之反省

行为反省：不孝的九宗罪，你犯过哪一宗　　　　　　017

类型反省：尽孝的六种类型，你属于哪一种　　　　　018

境界反省：尽孝的八重境界，你处在哪一重　　　　　018

第三章　孝之认知

一、孝是为人修身之本　　　　　　　　　　　　　023

二、孝是言传身教之首　　　　　　　　　　　　　026

三、孝是家庭和顺之要　　　　　　　　　　　　　028

四、孝是成事立业之源　　　　　　　　　　　　　029

五、孝是社会和谐之基　　　　　　　　　　　　　031

六、孝是文化传承之魂　　　　　　　　　　　　　032

第四章　孝之困惑

困惑一：是什么让孝顺这么难　　　　　　　　　　039

困惑二：为什么穷人家的孩子更孝顺　　　　　　　041

困惑三：为什么子女学历越高反而孝顺父母的越少　045

困惑四：为什么儿行千里母担忧，母居寒室儿却不愁　047

困惑五：为什么受伤的总是父母　　　　　　　　　048

困惑六：为什么我为父母做了这么多事，他们还是不开心　052

困惑七：为什么有的人娶了媳妇会忘了娘　　　　　053

困惑八：是工作重要，还是给父母送终重要　　　　055

困惑九：什么时候才是尽孝的最佳时期　　　　　　058

第五章　孝之误区

误区一：孝顺不需要学习　　　　　　　　　　　　063

误区二：父母既然生了我，就应该养我　　　　　　064

误区三：等我以后有条件了，再好好孝顺父母　　　065

误区四：孝顺，就是给父母钱　　　　　　　　　　072

误区五：孝顺就是逢年过节给父母买礼物　　　　　084

误区六：孝顺就是什么事情都不让父母做　　　　　085

误区七：孝顺就是给父母办一个风光的葬礼　　　　088

误区八：世上只有妈妈好　　091

第六章　孝之劝戒
孝之劝
劝之一：做好自己就是对父母最好的孝顺　　097

劝之二：你是让父母幸福的救命稻草　　100

劝之三：尽量不要介入父母的争吵　　102

劝之四：要尽孝，学点医学知识很必要　　103

劝之五：孝顺不能攀比　　105

劝之六：无论何时，家门永远为你敞开　　109

劝之七：从今天起做个孝顺的人　　114

孝之戒
戒之一：不能对父母用心机　　117

戒之二：不要嫌弃父母　　118

戒之三：不要让自己成为"杀害"父母的凶手　　124

戒之四：不能"愚"孝，也不能孝"愚"　　125

戒之五：不能让"婚姻"成为"孝顺"的坟墓　　132

第七章　孝之思辨
内涵思辨
一、孝，最简单，也最困难　　155

二、孝是"基本品德"，也是"最高评价"　　156

三、尽孝无小事，尽孝又皆小事　　157

四、尽孝尽多少都不"多"，尽多早都不"早"　　159

五、孝顺应该"宣传"，但不值得"表扬"　　161

六、论孝道的"因果报应"和"辩证唯物"　　162

主体思辨

一、父母不是"累赘"，而是"宝贝" … 165

二、父母不会"索取"，只会"拒绝" … 169

三、父母既是"老人"，也是"孩子" … 170

四、父母的时间最多，也最少 … 171

换位思辨

一、离父母最远的你，是父母最近的爱 … 173

二、子女只要回家，父母就是过年 … 175

三、子女"拼爹"，爹妈也在"拼儿" … 177

四、父母的"舒心"比子女的"舒服"更重要 … 178

五、子女尽孝不能凭自己心情，而要看父母心情 … 180

六、子女既要跟父母喜好一致，又要跟父母喜好不同 … 181

七、不让父母遗憾，你就不会遗憾 … 182

八、子女终有偕老者，父母更需同路人 … 184

九、既要对父母报喜不报忧，又要防止父母对你报喜藏忧 … 188

十、父母养宠物后，子女要深思；子女养宠物前，自己要反思 … 191

十一、若想子孝，先当孝子 … 192

十二、爱人的"枕边风"和父母的"耳旁风" … 196

第八章 孝之践行

践行原则

一、确保父母身心健康"一二三四五"原则（子女应遵循） … 203

二、老人心理健康自我调试"一二三四五"原则（父母应掌握） … 205

践行步骤

一、懂得感恩 … 207

二、及时报恩 … 211

目 录

践行秘籍

秘籍一：把你每一次和父母接触都当成是生命中的最后一次　　220

秘籍二：想象你现在就站在父母的坟前　　221

秘籍三：想象你现在手里拿着自己的病危通知单　　223

秘籍四：将来你想要你的子女怎样对你，你现在就怎样对你的父母　　223

秘籍五：百"事"孝为先　　224

秘籍六：孝以"顺"为先　　225

秘籍七：孝，就是让父母笑　　230

秘籍八：把父母当成外人　　231

秘籍九：把父母当成自己的孩子　　232

秘籍十：把对方父母当成自己亲生父母　　234

秘籍十一：以爱人的名义尽孝　　236

秘籍十二：让爱人和孩子替你尽孝　　236

秘籍十三：老吾老以及"老"之老　　237

秘籍十四：适当地"麻烦"父母　　238

践行方法

一、想要和父母在一起的方法　　239

二、不能跟父母在一起时的尽孝方法　　240

三、与父母在一起时的尽孝方法　　241

践行标准

初级标准：让父母一想到你就会微笑　　244

中级标准：能在父母葬礼上笑得出来　　244

高级标准：让父母含笑而终　　245

编后语　　247

第一章

孝之现状

FILIAL PIETY IS YOUDAO

孝道在中国已经传承了几千年,现在处于什么状况呢?近年来社会上发生的有关孝道的典型事件,或许能让我们对孝道的现状有更清晰的认知。

第一章 | 孝之现状

视角一：一份报告

有人说"人类在18世纪发现了儿童，在19世纪发现了妇女，在20世纪发现了老人"。的确，当历史的车轮转到21世纪时，银发浪潮已滚滚而来。全国老龄工作委员会2006年2月发布的《中国人口老龄化发展趋势预测研究报告》指出，中国已于1999年进入老龄社会。报告称，"21世纪的中国将是一个不可逆转的老龄社会"，头20年将成为"快速老龄化"阶段，随后的30年为"加速老龄化"阶段，其后的50年则达到"稳定的重度老龄化"阶段。如何安排和解决好亿万老年人的养老问题，将是中国21世纪的重大战略任务之一，也是每个家庭必须认真面对的问题。

正如报告所言，据有关部门统计，至2013年底，中国60岁及以上老年人口已达到2亿，占全球老年人口总量的五分之一，是世界上老年人口最多的国家。2025年将突破3个亿，2034年突破4个亿，并且中国的老龄化呈现出失能老年人、高龄老年人、空巢老年人以及贫困老年人比例高等特点。面对人口老龄化这一全球性难题，如何养老、何处养老，成了中国面临的重要民生问题之一。

评点： 当下，"怎么面对家有老人""怎样保证老人的晚年生活和精神有依靠"等关于老人的话题，伴随着中国"银色世界"的到来越来越炙热，其中一个不可回避的现实问题也随之而来，那就是——如何养老。面对日益严峻的人口老龄化问题，无论国家、社会，还是家庭，都面临着沉重的压力。解决人口老龄化问题，关爱空巢和独居老人需要政府、社会和家庭多方共同努力，尤其要强化家庭养老的基础作用。子女作为赡养人，有供养、照料和抚慰年迈父母的义务和责任，谁也不能例外，倡导孝道文化也就具有深远的社会意义和现实的指导意义。老年人为国家、社会和家庭辛苦劳碌一生，作出贡献，如今他们年老力衰，成了社会的弱势群体，如何使他们幸福愉快地度过晚年是摆在国家、社会和每一个家庭面前的一项重要任务。虽然国家已经制定了"党政领导、社会参与、全民关怀"的老龄工作指导方针，确定了"老有所养、老有所医、老有所教、老有所学、老有所为、老有所乐"的老龄工作目标，从中央到地方建立了老龄工作体系，并且做了大量卓有成效的工作。但是，由于历史和现实的种种原因，人们对老龄工作还不那么重视，在一些人当中存在着对老年人的年龄歧视。特别是有些不肖子孙，不但不尽孝养义务，反而虐待打骂老人，抢夺老人财物，干涉老人婚姻，侵犯老人合法权益，有些人的做法甚至天良丧尽，令人发指。有些人虽然做到了生活上的赡养，但没有注意精神慰藉。老年人因孤独、疾病、受虐等而自杀的事件屡有发生。这些，不能不引起我们的高度关注。对那些违法的不孝之人绳之以法，自然是解决问题的一种办法，但更多情况属于道德范畴，只有用孝道来教育、感化他们，使之尽到儿女的责任，让老年人在家庭的温暖和亲情中度过晚年，才是更为积极有效的办法。

视角二：一条新闻

2011年4月1日晚，在浦东国际机场到达大厅发生了一起让人触目惊心的一幕：搭乘航班从日本返沪的中国留学生汪某到达不久，就与前去接机的母亲顾某发生争执，原因是学费寄晚了。据其亲属介绍，汪某留学日本5年所有费用都靠母亲每月7000元的工资来支出。为了儿子，母亲顾某曾多次向朋友借钱。这次，顾某可能真的凑不到。事发当时，汪某从托运的行李中取出一把水果刀，对着母亲顾某连刺9刀，导致母亲当场倒地昏迷。汪某随即被赶来的民警抓获，同时民警迅速将顾某送至附近医院抢救。据医生介绍，顾某在被送医抢救时胃和肝均已破裂。然而，病床上满身插满了各种各样管子的顾某仍反复告诉记者："他是个好孩子，我们母子感情很好的，我不怪他。"并且最担心的仍是学校还会不会接收儿子，以及儿子会不会被判刑，担心社会对此事的过多关注会为儿子带来负面影响。

评点： 有句话说，现实的生活永远要超过艺术的杜撰。我想无论哪个作家、编剧都不可能构思出这样的剧情，但是这样的剧情就这么真实地发生了。无论时间过去多久，每次拿出来品读，心都滴血般地疼。在尊崇"百善孝为先"的中国，这样以怨报德式的行为触动了国人的神经。该事件一时间演变为一场"中国式母爱"与教育的争论。事件发生后引起媒体广泛关注，不少评论认为事件体现出家庭教育的失败，该个例也呈现出"中国式家长"

的悲剧，折射出当前青少年心理健康问题严重，健全人格教育应予以重视。

视角三：一段视频

2014年5月23日早上，新浪官方微博@陕西都市快报发布了一段视频，让所有人义愤填膺：一个20岁左右的少女因向母亲索要钱财，母亲不给，少女觉得当着众人面很丢人，于是辱骂母亲（骂得极其难听，我就不再复述，你可以搜来看看）。其母亲上前阻止，却被少女扇了好几个耳光，并大放厥词：母亲丢了她的脸，就该打。

评点：说这位少女的行为是人神共愤，应不为过。如上述新闻一般，近年来当街辱骂父母的丑闻时有曝光，子女不体谅、不尊重父母，嫌父母贫穷、卑微的行径，有悖于我们的传统道德，令人悲伤，让人忧虑。类似的问题层出不穷，确实值得我们深思。

视角四：一场婚礼

单身汉目睹婚礼上赠豪车怒斥父母：没一百万生我干吗？

2013年10月2日晚，安徽省马鞍山市一对新人的婚宴上，在婚礼中家人上台的环节，丈母娘拿出了一把钥匙，对女婿表示："我和你岳父商量送给你一件喜欢的礼物。"丈母娘当场宣布赠送给女婿的礼物堪称"马鞍山史上最贵嫁妆"：一辆宾利牌轿车。这惊呆了赶来参加婚礼的"小伙伴们"。主持人从女婿手中借来钥匙一看，随即对众人宣布："这是一辆宾利欧陆的车钥匙，价值400万元！"新郎随后扑通一声当众跪下。

酒过三巡后，让人意想不到的事情发生了，亲友团中一位看起来30岁出头的男子发起了酒疯，该男子搂着新郎大赞其丈母娘"大方"，说完话锋一转，开始说自己父母穷，害得自己相亲很多次都失败了。说到兴起时，该男子站起来直指父母怒吼："没有一百万，你们生我出来干吗？"男子的父亲一声不吭坐在座位上，母亲则一直默默流泪。

评点：看到这个新闻后在气愤之余，甚至会让人觉得好笑，但是这样的人少吗？或者说有这样心态的人少吗？我们每个人也应该借这个新闻真实地审视一下自己的内心：如果你竞争某一个岗位失败了，原因是对方的爸爸是某位领导，你为之努力奋斗若干年的理想破灭了，或者说别人生下来就拥有的东西，我们奋斗几十年也未必能得到，等你回家看到自己父母时，是什么心态呢？你会不会有一丝一毫的抱怨、嫌弃？如果你真实地审视自己的内心，你或许会发现只是多和少、轻和重的区别。

视角五：一则启事

临近春节，淘宝网上登出了一则出租孝心的启事，在这则特别的启事中，24岁的江西人小田表示："假如您的儿女对您不孝顺的话，假如您想感受一下孝顺的话，不妨租个孝顺的儿子试试。"他开出的价格也足以让人瞠目结舌：每天1000元。

评点：这种网店推出的"代看望老人"服务让亲情打折，令法律蒙羞。代孝，并不是稀罕物。宋丹丹给赵本山"再聊十块钱的"那个小品，就算是代孝。现代人整天忙，忙到了没时间尽孝，但是又想尽孝，所以只好找人代替。但是，生活不是小品，父母会喜欢这样的代孝吗？当尽孝都要找人替代的时候，我们的忙又有什么意义？又有多少人伦美德被"忙"所扼杀？当孝顺进入市场，开始像喜糖、年糕一样称斤论两，那意味着什么？面对日渐老迈的父母，如果我们真的沦落到了需要老人亲自到市场上去购买孝心的地步，那我们又该如何反思和调整？

视角六：一个电话

2013年9月8日晚上11点多，南京市110报警中心值班民警接到中山路吴老太太的报警电话，称家里被人放了炸弹。民警赶到后，问老太太哪里有炸弹，老人说客厅和房间的照明灯里有炸弹。尽管听起来不可思议，民警还是对老太太家中的电器、灯管及其他角落逐一检查了一遍，并没有发现问题。而老人精神很正常，不像是精神方面出了问题。最后民警与老太太交谈后得知，她的儿女都不在身边，老伴去世多年，整日里没有人和她说话，感到很孤独，由于苦闷，晚上经常难以入眠。民警问她，是不是觉得心里闷，想找人说话才报警？她点头承认，报警只是想找个人说说话，深更半夜的，不好意思找邻居聊天，因精神孤独而感到寂寞和恐惧。

无独有偶，在山东济南市一个社区，有一位76岁叫刘若楠的老太太，女儿在美国定居，2013年老伴去世时女儿回了趟家，以后再也没回来过。虽然请了保姆，但是保姆做完饭、收拾完房间走了，70多平的房子就她一个人。大部分时间，老人都是躺在床上睡觉，她感到这种养老状况令人畏惧，想找人聊天找不到。万般无奈中她就隔三岔五打110，叫民警来陪自己聊天。

更有甚者，重庆渝中区大坪街71岁的赵大爷，也是因为不堪寂寞，一年竟然拨打了1483次110，每次拨打都找各种理由，其实无非就是想找人聊聊天。

评点：针对以上几例老人因为感到孤独通过拨打110找民警说话的事例，心理干预专家认为，独居老人随着年龄的增长，自我感觉在渐渐退出"历史舞台"，自身价值观也随之降低，因此，在长期的孤独生活中，心理便出现了各种问题。"空巢老人"逐渐增多，并且"空巢老人"比子女在身边的老人更容易产生心理问题，主要表现为精神空虚抑郁、焦虑孤独，因此"空巢老人"往往身体状况差、患病率高、行动不便等。而子女关爱和照顾的缺位，更使得这些老人大多生活苦闷不乐、行为退缩，对自己的存在价值表示怀疑，常陷入无趣、无欲、无望、无助的状态，严重的心理问题还可导致死亡。针对这样的状况，我们不禁要问，儿女们都干吗去了，真就忙到了这种程度吗？

视角七：一项规定

从2012年开始，全国有211所中学的校长有资格向北大推荐优秀生，这些学生若通过北大面试，可在高考录取时享受北大降至当地本一批控制线录取。但是想上北大，并且是想直接推荐的这种，又谈何容易。抛开北大的推荐标准不说，北大推荐生标准首先明确了一条规定：

不孝敬父母的学生不得推荐！

评点：北大拒收"不孝生"，这应该算是一个破天荒的新闻。之所以说它破天荒，不仅仅是因为学校把孝顺作为招生的硬性指标，最重要的这是北大提出来的。为什么北大提出这个标准就是破天荒了呢？因为北大算是最开明的了，能够包容各种思潮、各种流派，可以说对各式各类的思想都能敞开怀抱，应该说北大代表了中国最前沿、最新潮的思想水平，但是北大居然在孝道这个问题上"传统"了，拒收不孝子。从这个侧面就能看出来，孝道确实是最应该做的，连北大的胸怀都无法包容，就说明不孝顺父母太出格了。

视角八：一部法律

2013年7月1日起，新修订的《老年人权益保障法》开始实施。与老版本的《老年人权益保障法》相比，新法内容从原来的50条扩展到85条。尤其需要注意的是，新修订的《老年人权益保障法》第18条明确规定，家庭成员应当关心老年人的精神需求，不得忽视、冷落老年人，与老年人分开居住的家庭成员，应当经常看望或者问候老年人。这就意味着子女"如果不能按时回家探望父母，就有可能触犯法律"。当然，对于子女不回家看看给予处罚的案件，一般的都是当事人（即父母）上诉才处理。可是有几个做父母的愿意告子女呢？

评点：诚然，法律作为强制手段在一定程度上对孝亲敬老会起到指引、约束与维系的作用，但是亲情贵在真挚，贵在发自本能。亲情一旦出现强拉硬扯，那就已经变了味道。孝敬父母不仅是子女的法律责任，更是道德义务，这种义务理应建立在自觉自愿、真心诚意的基础上。如果子女迫于法律压力而"回家看看"，那么这种"捆绑"式尽孝的意义并不大，效果也会微乎其微。"常回家看看"入法是法律的进步，同时也是道德的退步，孝顺都要靠法律来强制执行，可想而知当前孝道衰退到了什么地步！

前面的内容，有的让我们惊讶，有的让我们困惑，有的让我们气愤，有的让我们无奈，还有的让我们深思，但这些都只是现代人孝顺的现状里的某一个方面、某一个角度，不是孝的全部。

纵然有很多负面的新闻不断充斥我们的眼球，但不能否认的是绝大多数人还是有孝心的。孝的两极，毕竟还是少数，大多数人都处在这两极中间，既没有感天动地的尽孝之举，也没有深恶痛绝的虐亲之行，并且总体上还是向上向好的。那么你究竟做得怎么样呢？让我们一起进入下一个章节。

第二章
孝之反省

FILIAL PIETY IS YOUDAO

> 我们每个人都应该认真反省：我到底孝不孝？我到底孝到了什么程度？

孝之测试

你孝顺吗？

虽然你从小到大经历了无数次考试，自己也进行过各种各样的测试，但我相信，你应该是第一次遇到这种考试。虽然这次考试很特别，但却最有意义，需要你认真作答。既然是考试，就要监考，只不过这次考试的监考老师是你的良心。

初级测试

1. 你父母的生日是哪一天？

父亲：_____年_____月_____日。

母亲：_____年_____月_____日。

点评：父母的生日你是只记住了一个人的，还是一个人的都没记住呢？如果记不住父母的生日，《论语·里仁》里有一句话就需要你记住了，那就是："父母之年，不可不知也。一则以喜，一则以惧。"喜的是父母高寿，得享天年，做儿女的现在还有机会孝敬他们；惧的是父母年事又高了一岁，离去世的时间又近了一年，而我们还有很多对父母的心愿没来得及完成。有人调侃说，想要记住对象生日最好的办法，就是忘记一次试试看。因为忘记一次，她就会跟你闹得天翻地覆。但是这个方法用在父母身上是行不通的。因为父母的生日无论你忘记多少次、甚至从来都没有想起来过，他们也不会跟你计较。你也许会说你太忙了,父母一般过阴历的生日,所以很多时候记不住,这很正常,但就怕你把对象的生日记得很清楚。

2. 你父母穿多大的鞋,多大号的衣服?
父亲:鞋:_____号;衣服:_____。
母亲:鞋:_____号;衣服:_____。

点评:如果你记不清就是因为给父母买得少,没有别的原因。当然即便你不知道父母的,父母也肯定知道你的。

3. 你父母最爱吃什么主食、菜、水果?
父亲:最爱吃的主食:_____;菜:_____;水果:_____。
母亲:最爱吃的主食:_____;菜:_____;水果:_____。

点评:父母爱吃什么,你不一定知道,但是你每次回家时,父母做的肯定都是你爱吃的,我想这肯定不是凑巧。

4. 父亲节和母亲节分别是哪一天?
父亲节:_____。
母亲节:_____。

点评:你别告诉我,对于西方的节日你知道圣诞节、情人节,甚至愚人节,却不知道父亲节、母亲节。我相信对于知道父亲节、母亲节的人来说,过节的时候肯定会给父母打个电话,因为再不把父母放在心上的人,这点儿心肯定还是有的,但是过情人节的时候你仅仅是给对象打个电话那么简单吗?

中级测试

5. 你手机里有没有父母的照片?
A:是○   B:否○

点评:你的手机里有没有父母的照片我不确定,但我想肯定有你对象的、有你同学和朋友的,甚至还有小猫小狗、花花草草的。如果没有父母的，难道是因为他们长得丑吗？

6. 你有没有给父母过过生日？

A：是○　　B：否○

点评：其实这个问题还可以换一种问法，你有没有给自己过过生日？因为这么问和问是否给父母过过生日应该是一样的，我认为给自己过生日的人一定要给父母过生日。如果你都没给父母过过生日，自己怎么还有脸过生日呢？我看到身边的很多人自己过生日了买个蛋糕，然后就把蛋糕当武器，和朋友、同学、同事一顿乱抹，我不知道他们的父母是否吃过他们用来往脸上抹的奶油。友情提示，在给自己过生日前，先想想有没有给父母过过生日。

7. 你多久给父母打一次电话，每次打多长时间？

点评：当然这道题的前提是你和父母不在一地。有的人说自己忙，没时间给父母打电话，这个理由太过牵强。如果你每次给父母打电话都能聊一个多小时，那么在你确实忙的时候，拿不出大块儿的时间来陪父母聊天可以理解，但更多的人每次给父母打电话无非就是说七八句话，总共五六分钟就结束了。即便再忙，每天连这几分钟的时间都没有吗？

8. 你是否请过你的父母？

A：是○　　B：否○

点评：日常生活中，很多人经常是在吃请中度过，你可能请过领导，请过对象，请过同学，请过同事，请过客户，但是你请过你的父母吗？你不用跟我说"我请他们出去吃，他们不去，嫌浪费钱"之类的话，我问的是结果，不是原因。

9. 你给父母买过什么礼物？

给父亲买过：＿＿＿＿＿、＿＿＿＿＿、＿＿＿＿＿、＿＿＿＿＿。

给母亲买过：＿＿＿＿＿、＿＿＿＿＿、＿＿＿＿＿、＿＿＿＿＿。

点评：看到这个问题的你也许终于有些释然，因为终于有一个自己有得写的题目了，我给父母买过衣服、买过鞋、买过烟酒、买过围巾，等等。我留的空格你都不够写，可是父母给你买过什么呢？如果刚才你还自豪于给父母买的礼物多的时候，你会发现你所有的东西基本上都是父母买的，不是父母给你买的，也是你拿父母的钱自己买的，甚至你给父母买礼物的钱，都是父母给的。从小到大父母给你买过多少东西，你还算得清吗？

高级测试

10. 你是否给父母洗过脚？
   A：是○　　B：否○
   点评：可能让你感到意外，怎么高级测试的试题却这么简单。的确这道题很简单，这件事也很简单，但是这么简单的事你为父母做过吗？你肯定会说我要给我爸妈洗脚，是他们不让我给他们洗。

可是你有没有想过，父母为什么不让你洗呢？（简单展开一下）
——是因为他们不适应。
为什么他们会不适应呢？
就是因为你做得少，甚至没做过。

这就又回到了刚才的原点，关键是你想做你父母不让做，对吧？可是你问问你的内心，你坚持了吗？当他们羞涩地拒绝你时，你想的不应该是"我要做，是他们不让我做，我心意已经到了"。你应该想，父母为我辛苦了这一辈子，我给你们洗脚算什么。可是你说不出这样的话，因为这样会让你的父母哽咽，如果你要抱着必须洗、不洗就是不孝的心态，我想父母最后多半都会同意，因为他们并不是真的不想。

如果你想给父母洗脚，但是又磨不开面子，我可以教你个方法：
时间：晚饭后，就寝前。
你可以半开玩笑或者故作神秘、表情严肃地对父母说：
爸，妈，我遇到一个事，你们千万得帮我个忙。
父母就会担心地问你是什么事？
你就说：你们先答应我行不？这个忙，对你们来说只是举"脚"之劳，非常简单,但是对我来说却是挺大一件事。

父母就会焦急地说:你快说吧,我们答应你。

然后你就说:我最近买了一本讲怎么孝顺父母的书,名字叫《孝亦有道》,这本书上有个说法,说子女不给父母洗脚就是典型的不孝,而且这种愧疚会让子女悔恨终身,所以我就是想请你们帮我个忙,让我给你们洗一次脚行不,你们不能置我于不孝啊!

父母当然知道你绕来绕去无非就是想对他们尽尽孝,我相信如果你这么说,他们一定会倍感温暖。我希望你在看到这段内容的今晚,如果在父母身边,我请你一定要试验一次。我希望你在给父母洗完脚之后,来这里写下你的感悟;如果你身在外地不在父母身边,那就心里想着这件事,等回家见到父母时再给父母洗。

刚才说的这个方法,不一定适用于每一个人,但只要你真心想洗,有很多办法,有很多理由,你想的方法肯定比我的更好。

如果你想让你的人生没有缺憾,就不要在此处留下空白。(拜托)

"给父母洗脚之感悟":_____

_____

_____

_____。

(在你给父母洗过脚之后,我想你的内心一定会有不一样的感受,仅仅是这种很微妙的触动,也会让你改变对尽孝的看法以及对父母的态度。如果你做了这件事,那么我已经对得起你买这本书所花的钱了。因为你的这一举动,会让父母感动余生。我之后讲的内容,都是超值的馈赠)

经过前面三轮的测试,一共10道题,每题10分,不知道你能得多少分。我不知道能够全部答满分的人有多少(即便你能答满分,你认为你非常孝顺了,但这本书还是会给你意想不到的收获)。如果你高分通过,我要向你致敬。如果你答不上来,你也不要为自己辩解,能够买这本书就已经说明你心里有父母,并且也想要孝顺父母,你缺少的也许只是方法而已。

其实,能不能答好一道题不能简单地证明或者否定你的孝心,但如果你所有的题都答不上来，是不是也能从侧面反映出一些问题呢？出这几道题不是想要奚落你，而是真心想帮你、想给你提个醒。我只是想让你知道：**你也许没有你想象的那么孝顺，孝顺也远非你想象的那么简单。**希望能让你意识到，你所谓的孝，可能还有些欠缺和不足，因为只有认识到这一点，你才能够用心看完这本书。

对于孝顺而言，测试能够说明一些问题，但不能说明全部问题，为了让你对自己有清醒的认识，还需要进行全面反省。

孝之反省

行为反省：不孝的九宗罪，你犯过哪一宗

不孝的九宗罪：

第一宗罪：冷落。对父母不理不睬、不闻不问。

A：是〇　　B：否〇

第二宗罪：吝啬。舍不得为父母花钱。

A：是〇　　B：否〇

第三宗罪：懒惰。让父母为你洗衣煮饭，自己却不帮父母做家务。

A：是〇　　B：否〇

第四宗罪：傲慢。对父母颐指气使、指手画脚。

A：是〇　　B：否〇

第五宗罪：贪婪。啃老族，自己不奋斗不努力，吃父母老本。

A：是〇　　B：否〇

第六宗罪：顶撞。对父母大呼小叫。

A：是〇　　B：否〇

第七宗罪：嫌弃。嫌弃父母穷、脏、没文化、拿不出手、上不了台面。

A：是〇　　B：否〇

第八宗罪：遗弃。对父母生不养、死不葬，任其自生自灭。

A：是〇　　B：否〇

第九宗罪：暴力。对父母拳脚相加，打骂父母。

A：是○　　B：否○

类型反省：尽孝的六种类型，你属于哪一种

尽孝的六种类型：

第一种：事不关己型。感觉父母与自己没太大关系。父母有自己的退休金和积蓄，不用自己管。

第二种：心不在焉型。为父母尽孝有一搭无一搭，想起来就为父母做点什么，想不起来就把父母抛在脑后。

第三种：不急不慢型。认为父母身体挺硬朗，来日方长，不着急尽孝。想等自己以后有能力、有条件了再尽孝也不迟。

第四种：力不从心型。想尽孝，但感觉自己现在还没有能力孝顺父母，寄希望于未来。

第五种：迫不及待型。意识到尽孝的紧迫性，抓紧一切时间尽孝，利用一切机会尽孝。

第六种：鞠躬尽瘁型。想尽各种办法尽孝，为父母创造更好的条件，让父母安享晚年。

境界反省：尽孝的八重境界，你处在哪一重

尽孝的八重境界：

第一重境界：以己孝。做好自己，自己身体健康、工作稳定、婚姻幸福，不让父母担心。

第二重境界：以物孝。为父母提供基本的物质保障，给钱、给物。

第三重境界：以敬孝。出于恭敬之心向父母嘘寒问暖。即使父母将犯错，也能温和委婉地劝阻。

第四重境界：以爱孝。对父母有爱慕之心，始终对父母和颜悦色。

第五重境界：孝忘亲。由习惯而成自然，不必考虑自己的职责就可以做到孝顺的要求。把双亲当成自己的"生命共同体"，行孝时毫无压力可言，并且不用刻意提醒自己。

第六重境界：亲忘我。双亲接受我的行孝，由习惯而成自然。双亲把我当作"生命共同体"，好像成为他们终身最有默契的朋友一般，可以对我无话不谈。

第七重境界：我忘天下。我行孝时，可以忘记天下人的存在。别人的看法、世俗的评价，对我已经不再有任何影响。不但像"父子骑驴"的事情不会出现，父子之间的融洽感情也非旁观者所能测度。

第八重境界：天下忘我。天下人见到我对父母亲尽孝时，人们认为原本应该如此，久而久之，大家习惯看到我们一家人的生活模式，以致根本忘了"我在孝顺"这回事。

如果在这一章你测试和反省得都不太理想，我只能说：君有疾在腠理，不治将恐深。

你也不要对我说：寡人无疾。

你接下来要做的就是重新认识孝道。

第三章

孝之认知

FILIAL PIETY IS YOUDAO

> 我们每个人都需要对孝道有客观的认知，应该知道为什么要倡导孝道，以及孝道在我们每个人生活中发挥什么样的作用，扮演什么样的角色。

第三章 | 孝之认知

一、孝是为人修身之本

普天之下，古往今来，人人都是父母所生，父母所养。《诗经》上说："父兮生我，母兮鞠我。拊我畜我，长我育我，顾我复我，出入腹我，欲报之德……"说的是，父母生我，养我，一切照顾我，长大些又教育我，出入抱我，父母对我的恩德无以言表。正是因为父母对儿女有这般厚重的爱，等到父母年老，体力衰退时，子女对父母尽孝，就成了最基本的道德。所以孔子说："夫孝，德之本也。"他指出，孝是一切人伦道德的根本，人们最高尚的行为就是孝。他又说："孝为天之经也，地之义也，民之行也。"意思是说，孝亲就像天上的日月星辰那样有规律地运行，也像大地江河那样永不枯竭，它是人的行为规范和做人的准则。其实说这么多，无非是说尽孝是太应该做的事，之所以说孝是太应该的事，是因为父母为我们付出了太多。下面就让我们来看看父母为我们都付出了什么：

1. 怀胎时的生养之劳。我们每个人在来到这个世界上之前，都要在母亲的肚子里住上十个月，怀胎的这十个月，母亲的身体承受极大的痛楚，心里万分忧虑胎儿，一举一动都要考虑到肚子里的孩子，怕压了碰了。有个幼儿园曾经做过一个体验活动，在每个孩子兜里放一个鸡蛋，让孩子体验母亲怀自己时的感受，还没过半天，孩子们兜里的鸡蛋就都打碎了。母亲怀我们的时候，就像怀里揣着个鸡蛋，并且要揣整整十个月，无论吃饭睡觉还是坐立行走，都要小心翼翼，辛苦程度可想而知。这还不算妊娠反应带来的痛苦。妊娠反应时，母亲都会恶心到把肚子里的东西都吐出来，但为了给孩子提供足够的营养，母亲还要强忍着吃各种食物。有过晕车或者酒喝多后呕吐经历的可以想象一下，那种感觉是多么的难受。

2. 分娩时的难忍之痛。有人把疼痛分为12级，而母亲生孩子的疼痛就属于第12级，也就是人类所能承受痛苦的极限。每个母亲把孩子带到这个世界上时，都必须忍受这样的痛苦。即便是剖宫产，对于母亲来说也不是轻松的事。你想象一下，如果在你肚子上用刀生生剖开一个大口子会是何种感觉。因此人们常常把自己的生日称为"母难日"。正是因为知道生产的疼痛与危险，伴随着生产之日的临近，母亲的惊惧和担忧更加沉重。所以说妇女凡是孕产一次就是去了一次鬼门关，丝毫不夸张。

3. 襁褓时的哺育之苦。很多母亲在孩子还在肚子里时，盼着孩子早点出来，可是孩子一旦生出来后，又恨不得再把孩子放回去。因为孩子生出来后父母所要承受的煎熬，丝毫不比没生之前少。"子生三年，然后免于父母之怀"，每个孩子至少要抱三年之久，这可是一个艰巨的体力劳动。有一次，我抱着我侄子，抱了没20分钟就觉得受不了，母亲作为柔弱的女人体力肯定在男人之下，更何况要抱两三年。这还不说半夜喂奶、孩子半夜撒尿，父母连觉都睡不踏实。俗话说，养一个孩子需要五万个工分，其实养育一个孩子所付出的辛苦是无法靠工分衡量的。

4. 生病时的难寐之忧。每个人在成长过程中都会有生病的经历，从来没有人从小到大没生过病。一旦孩子生了病，做父母的更是夜不能寐，白天要工作，晚上还要床前伺候。半夜起来几次摸摸孩子还发不发烧，生怕照看不到，孩子烧坏了，病严重了。怕吃药有副作用，不吃药又怕好不了。凡是经历过孩子生病的父母都恨不得让自己生病，也不愿让孩子生病。

5. 成长中的操劳之心。为孩子的健康操劳，想方设法地保证孩子的营养；为孩子的学习操劳，生怕孩子输在起跑线上，给孩子报各种补习班。有的父母为了辅导孩子，甚至要跟孩子从头再学一遍；为孩子的安全操劳，有男孩的怕孩子犯罪，有女孩的怕孩子被伤害；为孩子的婚事操劳，等孩子谈婚论嫁了，还要把老本都拿出来给孩子张罗婚事……

6. 危难时的舍命之举。为了儿女，为人父母不仅甘受千辛万苦，在孩子遇上险情时献出自己的生命也在所不惜。2008年"5·12"汶川大地震的第二天，搜救队员在北川县的废墟中看见了这样一位母亲：她一动不动卧在废墟中。透过那一堆钢筋水泥的间隙，人们可以看到她倒下的姿势，双膝跪着，整个上身向前匍匐，双手扶着地支撑着身体，有些像古人行跪拜礼，只是身体被压得变形了，看上去惨不忍睹。救援人员确认她已经死亡，但救援队长却在她身下发现有个孩子，还活着！废墟被清理开，在她身下出现了一个红色带黄花的小被子，里面包裹着一个大概三四个月大的婴儿。因为母亲的庇护，他毫发未伤，抱出来的时候，还安静地睡着。随行的医生解开小被子准备做些检查时，发现一部手机塞在被子里，手机屏幕上是一条写好的短信："亲爱的宝贝，如果你能活着，一定要记住我爱你！"这让看惯了生离死别的医生都落泪了，手机在人群中默默传递着，每个看到短信的人都被这伟大的母爱感动得热泪盈眶。或许在平淡的生活中，我们没有机会验证父母对自己是否同样有这种舍命相替的爱，但你要相信，只要你需要，只要有必要，父母为你付出生命也会毫不犹豫。

如果说上面这个故事是母亲在"危难"时的舍命之举，那么下面这个故事讲的就是母亲在"为难"时的舍命之举：2007年7月31日，20岁的张有波在县城网吧里上网查到，他已经被东南大学录取，通知书于一周前就已寄出。当他把这个喜讯回家告诉母亲后，他身患绝症的母亲为了不拖累自己的儿子而选择了自杀。这真正让我理解了什么叫大爱为弃。从某种意义上说，主动自杀比遭遇灾难时的被动死亡更需要勇气，这些勇气就来自父母对孩子深深的爱。

以上这些只是父母为子女付出的冰山一角，父母为子女付出了这么多，甚至愿意为了我们去死。如果我们仍然不能孝顺父母，那么真就是禽兽不如了。

现在社会上强调要传递正能量，首先我们要搞清什么是"正能量"。在弄清什么是"正能量"之前，首先要搞清什么是"正"，什么是"负"，而对于正与负、好与坏、对与错、是与非最基本的评判标准就是孝道。孝与不孝，**貌似只是一件私事，但绝对不是件小事**，这牵扯到一个人最基本的品德问题。俗话说，国以人为本，人以德为本，德以孝为本。可以说孝道是一个人**认知体系的定盘星**。通过一个人对孝的态度就大致能判断这个人整个认知体系的好坏。如果一个人认为孝是对的，那么他的认知体系大抵就是对的。如果一个人认为孝是错的，那么他的整个认知体系就是错的。我认为，**孝顺父母的人不一定全是好人，但是不孝顺父母的人一定不是好人**。一个人在选择"孝"或"不孝"的同时，也就选择了好与坏。这不夸张，因为如果连孝这么简单、这么明了的道理都弄不懂，对这么简单道理的认知都有这么大的偏差，那么对其他事物的判断就无从谈起。道德的最高境界是爱祖国、爱人民，而爱父母是爱祖国、爱人民的基础。如果一个人连自己的父母都不孝顺，爱祖国、爱人民就是空谈。

二、孝是言传身教之首

本来这部分内容是讲给父母听的，因为子女终有一天也会成为父母，所以就作为一个承上启下的学习内容。

虽然每个人迟早都会成为父母，但是很多人都不知道应该怎么当父母，也没有专门的机构去教父母应该怎么教育孩子（学校也许会教孩子怎样孝顺父母，但很少会教父母怎么教育孩子）。天下所有的父母都没有经过任何"职业训练"，完全是"无证上岗"，完全是凭着老母鸡护小鸡般的本能去爱孩子。殊不知，如何去爱、去教孩子，也是一门大学问。对于孩子多的父母来说，还可以从前面孩子的培养中总结一些经验教训，而对于独生子女家庭的父母来说，孩子就完全成了试验品，对孩子的培养就是一锤子买卖，教育没有回头路。父母对孩子的教育方式对了，孩子就好；方式错了，孩子就差。

很多父母为了把孩子培养好，不让孩子输在起跑线上，给孩子报各种补习班、兴趣班，让孩子学奥数、英语、写作，练舞蹈、书法、跆拳道。殊不知，百育德为首，万善孝当先，孝道才是最应该让孩子学习的。正如《三字经》中说"首孝悌，次见闻。知某数，识某文"，就是说人首先要孝敬父母，尊敬兄长；其次才是多见识天下之事，了解数学，懂得文理。并且对孝道的学习，不用让孩子参加什么班，只需要在生活中进行言传身教即可。很多父母之所以没有把对孩子孝道的教育放在心上，是因为他们觉得孝道不需要教，等孩子长大懂事了自然会知道，这其实是一厢情愿的认知。孔子提出："夫孝，德之本也，教之所由生也。"就是说孝是道德的根本，教育一定要从孝开始教，人的孝心是教出来的，不是与生俱来的。对于孝道的教育，不仅要教，还要早教。要趁孩子的行为举止可塑性最强的时候，趁孩子在学东西最快的时候。对孩子其他的教育错过了，以后或许还可以弥补，但是对孩子孝道的教育如果错过关键期，就需要花费十几倍的努力弥补，甚至永远都无法弥补。

虽然这个道理不难理解，但就是有很多的父母想不明白。很多父母始终想的是让孩子以后能如何成功,生怕孩子教育没跟上,竞争不过别人家的孩子,却没弄明白,孩子对自己孝不孝,远比孩子成不成功更重要。如果孩子不孝,那么他以后越成功,就会离父母越远。即便成功了,大不了给父母雇个保姆,或者把父母放在一个环境比较好的养老院,仅此而已。如果孩子没有孝心,就属于有才无德的危险品,越成功就会越危险,长大以后违法乱纪的概率也会增多,真正作奸犯科了,到时候还是父母的业障。

我工作之后,开会时领导经常教导我们要先学做人,后学做事。我觉得做人应该是从小就学了的,大了只需要学做事就行。如果做人没做好,那就说明小时候孝道没学好。从现有的资讯来看,现在很多人的孝道不仅缺课,有的还缺得挺严重。导致这种现状,和家庭教育有直接关系。很多家长根本不知道应该怎么教育孩子,目前很多家庭在对孩子教育过程中有一个很不好的现象,比如,有一位家长和老师交流,她说:"我的孩子可机灵了,每次吃鸡的时候,她总是先挑两个鸡腿在自己的碗里,然后再和大家一起来吃鸡的其他部分。"这位家长在讲这句话的时候,语调中无不透露出自豪和骄傲,她的孩子真是"聪明"呀!我不知道你或者你的孩子是不是也这样"聪明"。当父母看到孩子吃水果挑大的红的、吃鸡只吃鸡腿等行为时,父母第一反应是"笑",那么等他们老了就会"哭"。虽然有些父母也会给孩子讲"孔融让梨"的故事,但心里却认为孔融让梨是笨,可人家孔融只是让了一个梨,却被夸了一千多年,你说是笨还是聪明?如果以后你的孩子有这样的习惯,你要知道这是"毛病",而不是"聪明"。我们知道有一句俗语叫"小时偷针,长大偷牛",这不仅仅局限于在偷东西上,它反映的是事物从量变到质变的规律。可是很多人在对孩子孝道的培养上,这种防微杜渐的意识就没有了。小时候跟你抢"苹果",大了可能就要跟你"争房",这是已经被无数事实证明的。当然有些事还是不会变的,就比如有什么好东西都得是孩子自己享受。

需要说明的一点是,如果一个孩子每次都能在食物里面挑小的、拿差的,就说明人家也知道大小,也知道好坏,要不然为什么人家每次都拿得那么准呢?只不过人家的孩子多了一层谦让,多了一层道德和修养。上升到教育来说,问题的关键不是他拿大拿小、拿红拿绿,或先吃后吃、吃好吃坏的问题,关键是有的父母见了这种现象居然会自豪地赞赏,骄傲地炫耀,那我只能说这父母的智商是硬伤了。很多父母都怕老师教不好自己的孩子，怕老师误人子弟，其实更多的子弟是被自己误的，很多父母都是在误"己"子弟。如果父母这么教育孩子，还想让自己的孩子考清华、北大吗？至少上北大是不可能了，前面讲过北大拒收不孝生，因为在这种教育背景下培养出来的孩子肯定不会孝顺。

记得我小时候，家里来了亲戚，吃饭时，小孩是不能上桌的，不像现在孩子都是先上桌，坐主座。我经常是在厨房里趁母亲不注意，偷着拿几块尝尝，然后趴着门缝眼巴巴地看着客人吃，在心里默默地祈祷客人对我爱吃的菜嘴下留情，多给我留点儿。正是有这样的记忆，才让我今天会认为，把好东西留给长辈、留给父母才是天经地义的。

从我自身的经历来说，我深切地感到，对一个孩子的培养虽然是多方面的，但只要搞好孝道的教育，就不会有大的纰漏。让孩子学好孝道，比学好其他什么知识都强。孝心是做人的根本，如果人都做不好，其他的都是浮云。当孩子有孝心时，行为就会发生很大的变化。比如《弟子规》说"父母呼，应勿缓"，有孝心的孩子听到父母的呼唤，不故意拖延。对父母讲话能恭敬，此态度一旦内化，以后面对长辈讲话也会恭敬。"冬则温，夏则清"，有孝心的孩子懂得关怀、体恤父母，此孝心慢慢内化，对其他长者甚至于所有的亲人都能做到关怀、体恤。

孝心是一个人善心、爱心和良心的综合表现，孝敬父母，尊敬长辈，是做人的本分，是天经地义的美德，也是各种品德形成的前提。教育最重要的就是教孩子学做人，学处世。在教导孩子做诚实正直的人，做自尊、自爱、自信、自强的人之前，应该首先要教他做一个孝敬父母的人。

孝，既是一切教育的开始，又是一切教育的归宿。**如果你对孩子孝道的教育没有开始，你老之后就没有归宿。**

三、孝是家庭和顺之要

俗话说"家家有本难念的经"，这些难念的经虽然错综复杂，但一定有大部分的内容是跟父母直接或间接相关的。只不过不同的家庭有不同的特点，但是这个问题是核心。不信你可以把自己的"经"与家里的"经"拿出来看看是不是这样。如果把"孝"这个问题能够处理好,一个家庭里面绝大多数的问题都会迎刃而解,也许有些问题从表面上看似乎跟孝道没有关系,但是如果深入地分析,肯定会有些关联。

有专家说,要把家庭搞和睦了,必须要解决四个问题:

第一,要孝敬老人;

第二,要处理好婆媳关系;

第三,夫妻要恩爱;

第四,要教育好子女。

可以看出,后面三条都直接或间接与第一条有关,只有父慈子孝的家庭才会和谐。如果一个家庭讲孝道,就说明这家人明事理,不会胡搅蛮缠,即便有其他的事情也能客观对待、正确处理,所以自然而然家庭关系就会和谐融洽。如果一个家庭连孝顺老人都觉得是额外的事情,就说明这个家庭的成员不通事理,如果都不通事理,在生活中面临很多问题的时候,就不会相互体谅、理解和谦让,就会发生各种各样的争执。由此说来,孝文化是维系家庭正常运作的重要精神元素,对促进社会家庭和谐发展意义重大。

四、孝是成事立业之源

我曾经认真研究过世界上许多亿万富翁的生平事迹,发现这些富可敌国的人除了事业成功之外,还有一个共同点,就是家庭都很幸福。我观察身边的人,也发现一个类似的规律:穷困的人不一定是不孝的人,但凡事业有成的人都孝顺父母。起初我还有些纳闷,就像雷锋同志所说,人的精力是有限的,这些成功人士之所以事业会成功,精力应该大部分放在了事业上才对,怎么还能有时间把家庭还经营得这么好呢?也许有人会说,家里有钱自然好经营,其实他们**不是因为有钱才孝顺,而是因为孝顺才有钱**。我觉得经营公司就像蒙牛董事长牛根生所说,小胜靠智,大胜靠德。要把企业做大做强,德行应该是第一位的,而德行中第一位的就是孝。所以说孝顺和成功有着直接或间接的因果关系,具体来讲我想主要有以下三个方面:

1. 孝是成功的原动力。很多人之所以成功,就是因为想要给父母创造更好的生活,所以尽孝是很多人激发成功欲望的最有效的原动力。为了让父母衣食无忧,就咬紧牙关努力奋斗,就像德国前总理施罗德在贫民窟时就对他母亲承诺:"妈妈,我一定要开着奔驰把你从这里接出去。"正是在这样的信念支撑下,他才能够一步步走上总理的位置,并且兑现了用奔驰车把母亲接出贫民窟的诺言。

从我个人来讲,一路奋斗到今天,虽然还没有取得成功,但是想要让父母幸福的信念支撑着我走过了很多坎坷和磨难,就算在北京睡马路时都不曾自暴自弃,因为我实在不忍心父母整日面朝黄土背朝天地辛苦劳作,一心想给他们创造更好的生活。每当我遭遇挫折时就拿刘欢《从头再来》里的一句歌词来激励自己:"再苦再难也要坚强,只为那些期待眼神。"那些期待眼神,就是父母望子成龙、望女成凤的眼神。如果一个人不孝,他就没有孝顺的人这么强大的动力,成功的概率就要低得多。而且不孝也会带来很多负面影响,阻碍他成功。即便偶然成功了,也守不住自己的财富。**富不孝,则富不久。穷不孝,则穷不尽。**所以说成功是上天送给有孝心的人最好的回馈。

2. 孝是成功的推进剂。孝不仅仅是一个人追求成功的内在驱动力,同时也能够引起许多外在的因素的变化,反过来促进一个人的成功。

我姐姐在保险公司做推销员的时候给我讲了一件事情,她的一个同事去给客户推销保险,去了两次人家只听她讲,就是不表态。第三次去时,当她正在滔滔不绝地给客户介绍产品的好处时,她的老公给她打电话,说自己单位发了点东西,问她把东西放哪里。这个推销员随口说了一句,都给你爸妈送过去吧。挂了电话之后,这个客户对她说,你不用给我介绍产品了,就冲你们两口子对父母的这份心意,你们的为人也差不到哪儿去,刚开始我一直犹豫,是怕你为了完成任务欺骗我。通过这件事我就可以看出你的为人应该差不了,所以你给我推荐什么、你觉得我买什么合适我就买什么,不用再介绍了。

通过这件事就可以看出"孝"真的会促进一个人的事业。与外界因素相比,来自家庭内部的推动更为重要。一个家庭只有父慈子孝,家庭和谐,后方稳固,一个人才能全身心地投入到事业当中去,不用为了家务事焦头烂额,最让人头疼的就是家里出问题。俗话说"家和万事兴",而孝是"家和"最根本的前提,因此也可以说"人孝万事兴"。

3. 孝是成功的保护伞。一个对父母孝顺的人,他得到的好处是无法用语言逐一列数的,是不能量化的,指不定哪一个小小的改变就能成就他的一生,即便没有一件事可以让他一下子改变人生,因为人们知道他孝,而对他的好感、扶持、赞赏一个个积累起来,他终究会有一个圆满的人生。

一个人如对父母不孝,那么他对朋友的信义是虚伪的,对国家的忠诚也是假的。试想假如你知道自己的同学、同事、领导或者战友不孝顺父母,你会怎么看他呢?会觉得他人挺好吗?会认为他可靠吗?如果一个人身边的所有人都不再信任他,那么还有谁能给他提供机会?谁还敢跟他合作?谁还愿意为他付出?如果一个人连自己的父母都不祝福他,那么还有谁能够真心地帮助他?不孝的人之所以都没有好的下场,这只是原因之一。同样的道理,对于孝顺的人而言,会有更多人的认可、信任、帮助和提携,因此说孝会给一个人带来无法估量的回报。

我想一个对父母充满孝心的人,无论是外人,还是上苍都不会忍心让其遭受厄运。就像《道德经》中所说:"天道无亲,常与善人。"如果好人没有好报,上天也就失去了公正性;如果坏人过得比好人还要好,人们为什么还要做好人。所以无论是从国家的法律,还是社会道德伦理层面,孝的行为一定是被倡导的,孝顺的人也是一定会获得赞誉和保护的。

五、孝是社会和谐之基

目前我国正在大力推进依法治国,这固然是巨大的进步,但是要把国家治理好,不仅需要依法治国,同样需要以德治国。德治的"德",包括家庭美德、职业道德和社会公德。在所有"德"中,家庭美德应该排在第一位,而在家庭美德中,头一条就是孝敬老人。家庭是社会的细胞,是社会的基本单位,如歌里唱的那样"家是最小国,国是千万家",整个社会就是由一个个家庭组成。家庭稳定,社会才稳定。家庭和谐,社会就和谐。家庭和谐是社会和谐的基础,而孝道则是家庭和谐的基础。一个讲孝道的家庭,必然是和谐的，如果每个家庭都讲孝道，每个家庭都和谐，整个社会自然就会和谐。

此外，如果人人都能"老吾老"，那么也一定能"及人之老"，并且"尊老"的人也一定"爱幼"，所以也都能"幼吾幼以及人之幼"。如果一个人既能尊老，还能爱幼，那么这个人的品行基本上就是端正的，就不会做坑蒙拐骗、吃喝嫖赌、打家劫舍等违法乱纪的事。就像孔子所说："其为人也孝弟，而好犯上者，鲜矣；不好犯上，而好作乱者，未之有也。"意思就是说，只要人人做到"孝悌"，就不会犯上作乱，天下就会太平。一个孝敬父母、品德高尚的人，必是遵守社会公德和职业道德、效忠国家的人。因此说孝能间接促进社会和谐。从道德功能上看，孝对协调家庭关系，维护社会稳定，培养人们对国家、对社会、对家庭的义务感、责任心等方面都有积极的促进作用，有孝心也是国民素质里最为关键的一点。只要每个人都有一颗孝心，家庭才会幸福、和睦，这个社会才会更文明、更进步、更和谐。

道理虽然是这个道理，但是现实却又是另外一回事。当今社会的不和谐，首先就体现在孝道意识的缺失上。在中国很多的家庭中，普遍关心下一代有过之而无不及，关心上一代却显得有些苍白无力。虽然宪法以及《老年人权益保障法》为弘扬孝道提供了法制根据，但子女之孝，亲友之情，天伦之乐，是任何时候、任何法律或行政行为所不能代替的。构建和谐社会还是要从家庭入手，从孝道入手，而后延伸到整个社会、国家。

2013年11月26日习总书记在曲阜孔子研究院座谈会上多次明确提出要大力弘扬传统文化。而要弘扬传统文化，首先要弘扬的就是孝文化。要实现中华民族伟大复兴的中国梦，孝道就是基石。社会和谐需要孝文化教育，国家发展需要孝文化教育，民族兴旺同样需要孝文化教育。既然孝是人与生俱来、万古长存的美德，既然个人、家庭、社会、民族和国家都需要孝，我们作为炎黄子孙就有责任弘扬孝道，把历史传统和时代特点结合起来，使之发扬光大。这样，我们必将能够迎来一个人和、家兴、国盛的美好明天。

六、孝是文化传承之魂

千百年来，"孝"这一主题一直在中华民族世代传唱，是中华民族中最悠久、最基本、最重要的文化理念，是"修身、齐家、治国、平天下"的基础，也是中华民族宝贵的精神文化遗产。

早在第二次世界大战前夕，一些欧洲学者就一直在探讨：为什么四大文明古国中其他三个文明都消失了，唯有中华文明得以传承下来，并保持了五千多年经久不衰？经过研究他们终于得出了结论，那就是中国人特别重视家庭教育的结果。

历史证明，这个结论是完全正确的。家庭教育是伦理道德教育的开始，学校教育是家庭教育的延续，社会教育是家庭教育的扩展。正是因为知道家庭教育的重要性，习总书记在2015年春节团拜会上特意谈到中国人重视家庭、重视亲情的文化。他说："不论时代发生多大变化，不论生活格局发生多大变化，我们都要重视家庭建设，注重家庭，注重家教，注重家风。"所谓的家教、家风最基本的内容就是孝。

追溯"孝"的历史，"孝"的观念最初产生于原始社会末期，即母权制度向父权制度过渡的时期。由于血缘关系的明确和私有制的产生，子女可以从父母那里直接继承财产。为了表达对父母及长辈生育抚养的感恩、崇敬和哀思之情，日积月累，便产生了"孝"的观念。

"孝"的功能最初只是调整父母与子女之间的家庭伦理，并无社会规范的意义。后来孔子提出"孝悌"思想，把"孝"扩展到宗族、社会、国家，成为一种社会性的道德准则。把"孝"推广到社会，便移"孝"为"忠"，把维护宗法血亲关系同维护封建等级制度联系起来。孟子则在孔子思想的基础上，提出"老吾老以及人之老"，把人们对父母之爱，延伸到其他老年人，把人与人之间的关系概括为"父子有亲，君臣有义，夫妇有别，长幼有序，朋友有信"这五伦，并把作为处理人与人之间关系的道理和行为准则。在五伦之中，又把君臣关系和父子关系视为最重要的人伦关系。于是忠孝便为一体，作为处理人伦关系最重要的道德规范，成为中华民族的两大基本传统道德行为准则。一个人在家能孝顺父母，在朝就能忠君，所以便有"求忠臣于孝子之门"的说法。因为这种思想有利于维护封建社会的统治秩序，所以儒家文化中的孝悌思想受到历代统治者高度重视，历代统治阶级也都标榜"以孝治天下"，孝道成为整个封建社会一切道德规范的基础，并且居于首位。于是古人们林林总总写了不少专著，诸如《孝经》《二十四孝》等书，具体地讲述了孝道的内容和实施方法。而不孝则是天下大忌，《孝经》云："五刑三千，而罪莫大于不孝"，是国人共讨之的逆行。

汉代以后，封建社会统治阶级更是把孝捧到天上，荒谬地提出愚忠愚孝的所谓"三纲"（君为臣纲、父为子纲、夫为妻纲——君叫臣死臣不能不死，父叫子亡子不能不亡），将忠孝规范赋予法律的效力，《唐律》中更是把"不忠""不孝"作为"十恶"的重罪。

自清代开始，西方列强用洋枪洋炮向积贫积弱的中国人宣讲了"进化论"，中国人在民族危急存亡的时刻，选择了"德先生"和"赛先生"，摒弃了"孔先生"和"孟先生"。

正是由于孝道在不同历史时期经历的不同待遇，时至今日仍然有些人对孝道到底是正道还是庸道，是应该把孝道作为束缚人思想的桎梏摒弃，还是应该作为宝贵的传统来传承存在一些疑惑。

抛开政治方面的因素，单纯对孝道进行客观的审视，我们不得不承认孝的本意是好的，是纯净的，是人与生俱来、万古长存的美德，是人世间一种高尚的美好的情感。历史的尘埃，终究掩盖不了这颗明珠的光芒。

孝道是人的基本的行为准则。尽孝不是响应国家号召，更不是赶时髦。无论社会怎样变迁，无论统治阶级支持或反对，孝道都应该是我们每个人恪守的行为准则。

时至今日，孝在中国已有几千年的传统，绝大多数关于孝的论述，即便放在当代仍然是经典。但是其中也不乏封建守旧的内容，因此我们不能盲目地全盘接收，也不能简单地当作封建遗孽彻底摒弃，更不能"一刀切"地肯定或否定，而是要"切一刀"，把好的留下，坏的去掉，剔除其封建性的糟粕，吸收其民主性的精华。其实我们经常说的"发扬优良传统"这句话，意思已经表达得很明白，就是说传统未必都优良，所以我们只需要发扬优良的传统。

任何学科随着时代的进步都在逐步完善，无论多么睿智的人提出的理论都需要不断地完善。无论是孔子、孟子，还是马克思、牛顿都概莫能外。因为每个人的思想理论都不可避免地存在局限性，也许相对于某个时代而言是超前的，但是放在历史长河中，终究还是有限的。不管是自然科学，还是人文学科都是在前人理论的基础上随着时代的进步不断丰富和完善，进而使各种理论更趋于科学，使之更有效地指导实践。对于孝道而言，也是如此。随着社会的变迁、时代的发展，孝道也同样需要修正、改良和完善，才能更好地作用于我们的生活实践。尤其是在今天这样一个生活节奏日益加快，个人主体独立意识不断增长的时代，传递孝思、体现孝道、践行孝行的具体方式、规范，已不可与传统同日而语，并且我国推行计划生育政策，出现了大量独生子女，组成家庭之后，一对夫妇要照顾两对父母，甚至还要赡养父母的父母。传统观念规定的某些孝道行为规范，对于今天有孝心的子女来说已经分身乏术，有心无力。比如古代农业社会，政府重农，把农民固定在土地上，安土重迁，所以有"父母在，不远游"的古训；古代职业世袭，有"三年无改于父之道"的训条；古人生活于家庭之内，子女对父母要"晨昏定省"；古代父母与子女不是平等的地位，片面义务，所以"天下无不是父母"；古代婚姻不考虑子女双方的感情因素，只凭父母之命即可组成婚配等观念和做法，就不可能也不应再照搬照抄了。但是，"天之经，地之义"的孝敬，仍然是我们必须倍加守护的价值底线，子女敬养父母还是必须肯定的美德。

即便我们已经明白，对于孝道应该取其精华，弃其糟粕，但是目前市场上有关孝道的书籍，虽然有的内容已经不符合时代的需求，但是为了保证文章词句的完整性，不正确的词句并未被剔除，因此还需要我们在学习过程中结合自己的认知，自行进行筛选。另外，当前人们对孝道的认识仍停留在对先前理论的学习上，缺少一些萌生于现代的对传统孝道的完善和补充。我写这本书也是想为孝道的传承和发展尽一份绵薄之力。

第四章

孝之困惑

FILIAL PIETY IS YOUDAO

> 尽孝本来不是个问题,但现在却成了需要深入思考的问题。本章节着力解开现实生活中存在的一些关于孝道的困惑。

困惑一：是什么让孝顺这么难

不知从什么时候起，在我们的社会生活中，我们不再谈道德标准，退而求其次，更多的是对守住道德底线的呼吁和热议。"道德底线"也由此渐渐成为网络等媒体上的高频词。道德底线是什么呢，我想应该就是孝了。可以说孝是生命的红灯。大概是人们在平时生活中过马路时闯红灯闯习惯了，闯"孝"这个红灯的人也不在少数。比如前面所说的各种现状，虽然令人发指，但也只是冰山一角。我们不禁要问，到底是什么阻碍着亲情？是什么让孝顺变得这么难？我认为主要存在以下几种原因：

1. 未受教，不知孝。因为没有受到孝道的教育，从而不懂得孝。而一个人没有受到孝道的教育主要原因应归结于父母、学校、社会三个方面因素：

一个人有错误，首先要被问责的是父母。古语云"子不教，父之过"，其实不应该是"父"之过，更多的是"母"之过。因为对绝大多数人而言，受母亲的影响更大一些。对于每个人来说，家庭是永远毕不了业的学校，父母是我们永不退休的班主任，可是就现状来看，很多班主任都不合格。仅从孝道来看，很多父母对子女是言不肯传，身不能教。言不肯传，是因为怕耽误孩子学习。父母只重视孩子的智力开发，将孩子的成长等同于孩子的学习好坏，恨不得把孩子所有的精力都集中到学习上，认为孩子学习好就可以"一好百好"，其他方面可以逐渐完善，对德体美劳等方面几乎不做要求。只要求孩子学习好，而忽视对孩子道德的培养，这是现阶段很多家庭的通病；身不能教，是因为自己对父母做得都不够好。父母的榜样作用没做好，对待自己的父母不够孝顺，子女耳濡目染，对父母同样照葫芦画瓢。我们知道启蒙教育无非就"言传"和"身教"两种形式，如果说家长对孩子既无言传，也无身教，是没有给孩子正面引导的话，对孩子过分地娇惯和溺爱、对父母的不敬不孝，则是给了孩子更多的负面干扰。溺爱孩子这种现象在中国是司空见惯的事。自从我国贯彻落实计划生育这一基本国策后，很多家庭形成了四个老人、一对夫妇、一个孩子的"421"家庭结构。人们出于爱幼的本能，特别是隔代更甚的规律，孩子往往被娇惯、溺爱。再加上中国经济的快速平稳发展，居民生活水平普遍提高，家长对子女的要求一般都是有求必应，吃穿住用都给子女最好的，促使了子女以个人为中心思想的滋生，逐渐发展成享乐生活，不顾及父母的感受，不懂得关心父母。孩子平时被宠坏了，已经习惯父母的付出。父母总把好吃的给孩子，孩子心安理得习惯了。父母总把孩子的事情包办了，孩子泰然处之习惯了。久而久之，孩子怎会懂得孝顺？并且父母常常顺着孩子的性子，就算孩子有错也不忍心斥责他们。如此一来，养成了孩子娇纵的习气，在心情不好时，随意顶撞父母，不能很好地控制约束自己，甚至对父母、爷爷、奶奶张口就骂、伸手就打。在这种环境中长大的孩子，很容易成为以自我为中心、淡化亲情回报、缺少社会责任感和对他人冷漠的人。

孝本来是教育的基础和根本，但是现在很多学校，对知识的教育重于生活的教育，以成绩为主的功利教育重于道德的教育。重普世科学文化，轻中华人本文化。都是以成绩为主要因素去衡量学生，对伦理道德的教育、情感意识的教育却很少，甚至未达到教育的标准。即便目前有些学校开始重视孝道的培养，重视传统文化的学习，但从动机上说想标新立异上新闻，或者随波逐流学传统的居多，真正本着对孩子成长进步负责的较少。很多学校最关心的就是升学率，关心的是用每年考上一本、二本和清华、北大的人数来证明学校的实力，进而为下一年招生积累宣传的资本。家长也大多是一味地盯着孩子的分数，没有思考过孝道的问题，认为等孩子大了，自然就懂了。学校是一个人一生学习的主要场所，一般一个人最少要有十多年的时间在学校度过，在这漫长的时间里，正是一个人价值观念、行为方式走向成熟和定型的时间段，由于孝道的缺课，使得对父母的关心热爱程度逐渐降低，从而导致他们的孝敬观念逐渐淡薄。

在教育资源的分配上，整个国家和社会的教育资源绝大多数都放在了学校。社会对个人的教育无非是通过各类影视作品、新闻报纸和书籍来开展。在这仅有的资源里，用来宣传孝道的较少。即便我们现在看到的一些与孝道相关的公益广告，还是2014年开始国家逐步重视的，在此之前用于宣传教育子女尽孝的公益广告，少之又少。新闻媒体关于孝道的报道，还是负面的居多，讲孝道的书籍也较少。从个人来讲，从学校毕业以后，在学习上基本就只是被动地学习一些满足生存竞争的知识，谁还有闲心培养自己的道德品质，因此对传统文化，尤其是对孝道的学习，客观地说，基本就是空白。

2. 不养儿不知父母恩。作为子女而言，可能口头上都说知道父母不容易，但是由于没有养儿育女的切身体会，不会知道父母到底有多不容易，对父母恩情的理解表面化、肤浅化。因为对父母为自己的付出理解不够、感悟不深，导致在行为层面尽孝的主动性、积极性不够。

3. 娶了媳妇忘了娘。这既是一种现象，也是一种原因。绝大多数子女在结婚之后，把更多的时间和精力都投入到自己的小家当中，贪恋男欢女爱，一味沉浸在自己的二人世界，不自觉忽略、冷落了父母。

4. 养儿之后难分身。都说不养儿不知父母恩，等养了孩子知道了父母恩，却因为要照顾孩子，无暇顾及尚有自理能力的父母。很多人有了儿子，自己就成了孙子，也就忘了老子。

5. 双亲安在不知忧。从主观上说，很多人觉得父母还很年轻，身体都挺好，总感觉时间还长，以后尽孝的机会还多，所以任由工作、应酬、娱乐占去自己的大部分时间。从客观上说，子女或求学外地，或谋生在外，或成家立业，肩负更多的责任与压力，生活的烦恼与压力令人无暇顾及父母。

6. 儿女不知父母心。父母与孩子基本上至少要距离两代人，按照三年一个代沟计算，父母与儿女要距离八到九个代沟，认知偏差可想而知。体现在孝道上，由于父母和子女作为"甲方"和"乙方"的角色不同，对孝的认知不同、期望不同。尤其是子女存在认知上的误区，不知道父母喜欢什么、盼望什么，不知道对父母来说什么是重要的，什么是次要的，对尽孝存在一些诸如"孝顺就是给父母钱"等错误的认知，导致了行为上的偏差，从而影响了尽孝的效果。

以上各种原因相互交织、相互作用，最终导致很多为人子女者不知道怎样算孝、不知道如何去孝，有的甚至不知道应该要孝。

困惑二：为什么穷人家的孩子更孝顺

我们应该都听过一句话叫"家贫出孝子"。这句话有没有其科学性呢，穷人家的孩子是否更懂得孝顺呢？至少从我自身以及一些新闻来看是这样的。2013年的"十大孝心少年"的故事里面，十个孩子各有不同的尽孝方式，但有一点是相同的，就是家里穷。就在我还在修改这部分书稿的时候，又看到一则类似的新闻：湖北8岁男孩宋必杨，近5个月每天花2元钱买彩票，后来彩票店工作人员询问得知，这2元钱是奶奶给他买早点的钱，而他买彩票的动机竟是"想中大奖，给爸爸换肾"，为给父亲治病，家里已负债10万元。当人们问他饿不饿时，这个孩子说，"没事，饿了我就喝口水"。这个新闻又一次印证了"家贫出孝子"的说法。

虽然我们看到和听到一些类似的故事，但毕竟不是严谨的大数据统计，不能作为科学依据，不足以证明这个观点。于是西方的经济学家试图从统计数据和经济学理论来回答这个问题。英国埃塞克斯大学的经济学家约翰·埃米施致力于此类问题的研究。他的研究表明：财富越多，相应地，子女越不孝顺。这也印证了长久以来为许多为人父母者将信将疑的观点。

埃米施说，与穷人相比，有钱人在养育孩子时往往给子女提供更多的金钱和帮助，然而在孩子身上所起的作用却正好相反。根据英国的家庭调查数据，以拥有大学学位的富家子弟为例，他们给父母打电话的次数要比普通人少20%，去看望父母的次数更是要少50%。那么是什么使得富人的孩子不够孝顺呢？埃米施解释说，这里有两个可能的经济学原因：第一个是由于收入的增长，他们尽孝道的边际成本也就相应提高。有钱的孩子时间都用在了吃喝享乐上，他们手中的钱能够带来所有他们想要享受到的快乐，而把这些宝贵的时间用在陪家人聊天上，在他们看来就变得没有价值和索然无趣，所以富裕往往会显著拉大父母和子女之间的距离。并且随着手机的普及，既然亲自看望能用电话问候代替，那么接下来就会连电话都懒得打了。另一个原因是来自一个叫作"策略遗产理论"的经济学边缘分支。富人家的孩子只会付出确保其获得一份合理比例的遗产所必需的孝顺，在这里，孝顺更多的是一种交易，而那些没有同胞兄弟姐妹与之争夺财产的孩子则更容易达成目的。

从上面两条理论看来，穷人家的孩子更为孝顺的原因，是他们没有财产，不需要策略。他们知道生活的艰辛，亲情是他们最大的财富，和家人在一起显得更弥足珍贵。

可能有些人不理解，为什么有的人只是普通的工薪阶层，孩子同样不孝顺呢？虽然很多家庭是工薪阶层，但是孩子享受的却是皇帝般的生活，再穷不能穷孩子，再苦不能苦孩子，这是中国家长的共识。所以中国的孩子吃的、穿的、用的都是家里最好的，孩子的生活水平普遍要比父母高一个层次。孩子在小的时候，作为家长还可以靠节衣缩食来满足孩子的高一层次的需求，等孩子长大以后需求逐渐水涨船高时，父母就无力为继。比如孩子小时候可能喜欢山地车，大了喜欢上汽车了。父母给孩子买山地车，节衣缩食几个月还有可能，但是买汽车就承受不起了。看过一个新闻：广西一名26岁女孩想让父母给自己买iPhone 6，母亲委婉相劝："家里是工薪阶层，没那么多钱。"没想到女孩听后竟然拿起刀威胁自己的亲生父母。父母慌忙之中报了警。从这个新闻可以看出，随着孩子需求的与日俱增，父母的能力却在逐渐下降，于是矛盾就变成了孩子日益增长的物质需求，与父母落后的生产力之间的矛盾。这种矛盾在孩子跟别人拼爹时更容易被激化，使得孩子对父母产生不满，进而影响尽孝。

说到这儿，我特别想说一个反常的现象，有些人在自己的事业上很成功，但是在对子女的教育上却很失败。所以在无数类似于"我爸是李刚"和"70码"等大量无可辩驳的事件面前，我们只能承认这样一种现实，就是很多父母的"爱商"太低，也就制约了孩子的"孝商"。出现这种现象最根本的原因就是很多家长不知道怎么培养孩子。父母只是一味地放任自己的本能，溺爱自己的孩子，捧在手里怕摔了，含在嘴里怕化了。宁可自己受罪，也不愿让孩子受一丁点苦，自己在外经历风雨，却把孩子放在温室里，所以很多孩子根本不知道父母生活的不易和艰辛。

拿上学来说，虽然我上小学时已经实行九年义务教育，但是各种名目的学费依然很多，每次暑假开学就成了我和哥哥姐姐最恐惧的时候，因为暑假开学就要收学费，一收学费我们肯定是各自班里最后一个交的。每次都是老师一而再，再而三地催五遍以上，我曾经甚至因为凑不齐学费不好意思去上学，在家旷了三天的课。每次父母给我们凑学费，不是卖粮食、卖猪，就是去邻居、亲戚家借，因为我们亲眼看见了父母为我们付出的辛劳、承受的压力、遭遇的委屈，让我们刻骨铭心地感受到了父母挣钱的不易，所以更懂得感恩。而现在的小孩，只要想要什么，父母一定在第一时间给予满足，孩子根本没有"缺失感"，总觉得一切得来的都很容易，体会不到父母的付出以及付出背后的艰辛，更谈不上对父母的感恩。

我认识一位姓姜的老总，让我非常钦佩。姜总让我钦佩的不是他数以千万的资产，而是他的教子之道。一次我和姜总的司机去北京办事，司机不知道下了高速进北京市区怎么走，就给当时在北京工作的姜总的儿子打电话，让他到高速路口来接我们。我们下高速后跟姜总的儿子碰了头，他开着自己的越野车在前面给我们引路。我就和司机边走边聊："姜总儿子这车是他爸给买的吧？"司机说："是姜总儿子自己买的。"我很好奇地问："他儿子怎么这么年轻就能自己买个丰田霸道呢？""买房了吗？""早买了。""这也太厉害了吧！这么年轻在北京都买房了。"看我这么好奇，姜总的司机就跟我讲起了姜总的育儿经。这位姜总在改革开放之初就做生意发了家，早在90年代家里就有了小轿车，可是他为了不把孩子惯坏，自从孩子上学，就没有用车接送过孩子。无论阴天下雨，都是用自行车接送。平时对孩子管教也非常严格，即便让孩子出去玩，也必须在晚上7点之前回家。等孩子上大学之后每月就给300块钱，多一分也不给，生活费不够就自己打工挣钱。所以姜总的儿子一放寒暑假就骑个破自行车去给网吧维修电脑赚外快。这在我们外人看来是无法理解的，甚至觉得十分残忍，毕竟家里又不是没钱。而事实证明这位父亲的"残忍"是正确的。凭着学生时代扎实的知识功底，姜总的儿子一毕业就被北京一家大公司录取，成了白领。攒了几年钱，自己想在北京买套房子，看好了一套，自己的钱离首付还差一点，就打电话跟父亲商量能不能先借父亲一点儿。姜总这次答应了，说房子你先看着，你定好了我去北京看看。等儿子带姜总去看定好的房子时，售楼小姐问是全款买，还是付首付还房贷。姜总的儿子说付首付，没想到姜总却说："付首付干什么，全款买，差多少我给你补上。"姜总的儿子惊呆了，因为他从来不知道父母有钱，也从没敢奢望父亲能给他拿出这么多钱。听完这个真实的事，我深深地感动了许久，被这个父亲的"残忍"感动，被这个父亲的"抠门"感动，也被他的慷慨感动。也许现在中国资产上千万也就相当于改革开放之初的万元户，在中国比他有钱的可以说多如牛毛、不计其数，但是不是每个有钱人的子女都能像姜总的儿子一样，仅靠自己在北京就敢想买房，还能买辆越野车。不说别人，我自己的亲身经历告诉我，在北京，这比登天都难。

这个父亲为我上了一堂生动的教育课，我也希望这个故事能让你对"严是爱、松是害"这个道理有更深刻的理解。以后你有了孩子，不要太过溺爱。要拼命跟自己的本能做斗争，不能放松对孩子的要求，即便你有能力为孩子创造更优越的条件，也要适当地让孩子吃一些苦头，那样你才能在你老时尝到甜头。

困惑三：为什么子女学历越高反而孝顺父母的越少

按照常理，随着受教育程度的提高，人们的文明素质也相应提升，经济条件也相对要好，对孝道的认识和尽孝的能力也应相对提高，这也是一般人对青年人的普遍认识，即受教育多的青年人经济条件相对较好，对父母的反馈也相应要多。但四川省针对全省团员青年大调查的结果却出人意料，在调查青年理财观时显示：随着文化程度的提高，青年手中多余的钱，用于孝敬父母的比例却在不断下降，初中以下文凭有27.14%的人会把钱用于孝敬父母，这个数据是：初中有26.45%，中专、高中、职高有25.68%，大专、高职有20.37%，本科有20.00%，硕士及以上仅有17.86%。这组数据的确令人震惊，值得反思，我们的教育到底出了什么问题？为什么父母含辛茹苦、社会动用了大量资源培养出的高层次人才在孝敬父母上有如此大的反差？此外在调查青年幸福观时显示：在10种选项中选择建立美满和谐家庭的青年高居榜首，占34.50%，远远超过位列选项第二的为社会做贡献（16.37%）和第三的事业成功（15.28%）。从文化程度来看，又是硕士及以上人群远远高于其他人群，硕士及以上选择建立美满和谐家庭的高达50%，比初中以下高出22.86%，比本科高出19.77%。这说明文化程度越高的青年人越在意建立自己的小家庭，对父母的反馈如何就不难判断。

在现实生活中也不乏这样真实的案例：在深圳工作的北大高才生廖某，竟对远从湖南赶来帮助自己照顾妻子和儿子的父母实施家暴，经常殴辱父母，稍不如意就对母亲扇耳光，对当年挣钱供其上学的姐姐也是拳脚相加。某日早晨，廖某因不满父亲要其修复与母亲的关系，对父亲大打出手，不但撕烂父亲的上衣，还将父亲的左肩咬得鲜血淋漓，让人直呼禽兽。

  人们普遍认为拥有高学历往往意味着一个人的素质和修养也应该比一般人高一个层次。恰恰相反，在这则新闻里我们看到的却是一个连基本的孝亲观念都没有的人。廖某的行为是对中国几千年孝亲礼仪的严重亵渎，应该引起礼会的广泛关注和反思。无独有偶，16岁博士张炘炀，9岁读高三，10岁高考，保持"全国最小大学生"的纪录无人打破。13岁成为全国年龄最小的硕士生，16岁，他被北京航大录取，成为全国最小的博士生。在接受中央电视台《看见》栏目播出的《长大要成人》的专访中，张炘炀发出疑问："我博士出来，我连住的地方都没有。博士毕业有用吗？博士后毕业有用吗？"并要求父母全款在北京给他买房。就他家的经济状况而言，这个要求显然是不现实的。最小的博士生看似风光无限，其实是父母变态教育下的产物，是中国应试教育体制悲剧。

  无论是调查的数据，还是发生的真实的事例，充分验证了陈道明所说的：教养和文化是两回事。有的人很有文化，但是很没有教养；有的人没有高的学历和学识，但很有教养。因此可以说，**衡量一个人是否有教养，最基本的标准，就是看他是否孝顺父母。**

  为什么会出现这种高学历、低"孝"率的反常现象呢？我觉得无外乎这样几点：

  1. 当前学校教育体制的缺失和不完善，教育只是教授应试知识，对伦理道德少有涉及，这就意味着一个人受教育的程度越高，其在小学时代所学习的仅有的思想品德教育的比重就会越少，印象也就越模糊。这就是为什么很多成年人对社会公德的遵守还不如幼儿园的小朋友。

  2. 学历越高自我价值实现的诉求越高。一方面更多的精力会放在事业上，在社会金字塔式结构中越往上层，竞争压力越大，在奋斗时对家庭背景的依赖更为重要。当父母不能提供相应的帮助时，就容易造成对父母的嫌弃和怨恨，从而导致尽孝意识淡薄。

  3. 学历越高，自身纯知识素养相应提高，与受教育少的父母代沟越大，越容易导致子女从心底瞧不起自己的父母。感觉父母谈不到一块去，自己说的做的，父母理解不了，不是一个层次。拿生活中喝咖啡这件小事来说，在父母看来这纯粹是有钱烧的，一杯咖啡动不动要好几十，有的甚至上百，还不如吃饭实惠。于是几乎所有喝咖啡的人都会对父母说，你们懂什么啊！诸如此类，子女接触的高端新潮的事物越多，父母懂得越少，认知上的差别就会越大。

4. 学历越高越不容易放下身段，不愿做一些孝顺父母的琐事。比如父母患病在身需要儿女接屎接尿时，平时连家务都懒得做或者不屑做的子女，照顾父母时就会比学历低、平时做惯了粗活的子女更缺乏耐心。

罗列上述原因不仅仅是阐述为什么社会会存在这种现象，还想通过对上面几条原因的分析，让读者反思自身是否存在这样的问题，有则改之，无则加勉。

困惑四：为什么儿行千里母担忧，母居寒室儿却不愁

看过这样一个故事：

在一个刚入冬的晚上，窗外的寒风呜呜作响，老赵在家看电视，正好看到有关寒流的天气预报，他突然想到自己远在广州上学的孩子，要给他打个电话提醒一下，又怕孩子正在自习或者已经休息，不敢打这个电话。老赵为此在床上翻来覆去，辗转了一宿。第二天早上，估摸孩子也该起床了，就给孩子打电话："天气预报说，有寒流南下了，广州没有暖气，天冷起来比北方要厉害，你准备好了厚棉衣没有……"他絮絮叨叨地和孩子说着，孩子却早已把电话挂了。他正准备再拨过去的时候，电话铃响了，他拿起电话，却是远在哈尔滨居住的70岁的老母亲打过来的："天气预报说，济南今天要变天，你加了衣服没有？"就在他不经意地打了一个喷嚏后，老母着急地数落他从7岁开始就不愿加衣服的"劣迹"。为了打断母亲的絮叨，他随意地问母亲那儿的天气怎么样，母亲告诉他，外面正下着雪呢，雪都埋过脚脖子了。

老赵不由得愣住了。在寒潮乍起的时候，他深深牵挂的，是北风很难抵达的广州，却忘了北风生起的故乡和已年过七旬的母亲。

这个故事很形象地说明了一种现象：爱下行的惯性。

我们可能会困惑，为什么爱总是下行的呢？主要有两个原因：

1. 因为长期以来父母都是强者、能者，从小什么事情都为子女考虑好了，就连冷了添衣服、渴了喝水等一些生活中的琐碎小事都给我们考虑到了，我们只需要按父母说的去做，自己不用考虑太多，更谈不上为父母考虑。时间长了就成了习惯。

2. 自己有孩子之后，因为孩子始终处于需要被照顾、被保护的地位，需要不断地提醒、反复地提示，并且因为是自己爱的结晶，有种呵护的本能。因此时间长了，也就成了习惯。

仅从以上两个原因来看，爱的下行就不难理解。

如果你已经为人父母，那么恳请你仔细反省一下自身是不是存在这样的情况，是不是把注意力、精力都放在孩子身上，而对父母的关心不够。如果你已婚生子并且存在这种倾向，那么就要跟自己的本能做斗争，每当想为孩子做什么时，先想想自己为父母做得怎么样。

困惑五：为什么受伤的总是父母

于丹教授说过一句话：你最亲近的人是你最不能伤害的。有的时候父母可以忍下了，可在他们的心里，一定会很难受的。可是很多人以社会压力太大、压力无处发泄为由，把父母当成了泄压阀和出气筒，把最差的脾气和最糟糕的一面都给了最亲近和最爱的人，却把耐心和宽容给了陌生人。

于是我们在生活中就可以看到这样的场景："你回来了，快洗手吃饭吧。"看见儿子一脸疲惫地回到家，李先生的母亲赶紧端出准备好的饭菜。可李先生随口答应了一声，扭头就抱起正在一旁玩积木的3岁儿子："宝贝儿子，想死爸爸了！"与对儿子的热情相反的是，当母亲关心起自己的工作时，李先生却表现得非常不耐烦："跟你说了也不懂，我心里烦着呢！"和李先生一样，很多年轻父母对孩子的一点异样都会紧张，却对辛苦养育自己的父母时常忽略。让很多父母想不开的是：最爱你的人是我，你怎么舍得我难过？

在中国科学院心理研究所老年心理研究中心主任李娟和西南大学心理学院心理咨询中心主任汤永隆看来,很多时候,年轻人对父母的态度都不够尊重。老一辈曾经辛辛苦苦将我们拉扯大,小的时候,他们花了很多时间教我们用勺子、筷子吃东西;教我们穿衣服、系扣子、绑鞋带;教我们洗脸、梳头;教我们做人的道理……我们对他们的尊重,就应该是无条件的。然而,在生活中,我们可能对师长、领导,甚至陌生人都毕恭毕敬,对最爱自己的父母却时常恶语相向。网上曾经评出"最伤父母心的十句口头禅",不知道你对父母说过哪一句?

1.好了,好了,知道了,真啰唆!

(他们跟你啰唆是因为关心你。)

2.有事吗,没事?那挂了啊。

(父母打电话,也许只想说说话,我们要明白他们的用意,不要匆忙挂电话。)

3.说了你也不懂,别问了!

(你不说他们就更不懂了。)

4.跟你说了多少次不要你做,做又做不好。

(一些他们已经力不能及的事,我们因为关心而制止,但不要让他们觉得自己很无用。)

5.你们那一套,早就过时了。

(父母的建议,也许不能起到作用,可我们是否能换一种回应的方式?)

6.叫你别收拾我的房间,你看,东西找都找不到!

(自己的房间还是自己收拾好,不收拾,也不要拂了老人的好意。)

7.我要吃什么我知道,别夹了!

(盼着我们回家的父母总想把所有关心融在特意做的饭菜里,我们默默领情就好。)

8.说了别吃这些剩菜了,怎么老不听啊!

(他们一辈子的节约习惯,很难改,让他们每次尽量少做点菜就好。)

9.我自己有分寸,不要老说了,烦不烦!

（仅从对父母说话的态度来看，你没有丝毫的分寸。）

10.这些东西说了不要了，堆在这里做什么啊！

（他们总想把跟我们成长有关的东西都收藏起来，也许占满房间，但多年后，你在看到自己婴儿时的物件后，是不是很惊喜？）

如果上面几句话，你也曾对父母说过，这几句话表达的意思和情绪你也曾对父母表达过，那么你就应该好好检讨了！

按照常理，一个连自己父母都不尊重的人，应该不会尊重其他人。如果事情没有按照常理发生，那就是存在一些问题，之所以存在这种现象，我想无外乎两方面原因：

一是父母的"娇惯"。说白了，就是惯的毛病。就像那个被儿子刺伤的母亲顾某的亲属在面对记者时也直言："出这事，肯定和平时教育脱不了干系。""她平时太宠孩子了，都给惯坏了。"顾某妹妹坦言："以前孩子回来，有时连家都不住，直接住宾馆。"在亲戚看来，只要是儿子提出的要求，不管是什么，顾某总是想尽办法满足。"可以说，要什么给什么，没有的话，也要想尽办法变成有。"身为汪某的舅舅、顾女士的哥哥无意间透露，之前外甥也因为家里无法答应他提出的其他要求而大吵过，甚至还动过手，但让他们万万没有想到的是"这次竟然会拔刀子"。和这个被刺伤的母亲一样，很多父母怜爱子女过甚，常常顺着他们的性子，无论子女说什么话，做什么事，怎么顶撞自己，怎样伤害自己，到最后父母都会不离不弃地原谅和包容。父母的不计较和无底线的宽容正是所有子女在父母面前肆意妄为的症结所在。因为子女知道无论自己怎么样，父母都不会不要他（她），无论做什么，父母都会原谅他（她）。他（她）不会因为自己做的事、说的话而受到处罚，顶多父母也就是唠叨两句，"过两天就好了""我一跟我父母撒娇就没事了"，这是很多经常顶撞父母的人的想法。跟父母说什么话不走心，不过脑，想说什么就说什么，想怎么说就怎么说，丝毫不顾及父母的感受。

二是外人的"不惯"。很多人之所以不敢对外人这样，就是因为外人不会像父母一样惯着你，哪怕是自己的爱人。一般来讲，你瞪别人一眼，别人敢骂你一句；你骂别人一句，别人敢打你一拳；你打别人一拳，别人敢捅你一刀。总之，你侵犯别人，别人最起码也要以牙还牙，绝大多数还得变本加厉。所以你就怕了，学聪明了，知道别人不好惹，当你有脾气无处发泄的时候，你发现对父母可以肆无忌惮，因为他们不可能对你怎么样，父母和别人是反过来的，别人对你是变本加厉，你对父母的伤害父母连"本"都不会还你，因为他们爱你，他们不想你受到一丁点的伤害，哪怕你伤害他们在先。就好像被儿子捅了9刀的母亲，不仅不怪自己的儿子，还为儿子辩护一样，我们在为这个母亲近似病态溺爱孩子的行为愤慨的同时，也能从另一个侧面体会到父母对孩子那份真挚的无可替代的慈爱之心。

或许经过前面的表述，你已经意识到了自己平时所作所为对父母的伤害，但是你可能还有困惑，如果在家还要像在单位一样被各种规章制度约束着，这也不能说，那也不能做，那么家也就失去了意义。在父母面前当然没有必要一直端着，形象上、着装上都不用考究。这当然没有问题，你只需记住一点，与父母在一起时，你可以放松，但不能放纵。对父母说话的语气一定要注意。也许你对陌生人彬彬有礼、对同事客气有加，当你对别人说出得体的话、做出优雅的肢体动作时，你暗自还会得意于自己的素养，其实**真正体现你素养的是你如何对待你的父母**。

你可能会说，我在外面受了气，回家跟我妈说说怎么不行？跟我妈还不能发发脾气吗？跟我妈还不能撒撒怨气吗？我想要对你说的是：人与禽兽的区别之一，就是懂得自制，既然你选择了当人，你就必须要自制。能够对外人尊重，已经表明你是能自制的，只不过你觉得对父母没必要自制而已。如果压力太大、心情烦躁就用运动、唱歌、打游戏等方式正常宣泄，而不是拿父母当靶子。"经理与猫的故事"相信你早就听过，很多人的父母其实就充当了被一脚踢出门外的受气猫，下次你要对父母发火时，想想父母其实就是那只猫，你是否还抬得了脚？即便你因为工作上心情不好回到家可以发泄，但不是冲父母发泄，可以在父母面前数落发泄你对他人、对工作的不满，让他们倾听就行。你可以把父母当作倾诉对象，而不能直接把父母作为发泄对象。自己心里有火不敢对别人发，就知道在家里对父母横挑鼻子竖挑眼，这种人是最没出息的，这就是我们俗语说的炕头上的英雄，窝里横，外面怂。

作为子女，你必须懂得，与外人相比，父母更需要你对他们的尊重和耐心。虽然我们对父母有孝心，但是也应该用正确的方式来表达，即便是为父母考虑的好话也要好好说，就算是无心伤害父母的口头禅，也要一定把它们改掉。并且这种改变最简单不过，你只需要记住一点，那就是你对父母的态度跟别人一样即可，下次当你再一次对父母发火时，想一想，你把你的微笑都给了谁？想一想你对外人是怎么微笑的，也试着对父母微笑就行。

困惑六：为什么我为父母做了这么多事，他们还是不开心

能够有这个困惑的人，在当下这个社会，应该算得上是孝子。如果你不孝顺父母，什么都不为父母做，父母对你不满意也还可以理解，但为什么你为父母做了很多的事还不能让父母满意、跟父母的关系还是不好呢？应该说这个问题困扰了一些人。

要解决这个困惑，只需要搞清楚两个问题：

1. 把孝顺当作"任务"还是"义务"？诚然，你对父母又是给钱，又是买东西，但你问问自己的内心，你尽孝是"不得不如此"被动的孝，还是"我必须如此"主动的孝，是为了别人看、怕被别人说不孝所以才孝顺，还是发自内心的孝顺，这是有很大区别的。虽然有的人也经常去看父母，也经常给父母买东西，但只是公事化地做他该做的，把孝顺父母当成一个任务，做的每一件事都要考虑为父母投入的多少，尽孝成了一种简单的债权关系，并且一点都没有借这个时间跟他父母建立一个亲密关系的意思——没有亲近的交谈，没有轻松的气氛，更没有家人聚会的温暖。

2. 把孝顺当作"赡养"还是"饲养"？你尽孝时是不是光有"物质赡养"而没有"精神赡养"？这看似无关紧要，实则非常必要。正如子游问孝时孔子的回答让人深思："今之孝者，是谓能养。至于犬马，皆能有养；不敬，何以别乎。"意思是说，现在的所谓孝，就是说能养活自己的老人就行了。孔子接着反问，你看狗、马这些动物都能够得到饲养，如果你只是做到让父母衣食无忧，但对他们没有发自内心的尊敬，那么这跟饲养狗、马有什么区别呢？孔子的话虽然说得有些刺耳，但我们不得不承认圣人的教训实在是金玉良言。子女对于父母必须能养而且能敬,才是尽孝。

　　孔子的学生子夏也曾经问孔子什么是孝。子曰:"色难。有事,弟子服其劳;有酒食,先生馔,曾是以为孝乎?"意思是做子女的要尽到孝,最不容易的,就是对父母和颜悦色。你看看今天的所谓孝,就是有一些要做的事情,孩子们都会抢着去干;在一个物质条件不很丰富的情况下,尽量做到让长辈有吃有喝。但是,这样做竟然可以算"孝"吗?孔子的反问令人深思。当然,也许有人同样会反问,难道这样做还不算孝吗?中国人常常将"孝"和"敬"连用,孝敬孝敬,孝为行,敬为心。所以如果你困惑于为什么我为父母做了这么多事,父母还是不开心时,你问问自己的内心你的心中对父母有那份深深的敬吗?朱熹对《论语·为政》的注解说:"盖孝子之有深爱者必有和气,有和气者必有愉色,有愉色者必有婉容,故事亲之际,惟色为难耳。"说的就是和悦的神色必然出自深刻的爱心。孝顺父母不是为了完成任务,不是说做了该做的,然后就各过各的,要认真地想一想你是否在用心对待父母。

困惑七:为什么有的人娶了媳妇会忘了娘

　　"娶了媳妇忘了娘"是具有中国特色的一种典型家庭现象。也正是因为这种现象的普遍,才造就了婆婆和儿媳之间千百年来永不停息的"战争"(婆媳间的战争堪称史上时间跨度最长、受害人数最多的"战争")。曾经有学者做过调查,得出一个结论:十分孝顺的儿子在30%左右;很不孝顺的儿子,在5%~10%左右;表现一般的儿子在60%左右。其中儿子与闺女相比,孝顺父母的闺女要比孝顺父母的儿子多。在现实生活中,为什么会出现"娶了媳妇少个儿"的现象呢?通过调查发现主要有以下几方面原因:

　　从父母方面看:有的父母是促使儿子不孝顺自己的直接责任者。一是有的人虽为人父母,但不孝顺自己的父母,使子女亦步亦趋,上行下效,"上梁不正下梁歪"。二是有的父母对子女放任自流,娇生惯养,过分溺爱,使其从小就养成了目无尊长、不孝敬父母的恶习。当儿子有了这些恶习后,很难再对自己的父母萌发孝心,父母最终只能自饮苦酒。三是父母对儿子从小到大倾注了自己全部的心血，一旦结婚就等同于将一直视为珍宝养育成人的宝贝，要拱手让给另一个年轻的女人，并且儿子结婚以后更多精力放在自己小家庭中，从而给父母一种失落感。即便同一件事，儿子在婚前做和婚后做，父母也会有不一样的感受，内心不满自然会通过各种方式流露出来，一来二去，争执多了，自然关系就会疏远。四是很多婆婆一味地拿自己年轻当儿媳时对公婆毕恭毕敬的做法来期望儿媳，必然会导致落差，尤其是看现在的儿媳无论是穿衣戴帽、举止言谈，还是生活习惯都看不惯，在一起生活就更难免会有磕碰，如果是亲生儿女，即便有时呵斥批评，有时忽略冷落，过了也就忘记了。而儿媳因为不是亲生的儿女，一句忤逆的话，一件不合的事情，就会觉得辗转难化。心底化不开，气色间不觉带着愠怒，因此渐生嫌隙。婆媳感情不和，自然导致儿媳不孝。儿媳不孝，又会导致父母对儿子有看法，从而影响儿子为父母尽孝。

　　从儿子方面看，不孝也有多方面原因：有的人是从小品质就不好，只重金钱不重父母。他们在父母有钱财，或有较高地位时，能够顺从，一旦父母囊中羞涩或没有地位时，便翻脸无情，显出不孝本性。有的人做了父亲之后，只知道溺爱自己的"小皇帝"，不知道报答自己父母的养育之恩，还有的不知道赡养老人是自己应尽的义务，在老人生活不能自理时，把老人当"包袱"、当"累赘"，对老人弃之不管。还有少数人"妻管严"，往往屈从不孝顺公婆的妻子，不敢孝顺父母，时间长了就和妻子一样，把不为父母尽孝当成习以为常的事。有的结婚之后，认为岳父、岳母对自己比父母对自己都好，从而把更多的精力放在岳父、岳母身上，极力讨好岳父、岳母，导致对亲生父母的冷落。

　　从儿媳方面看：受自己家庭教育影响，不懂感恩，不懂孝顺，连自己父母都不懂得孝顺，更何况公婆。更多的是觉得自己不是婆婆生的，因此"身在曹营心在汉"，对公婆没有任何感情，把孝顺公公、婆婆当成额外负担。老想着男方有车有房，父母双亡，多一个都觉得是负担。有的不仅自己不孝顺公公婆婆，还扯丈夫的后腿，不让丈夫孝顺父母。相亲的时候，还知道要求对方孝顺、人好，等结了婚，却只希望老公对自己父母孝顺。还有的因为丈夫对岳父、岳母不尊敬、少孝心，因而媳妇便以不孝顺公婆来报复。

除了上面三方面的因素之外，还有很重要的一个原因是，年轻夫妇和男方父母一起住的居多，在一起的时间多，发生不和谐的概率也随之加大，长年累月在一起，免不了有不愉快，有不愉快自然会影响双方感情，进而影响子女尽孝。

无论前面论述了多少种原因，娶了媳妇忘了娘都不是应该的结果。一个真正的好男人，能在母亲和妻子这两个女人之间做好一个坚实稳固的桥梁，起着维系和沟通婆媳关系的重要作用。一个好男人娶了媳妇不但不会忘了娘，而是会更加记得娘。因为结婚之后，更能深刻体会到要创建一个幸福美满家庭的艰辛。为此，男人应该负担起更多的家庭责任，在当一个好丈夫、好父亲的同时，更应该当一个好儿子，让年迈的父母老有所依。一个结了婚的男人，在有了自己的孩子之后，便能体会到当年父母含辛茹苦养育自己的艰辛，从而更懂得应该去回报父母。

因此，一个娶了媳妇更记得娘的男人，才是值得一个女人依附的好男人。因为没有娘，便没有这个男人的今天。女人对一个将自己如珍宝一样呵护的宝贝，拱手相让给你的女人，在心安理得接收之后，要懂得感恩，别让你的公婆"娶了媳妇少个儿"，而要让他们"娶了媳妇多个女"。

困惑八：是工作重要，还是给父母送终重要

或许在看到这个题目时你会觉得莫名其妙，我怎么会对这个问题感到困惑。确实对这个问题感到困惑好像是多此一举，因为这个问题的答案一目了然。我们当然都觉得父母比任何事情都重要，给父母送终更是尤为重要。但这正是我的困惑所在，既然每个人都知道父母比任何事情都重要，更明白给父母送终是最重要的，为什么有很多人没能送自己的父母最后一程呢？

如果你听过先进事迹报告会，你是否发现这样一个规律，绝大多数的先进事迹的感人成分里，必定有两个不可或缺的桥段，一个是父母去世没回家，二是妻子生小孩没回家，并且多数以前者居多。我不禁疑惑：先进就一定要以父母去世不回家来证明或者换取吗？不过这个问题在古代是没有困惑的，在古代，公务员在父母去世时必须回家，不能贪恋官职，如果你隐瞒父母去世的事情，不回家丁忧，一经发现，还要被法办。

也许是我们小时候学的大禹治水"三过家门而不入"的故事给我们的印象太深了，以至于在我们头脑中认为一旦"入了家门"就好像降了品质，低了层次，没了追求。首先说个人利益要服从于集体利益、国家利益是必须的，但也要看你牺牲得有没有必要。如果你是航天科技的专家、是国防科研项目的带头人，单位离了你就不行，少了你就不转，可关键问题是你有那么重要吗？

看到过这样一段文字：我不喜欢父母重病在床，断然离去的游子，无论你有多少理由。地球离了谁都照样转动，不必将个人的力量夸大到不可思议的程度。在一位老人行将就木的时候，将他对人世间最后的期冀斩断，以绝望之心在寂寞中远行，是对生命的大不敬。

我当然也不赞同父母去世不回家的做法，且不说父母去世不回家合不合乎情理，仅从利弊方面权衡，这种做法就是不科学的。因为如果父母去世不回家，但凡有良知的人内心都会非常愧疚，这种愧疚会让你走神、让你失落。这种情绪会影响你的工作、损害你的健康，有时甚至会危及你的生命。回家送父母最后一程也许只要几天的时间，如果没有回家你却要用一辈子的时间来愧疚遗憾。父母去世没有回家会让你终身遗憾，让你每想起来都羞愧万分，这无论是对你的自身、家庭、单位还是国家都不是最优的选择，所以父母去世忍痛坚持在岗位上，不是一种科学的态度。

我当战士的时候，有一个班长家里来电话说他父亲出车祸病危，让他赶紧回家，因为当时没有手机，电话打到我们连队的值班电话上，值日员就跟连长说了，连长告诉他后，他决定先不回家，因为当时我们单位正准备演习，他是二班班长，很多人以为他不回家了，连长会号召我们向他学习，因为这也是老套路。让我们没想到的是，连长让自己妻子给这个班长买好了火车票，坚持让他回去见父亲最后一面。这个班长还是不肯。连长急眼了，在饭堂对他破口大骂，那场景我现在还记忆犹新，因为当时我正在盛饭，吓得碗都掉地上了。连长指着他鼻子骂他："你还是不是人，你爸都快不行了还不回去，你是太阳吗？！咱们连离了你就不转了吗？！你比我连长还重要吗？！你赶紧给我滚回去！"班长哭着走了。我想这也许是他这一生挨得最让他感动的骂,也是我迄今为止见过的最温暖的骂。这个班长回家见到了父亲的最后一面,为父亲料理了后事,把母亲带到部队,安置在驻地附近,然后就全身心地投入到工作当中,工作状态比以前更积极、更吃苦耐劳。用他的话说,如果不好好干,就对不起连长这份感情。虽然因为年龄原因没有提干,但是光他带出来的提干的战士就有三个(我就是其中一个),业务骨干就更不计其数。

我在给军校同学讲这个故事的时候,一个同学也给我讲了一个他们部队发生的事,也是一个战士母亲病重,这个战士向领导请假,指导员怕因为这事向领导请假,领导不乐意,就一拖再拖,最后这个战士的母亲去世了。这个战士私自离队回家,归队后连队给了处分。从此这名战士心怀怨恨,一次会餐喝多了,对着指导员破口大骂,最终年底选择了退伍。

同样的事情,不一样的处理方式,导致了截然不同的效果。所以每个人都要意识到,你也有父母,如果面临这样的情况,你会是什么感受?说到这,我之所以把父母去世时回不回家当作一个专题来阐述,真正的用意有两个:

1. 我想告诉无论是企业还是政府、部队的领导,如果你的下属亲人去世,千万要为下属开一切绿灯,创造一切条件让下属回家。因为没有什么比一个人的父母对他更重要,更没有什么事情比给父母送终重要。你要明白下属哭着闹着要回家为父母送终不是自私,反而证明了他是一个有良知的人。即便他为了工作不回去,你也要命令他回去。对于每个人而言,用几天的时间换自己一生的安稳,对于领导而言,用几天的时间换下属一生的忠诚,孰轻孰重,不言自明。

2. 我想要告诉每个父母在世的人,既然你这么在乎你的父母,你在平时做得怎么样呢?是不是非要等到给父母送终的时候、非要父母弥留之际才想起要回家看父母吗?在平时你就不能多抽出点时间回家陪父母吗?你扪心自问,你平时有多少次回家的机会被你所谓的应酬占去?有多少本来可以陪父母的时间你却在跟朋友一起玩耍?为什么非要等到父母去世的这一刻你才明白,这世界上原来没有什么事情比父母更重要呢?

这,才是我提出这个困惑的初衷。

前面说了半天都是劝人们在父母去世时回家,但是确实还有一些人在国与家、公与私之间往往不能同时很好兼顾。尤其是为官从政者中有许多优秀干部，在处理国与家、公与私事务，忠孝不能两全时，往往是顾国家舍小家，为工作不能尽孝，在危难关头，救群众舍亲人，他们虽有孝敬老人、善待家人的心，有时却很难尽到责任和义务，只能抱憾地骂自己是不孝子。这种有孝心却难有孝举的行为，也同样让人钦佩。所以我又希望你能成为父母去世也回不了家的人，如果你重要到在你父母临终时都不能回家，反而更说明你是孝顺的人，因为你对国家或者一个单位重要到那种程度，就说明你已经非常成功了，你的父母早已以你为荣。

困惑九：什么时候才是尽孝的最佳时期

很多人觉得年纪小的时候没能力尽孝，长大了因为不养儿不知父母恩，所以不会尽孝；没结婚之前尽孝自由，但是自己不懂尽孝；结婚之后想要尽孝，或多或少受对方限制，还要为对方父母分散一定的精力、财力；等有了孩子，终于可以体会到父母养育子女的不容易，并且也发自内心地感激父母对自己的养育之恩了，却因为孩子占去了绝大多数的精力，而没有时间去尽孝。

有些人并非不赞同孝顺，而认为孝顺是可以等一等、缓一缓的事情。如：

上学读书时，认为父母年轻力壮，用不着自己孝顺。

参加工作后，经济收入较低，一般都是月光族，没能力孝顺。

结婚生子后，认为爹娘无病无灾，自己却拉家带口，顾不上孝顺。

人到中年后，孩子尚未成家，工作忙忙碌碌，社交应酬繁忙，没时间孝顺。

转眼父母去世，痛心疾首、垂头顿足，没机会孝顺。

凡此种种，一推二拖，不承认不孝顺，只说是没条件、没办法、没能力、没机会，好像尽孝必须要具备什么条件、拉开什么架势，必须等到天时、地利、人和都占全的时候才能去做的事。那么我们不禁要问，到底什么时候才是尽孝的最佳时机呢？孝顺父母应该从什么时候开始呢？带着这样的疑问，我们来分析一下人生各个阶段关于尽孝的利弊：

状　态	利	弊	对　策
单身	最自由，想为父母做什么事不用征求别人意见	最不懂事，也最没有能力	做一些力所能及的事
已婚	爱人可以和你一起尽孝	受爱人制约，并且要为爱人父母分散一定精力和财力	和爱人一起尽孝，你在为爱人父母分散精力财力的同时，你的爱人也应该为你父母投入精力财力
已婚并且有了孩子	1. 知道了父母恩 2. 爱人和孩子可以一起尽孝	1. 受爱人制约，并且要为爱人父母分散一定精力和财力 2. 受孩子牵绊	带爱人和孩子一起尽孝

通过上面的分析可以看出，在我们成长的过程当中，任何时间任何情况下都有利于尽孝的条件，也都有制约尽孝的问题，关键是你怎样在没有条件的时候，创造条件去尽孝，在有问题的时候，解决问题去尽孝。只要有心，你就一定能够找到合适的尽孝方法。

因此我们可以得出的结论是：**当下，就是尽孝的最佳时期。**

如果你上学，可以用成绩孝顺父母，放学回家后可以帮父母做家务；

如果你工作，可以给父母买礼物，带父母去旅游等；

如果你已婚，让爱人跟自己一起陪父母聊天、逛街等；

如果你有了孩子，就让父母一起参与孩子的教育培养等。

……

如果说上述尽孝方法或多或少需要一点条件的话，那么至少陪父母聊天，这在每个阶段都是我们能做到的。

总之，每个阶段都能找到孝顺父母的方式，只不过你要做到的前提是不要再找什么借口，切记：孝在当下。

第五章

孝之误区

FILIAL PIETY IS YOUDAO

很多人虽然有一颗孝顺的心，但是由于对孝道存在一些认知上的偏差和误区，在尽孝的路上想错了、走偏了。在这个章节我主要把人们在尽孝过程中存在的误区梳理出来希望人们能够避免。

第五章 | 孝之误区

误区一：孝顺不需要学习

如果我问你，孝顺需要学习吗？

你一定会反问我，怎么孝顺还需要学习吗？

我相信绝大多数人都认为孝顺根本不需要学习，认为孝顺是自然而然、顺其自然的事情（很可能你也这样认为）。正是因为很多人认为孝道根本不需要学习，所以对孝道的学习和思考也就无从谈起，对孝道的践行也就有好有坏。

抛开孝道需不需要学习暂且不谈，我们先思考这样一个简单的问题，我们学习是为了什么？这个问题的答案当然就有很多了，为了成才、为了就业、为了生活、为了建设祖国等。简单地说学习的目的，就是为了学以致用。可是你从小到大学了那么多的知识，在生活中用上了多少呢？你从小学上到大学，学了语数外、政史地、理化生这么多科目，对于你的生活有多大的裨益？而孝道却是一个能牵扯到你自身和你的父母切身幸福的事，是一个能影响你一生的事。难道一个会影响到你一生幸福、关系到父母幸福的孝道，却不值得你学习吗？

可以说人的一生当中，没有哪一门学科比孝道更有实际价值，也没有哪个学科比孝道与我们每个人生活的联系更紧密。**孝道不仅比你所学过的任何一门学科都要重要，甚至要比你从小到大学过的所有课程的总和都重要。**但可惜的是，这么重要的学科学校却没有老师教，都是靠父母的言传身教和子女自己悟。由于孝道没有自学的教材，我最初对这本书的定位，就是想作为一本孝道的入门级自学参考书。

我尝试着把生活中关于孝道的一些思考糅合在一起，把对父母尽孝时存在的误区总结出来，把对父母尽孝的方法提炼出来，让人们直接拿来为己所用，不用再自己摸着石头过河，以免人们在尽孝的道路上走弯路。就像叶曼所讲：读书是世界上最便宜的事，一本书流传下来，是一个人一生的研究，一辈子的观察，一身的辛劳，用文字记录下来而我们用几个小时或者几天的时间便受用了它，多便宜，多值得，多受益。当然，这并不是说我这本书有多好。每个人写书都希望自己的书能够被人们奉为圭臬，而我却真的希望我的书在别人看来毫无用处。我希望我所说的你都知道，并且理解得比我要深刻。可是因为很多人没有意识到孝道的重要性，对孝道更多的人只是停留在想想而已，甚至是想都没想过的状态，所以对孝道的理解和认知不会太深刻，对孝道方面的知识也知之甚少。可以想想涉及孝道的名言你能想起来几句，百善孝为先、子欲养而亲不待……你能记得多少呢？这并不是说你没这个能力，而是你的心思没用在这上面。其实对于孝道而言，你也没必要自己穷其一生去研究，你只需要掌握基本的原理和方法，避免容易犯的错误，尽心尽力尽孝就够了。可是这些方法、原理从哪里来，就要从学习中来。虽然我这本书说的都是一些比较浅薄的内容，但我只是想抛砖引玉，让你从我这本书开始重视孝道，进而去了解学习一些有关孝道的知识。

孝之忠告：孝顺不仅需要学习，而且还是最重要的学习。

误区二：父母既然生了我，就应该养我

虽然说为父母尽孝是古往今来修身为人最基本的行为准则，但在认知多元化的今天，不同的人对孝道有不一样的认知，有的人认为"父母生了我就应该养我"，因为"谁让他们把我生下来的，我又没叫他们生我"；有的人认为"父母养我是应该的事，我养父母是以后的事"；还有的人认为"我爸妈就我一个孩子，他们不给我给谁啊"……

有这种认识的人虽然不多，但在青少年当中仍有一些市场，就连著名学者冯学荣都标新立异地质疑"孝顺父母是天经地义的吗"。

下面就是冯学荣对于孝顺最经典的论断：

你未经我允许、违背我的自由意志，而将我带到一个全新的处境——那么，对于这个处境所带给我的所有不愉快，你应该负责任。

那么，说到这里，事理就很清楚了：父母把孩子生下来，不是孩子要对父母的幸福负责任，恰恰相反——是父母要对孩子的幸福负责任。不是孩子应该孝顺父母——恰恰相反，而是父母应该"孝顺"孩子。

这个，才是真理！（冯老先生的话真是掷地有声）

最后冯学荣又提到很多发达国家，孩子一旦长到18岁，就被轰出家门，独立居住，而且，父母老了之后，相当多的孩子也不赡养他们的父母——父母要么吃自己的积蓄，要么吃政府的养老金。

冯学荣还说，自己只是从权利义务的逻辑推理上就事论事，认为自己只不过是指出"皇帝没穿衣服"的那个诚实的小孩罢了。

要论逻辑推理，我这个层次肯定跟冯学荣前辈是不能相提并论了，我连他一个小脚趾头都赶不上，但是这篇文章我实在不能苟同。我想问问冯学荣先生以及对尽孝有同样认知的人：你们的父母是不是在18岁就把你轰出了家门？你们是不是在18岁以后，没有再向父母伸手要过一分钱？上大学学费是谁给你出的？结婚有没有靠父母？买房有没有靠父母？自己有孩子之后有没有让父母带过？

如果对上面的问题，你的回答都是否定的，或者有一个是否定的，我觉得你来谈平等地对待父母，就是不合乎逻辑的。因为前提条件不一样，条件就是冯学荣所说的："孩子一旦长到18岁，就被轰出家门，独立居住。"如果前提条件不同，却要跟别人用同样的方法来对待老人是不客观的。这不就是典型的只想要权利，不想尽义务吗？如果你前半生一味地享受父母的"孝顺"，等父母需要你赡养了，你又谈平等，这是什么混蛋逻辑？

我要对以冯学荣先生以及凡是有这样认知的人说的是，既然你讲道理，那就应该讲法律，因为法律是最大的道理。中国的法律规定父母对孩子的抚养到18岁。所以在你享受了父母18年义务抚养之后，你就已经是一个承担法律责任的个体。父母没有义务再为你付出，虽然没有哪个父母把这个当回事。但我们要知道，18岁以后父母帮你是情谊，不帮是本分。所以不要再认为父母为自己做什么都是应该的。

孝之忠告：法律规定父母只需养你到18岁。

误区三：等我以后有条件了，再好好孝顺父母

这里所说的"条件"主要指两点：一是有钱了，二是有时间了。很多子女认为现在想尽孝没条件，主要是觉得一是没钱，太穷了。二是没空，太忙了。这其实只是表面的原因，其深层次的原因其中主要有两个：一是认为父母现在健康无病，尽孝来日方长。二是总是觉得自己目前能够给父母的不足以回报父母，认为只有巨大的物质满足才能报答父母。从这两个原因可以看出，很多人等着以后尽孝，并不是因为不孝顺父母，而是太想孝顺父母。有这种认知的人正是因为知道父母不容易、知道父母为自己的付出，所以想要给父母更多的回馈，想要给他们巨大的物质满足，觉得只有这样才能回报父母的恩情，认为现在自己能够给父母的都是那么的微不足道、不值一提。于是在这种认知的支配下，很多人对父母的尽孝一直都在等：

小时候说，等我长大了就如何如何报答父母；

上学了说，等我毕业了，就好好孝顺父母；

上班了说，等我结婚安定了，我就把父母接过来；

结婚了说，等我有钱买了大房子，我就能陪父母安度晚年了。

……

与我们一样，父母一辈子也在等我们：十月怀胎的时候，等我们出生；牙牙学语的时候，等我们长大；等我们上学了，又等我们工作；等我们工作以后，又等我们结婚；结婚以后等我们要小孩，有小孩以后又等我们的孩子长大。如此周而复始，一直"等"到他们离去。

香港城市大学社会心理学副教授岳晓东呼吁，不要把尽孝当成"未来时"，总想着明晚不加班就给父母打电话、等以后有钱了再带父母出去玩。孝心经不起拖延。如果你也存在这种观念，也是把尽孝寄希望于将来，那么我请你认真思考下面四个问题：

第一个问题：你确定你能成功吗？

成功是每个人的理想，有理想自然是好事，但要记住理想不是现实。我们看成功学书籍提到的各种高官巨贾的励志故事，放眼望去都是成功的事例，好像一努力就会成功，好像成功就是一夜之间的事。事实上能够成功的只是极少数，比成功更多的是失败，只不过被媒体过度宣传的都是成功的案例。即便乐观地说，你成功的概率顶多也就是50%，那就意味着你有一半的概率是失败的。如果你没有等到你有能力的那一天，如果你终其一生都在平庸中度过，没有实现你的抱负，不能给予你想要给予父母的东西时，父母就不用孝顺了吗？你当然会说，如果是那样，我照样也能孝顺。既然没有钱你同样可以孝顺父母，那为什么不从现在开始呢？其实父母并没有你想象的那么贪婪，他们想要的也并不是在你家财万贯之后对他们挥金如土。**你对父母平淡的付出，对于父母来说才是稳稳的幸福。**我们不能为了一个不能确知的未来，而放弃现在尽孝的机会。所以当你把对父母的孝寄希望于你可望而不可即的将来时，冷静地想一想，你确定你能成功吗？当你不确定时，还是立足现有条件，赶快为你的父母尽一份孝心，至于是什么并不重要，也许是每月几百元的汇款，也许是一件毛衣，也许是一场团圆的祝寿宴，也许是病床前的百般呵护、嘘寒问暖。在"孝"的天平上，它们与你渴望给父母的豪宅、豪车等值。

第二个问题：等你有了能力的那一天，你确定父母还在吗？

我相信每一个赤诚忠厚的子女，都曾在心底深处暗暗向父母许下"孝"的宏愿。相信来日方长，相信水到渠成，相信自己必有功成名就、衣锦还乡的那一天，就可以从容尽孝。应该说这种初衷是难能可贵的，但是人们却忘了时间的残酷，忘了人生的短暂，忘了生命有不堪一击的脆弱。所以总是想等条件更好一点，挣钱再多一点，孩子再大一点，时间再宽裕一点，再好好尽孝，让老人享享清福，然而等条件、能力、时间都有了，想为老人尽孝的时候老人却没了。民间传唱的歌谣值得牢记："劝人行孝当及时，莫许来日行孝愿。等到父母去世后，想要尽孝难上难。纵有猪羊灵前供，爹娘何曾到嘴边。不如活前吃一口，粗茶淡饭也香甜。"

曾经，互联网上流传过"三个不能等"，排在第一的就是：孝敬父母不能等待。就连世界首富比尔·盖茨在记者问他最不能等待的事情是什么时，他居然也说："我认为世界上最不能等待的事，就是孝顺。"即便你已经走在了通往成功的路上，你成功的速度，往往要小于父母衰老的速度。你还未富，亲已先老，说不定哪一天你的等待，就会成为永远。很多人在父母离世的时候都抱怨上天的不公，感慨你欲养而亲不在，可是亲在的时候，你在做什么呢？

很多人不是不孝顺，而是不着急尽孝，他们不到父母去世，永远不知道要去孝顺，等到父母去世后明白过来了，却永远没有机会了，那是一种永久的痛。在他们拼搏奋斗的生涯中，肯定不止一次地想过他的父母，也想过有一天终于和父母相守在一起，但世事不尽如人意，蓦然回首，父母已经离他而去。从此，无论你的人生怎样辉煌，终究无法弥补父母已经不在的遗憾。并且你的人生越是辉煌，你的遗憾就越是深切，因为你的辉煌没有让你父母享受到。

世上有些东西可以弥补，有些东西却永远无法弥补。别让你的"孝"成为一失足而千古恨的往事。所以作家毕淑敏告诉我们："孝是用生命交接的链条，一旦断裂，永远无法连接。天下的儿女们，一定要抓紧啊！趁你们父母健在的光阴。"《大话西游》里有句经典的台词"拥有时不知道珍惜，直到失去之后才后悔莫及"，绝大多数人只是用这句话来形容失去"爱情"之后的心情，其实用在失去"亲情"之后更为贴切。我们往往都是这样，只有失去了才会懂得珍惜。金钱没了，我们还可以再去挣；地位没了，我们还可以再去打拼；名利没了，我们可以再去树立。然而，亲情没了，是永远也不可能有"再"这个字出现的。所以，在父母活着的时候多听听他们的唠叨和教训，多顺着点他们的"不讲理"和"小心眼"，多为他们默默无声地干点力所能及的事，你将永远没有遗憾。我们谁也不知道我们的父母能够再享受几载春秋，再给我们几载大爱。但是有一个永恒的真理是不变的：在我们掌控的时间里做个孝顺的孩子，就是对父母养育之恩的最大回报！

2010年12月《生命时报》一篇《算算还能陪爸妈多久》的文章引起了无数人的共鸣，希望每一个人都能认真地算一算：就算爸妈能活到85岁，一个在外地工作的年轻人也只能再陪他们25天；即便是和父母同住的人，真正相处的时间也只有七八个月。你也可以计算一下，用85岁减去你父母现在的年龄，得出一个父母在世的时间，在这期间按每半年你回家见一次父母，那么你还能跟父母见多少次面呢？在你仅有回家的次数里，再减去你睡觉、应酬、娱乐的时间，你还有多少时间跟父母在一起呢？

等你算完，你就会恍然意识到，原来未来见父母的次数竟然少得只能以"次"来计算，陪父母的时间只能按"小时"计算了。很多人甚至连想都不会想到自己的父母会有离开自己的一天。但是不管你想与不想，这一天是肯定要到来的,你父母没有吃太上老君炼丹炉里的仙丹,他们不是佛,也不是神仙,终究有一天会离开你,你无法确定他们什么时候离开,这个事情不会因为你掩耳盗铃、自欺欺人地不去想而改变。并且我们和父母都是一样的,无论是年轻人还是老人,都无法预知生死,我们也经常看到白发人送黑发人,所以**我们既要珍惜父母和自己在世的每一分每一秒,更要珍惜与父母在一起的每一分每一秒。**

第三个问题:即便你有能力了,父母还在,但他们还能享受得了你的孝心吗?

就好比我们有钱了想带父母出去转转,但他们是否还能走得动?你给他们买好吃的他们是否还能吃得了?一般年轻人从毕业到创业、再到创业成功,最起码也要到40岁左右,如果按照母亲25岁生了你来计算,等你到40岁成功的时候父母已经65岁,这还不排除你的成功可能会推迟,以及父母生你时的年龄比25岁还要晚。如果是这样,即便当你事业有所成的时候,父母大概就是70岁左右,你觉得70多岁的老人,还能干什么呢?你想带着父母去吃好吃的,却发现他们的牙齿松了,一点硬物都吃不了了;想带着父母去游山玩水,发现他们的腿脚连上下楼都费劲了;想带着父母去看画廊、听演唱会,却发现父母眼已经花了,耳朵已经背了……你要知道孝顺父母也有保质期,不要等到父母"要看美景无好腿,要吃珍肴无好牙"的时候才去尽孝。

第四个问题:即便父母还享受得了,那父母又能享受多长时间呢?

如果你对前面几个问题的回答都是肯定的,你终于有能力了,你的父母还在,并且他们还能享受得了你的孝心,还走得动,还吃得下,但是他们能够享受的时间有多长呢?就算他们70岁了耳不聋、眼不花,身体特棒,吃嘛嘛香,他们这种状态还能维持几年呢?

不知道你在认真思考了前面的四个问题之后,会不会对何时尽孝的观念有所改变,很多"子欲养而亲不待"的故事总是无时无刻地提醒我们,尽孝要趁早,可还是有太多的人无动于衷。这种人不孝顺父母也就罢了,而这样的人恰恰又是因为内心太孝顺了,总想着以后好好报答父母,即便看到别人父母去世,他们也不会想到这种事能发生在自己身上,因为他们无法想象、也不敢想象父母离世的感受。他们内心会说我父母很健康,我父母绝不会有事，我父母绝不会离开我。他们忘了这个世界不以他们的意志为转移，等到真正失去父母的那一刻，才会真正体会其中的痛苦。正如莫泊桑所说，我们几乎是在不知不觉地爱自己的父母，因为这种爱像人活着一样自然，只有到了最后分别的时刻才能看到这种感情的根扎得多深。

为了更真实地体会失去亲人的痛苦和等待尽孝的遗憾，让我们来看看一些名人在失去父母之后的心情：

老舍《我的母亲》：每逢接到家信，我总不敢马上拆看，我怕，怕，怕，怕有那不祥的消息……十二月二十六日，我接到家信。我不敢拆读。就寝前，我拆开信，母亲已去世一年了！生命是母亲给我的。我之所以能长大成人，是母亲的血汗灌养的。我之所以能成为一个不十分坏的人，是母亲感化的。我的性格，习惯，是母亲传给的。<u>她一世未曾享过一天福，临死还吃的是粗粮。唉！还说什么呢？心痛！心痛！</u>

贾平凹《写给母亲》：我一次又一次难受着给自己说，我妈没有死，她是住回乡下老家了。今年的夏天太湿太热，每晚被湿热醒来，恍惚里还想着该给我妈的房间换个新空调了。待清醒过来，又宽慰着我妈在乡下的新住处里，应该是清凉的吧。三周年的日子一天天临近，乡下的风俗是要办一场仪式的，我准备着香烛花果，回一趟棣花了。但一回棣花，就要去坟上，<u>现实告诉着我，妈是死了，我在地上，她在地下，阴阳两隔，母子再也难以相见，顿时热泪肆流，长声哭泣啊。</u>

季羡林《一条老狗》：我到了家中，我才知道，母亲不是病了，而是走了。这消息对我真如五雷轰顶，我昏迷了半晌，躺在床上哭了一天，水米不曾沾牙。悔恨像大毒蛇直刺入我的心窝：在长达八年的时间内，难道你就不能在任何一个暑假内抽出几天时间回家看一看母亲吗？家中只剩下母亲一个人，孤苦伶仃，形单影只，而且又缺吃少喝，她日子是怎么过的呀！你的良心和理智哪里去了？你连想都不想一下吗？你还能算得上是一个人吗？我痛悔自责，找不到一点能原谅自己的地方。我一度曾想到自杀，追随母亲于地下。叔父婶母看着苗头不对,怕真出现什么问题,派马家二舅陪我还乡奔丧。<u>到了家里,母亲已经成殓,棺材就停放在屋子中间。我此时如万箭钻心,痛苦难忍,想一头撞死在母亲棺材上,被别人死力拽住,昏迷了半天,才醒转过来。</u>古人说:"树欲静而风不止,子欲养而亲不待。"现在这两句话正应在我的身上,我亲自感受到了;然而晚了,晚了,逝去的时光不能再追回了!

……

老舍、季羡林、贾平凹应该都是大家耳熟能详的名字,他们在各自的事业上都取得了成就,都是给别人上课讲道理的人,但他们也都伤痛于"子欲养而亲不待",心底深处留下了永久的遗憾。希望这些名人的血泪感悟,能够令人们有些启发。

援引了这么多,无非就是希望你能够有所警示,有所触动,不要老认为自己的父母还很年轻,身体很硬朗,活个百八十岁没问题。不要总觉得来日方长,却忘了人生苦短。要知道天有不测风云,人有旦夕祸福,一场疾病或是一个意外随时都有可能夺去他们的生命。我问过身边所有父亲或母亲去世的朋友,没有任何一个人在父母走后没有遗憾。他们之所以遗憾有一个共同的原因就是总觉得时间还长,不着急。即便在杂志上看了很多"子欲养而亲不待"的故事,也仅限于内心感动一下,仅此而已。在尽孝上始终不知道急,不知道愁,不知道怕。不见棺材不掉泪,不撞南墙不回头。其实我们每个子女对父母尽孝都是在跟时间赛跑,可是很多人等到裁判把哨子放嘴里了还浑然不知。等到哨音吹响,即便再多的悔恨、痛苦、愧疚都于事无补。早知今日,何必当初。今日就是明日的"当初",就让我们珍惜当下,抓紧一切机会、利用一切时间尽孝。

我恳请你看到这一段的时候,先把书放下,为父母做一件事情。如果和父母在一起,就给父母倒杯水,跟她们聊聊天,做点家务。如果不在父母身边,就马上给他们打个电话问候一下,并把你为父母做的这件事,作为今后尽孝的起点。

我们从小就背诵《明日》这首诗:明日复明日,明日何其多?我生待明日,万事成蹉跎。在过去的二十多年里,这首诗一直是我督促自己学习最常用的座右铭，其实这句话更适用于督促我们尽孝。也许很多道理讲了很多遍，你还是不以为然，但是我由衷地希望这个道理你不要等自己亲身经历过之后才明白，哪怕你这一生只能明白一个道理，我也希望是：孝心不能等待，尽孝要趁早。尽孝，真的是一件应该现在、立刻、马上就做的事。奉劝父母在世的子女们，光阴易逝，父母易老，且孝且珍惜。

孝之忠告：孝心不能等待。

误区四：孝顺，就是给父母钱

俗话说：滴水之恩，当涌泉相报。可是父母对我们的涌泉之恩，我们应该用什么相报呢？很多人认为涌泉之恩，当以"钱"相报。

2012年6月10日，香港基督教女青年会公布了这样一项调查结果，在一份千人问卷调查中，超过80%的受访者表示每天都会对子女表达爱意，但却只有17%的人会对父母表露情意。更多时候，他们为父母付出的是金钱。其实，又岂止香港民众如此呢？我们周围有多少人都是将爱全身心投注到孩子身上，却把对老人的关心兑换成一件件物品和一沓沓钞票。因为在很多人看来没钱就是最大的不孝，在这些人眼里，钱真的太重要、太宝贵了，他们认为自己最在乎的东西，父母也一定最在乎。只有把像钱这么重要、这么宝贵的东西给父母，才算孝顺，才能够报答父母的恩情。应该说这种思路是值得肯定和鼓励的，至少子女舍得把自认为珍贵的东西给父母，但是这种认知也并非完全正确。圣贤早就教育我们在人际交往中要做到"己所不欲，勿施于人"，但如果把"己所欲"，施于人，也未必是正确的，因为有时"己所欲"，并非"人所欲"。尤其是对父母而言，因为子女跟父母有不同的年龄、不同的经历，自然有不同的价值观念和不同的需求。子女认为重要的东西，对于父母来说未必重要。子女想给予父母的东西，父母未必需要。

网上流行一句话说，你不是人民币，没法做到人人都喜欢。其实即便就是人民币，也不是人人都喜欢，至少不是父母最喜欢的。父母随着年纪的增长，尤其是身边朋友、同事的去世，让他们明白了他们也在一步步接近死亡，也就更加明白了生命的真谛。对死亡的恐惧越深、对金钱就看得越淡，金钱对他们来说真的不重要了,他们最希望的是在有生之年,子女能多陪陪他们。但是很多子女并不知道父母真实的需要,只是单纯地为了孝敬父母去赚更多的钱,也就必然减少了陪伴父母的时间。

有个故事发人深省,一个孩子问爸爸:"爸爸,你一个小时能赚多少钱?"爸爸说:"我一个月3000多块钱,一天就是100多。按每天工作8小时算,一个小时大概12块钱。你怎么想起来问这个?"一会儿,孩子从自己的存钱罐里拿出来了12块钱递给爸爸说:"爸爸,那我给你12块钱,你陪我一个小时好不好?"孩子稚嫩的想法,让爸爸陷入了沉思。

这同样值得我们深思,我们每个人基本上都会经历上有老、下有小的时期,当我们上有老、下有小的时候,要记住不仅孩子需要你陪,老人更需要你陪。你陪孩子的时间还长,陪老人的时间却已经进入了倒计时。但是老人不会像孩子一样"不懂事",他们知道你忙、你累、你辛苦,所以支持你、理解你、包容你。可是你是否知道在没有你陪伴下父母的空虚、寂寞和孤独,你是否看见父母伫立村头望穿秋水的双眼。让他们望眼欲穿的不是你的钱,而是你的陪伴。

如果让你的父母选择,一是你给他们1000块钱,二是你陪他们一个小时,我相信他们肯定会选择后者。你要真正意识到,在父母眼里,你的陪伴比金钱更重要。天底下所有父母的职业、经历、性格都各不相同,但是有一样是一致的,就是希望自己的孩子能安安静静地在他们身边多陪他们一会儿。哪怕只是你出现在他们眼前,他们就会觉得温暖。我想这正是应该让我们感动的地方。

一般来说,子女赡养老人主要应承担三个方面的义务,即经济上供养、生活上照料和精神上慰藉。在面对垂垂老矣的双亲时,在经济上供养、生活上照料上,绝大多数子女都能做到,虽然现在中国还没全面达到小康,但温饱已经不是什么问题。然而我们却常常对老人的精神需求有所忽略。在有些人看来,只要老人不差钱、衣食住行无忧,就算尽了孝道。很多子女由于工作、生活等的种种原因,偶尔回家看看,一般都能做到,但是要想常回家看看,似乎并不容易。老年人常常有被子女忽视、冷落的感觉,精神得不到应有的慰藉。

作为子女需要认识到孝顺父母不能没有物质供养，但不能止于物质供养，父母需要更多的情感满足。随着年龄的增长，父母变得不再健壮，他们内心需要被保护，需要情感的陪伴。这种陪伴有的时候甚至不需要你说什么，你只需要安静地坐在他们的身旁，耐心地倾听他们给你讲你小时候如何淘气、讲他们年轻时的所见所闻，仅此而已，你要做的就是在他们说话时给他们倒杯水、按按摩，并且时不时地问一句，让他们把自己想说的都说出来，对他们来说就是莫大的满足。

2013年的春节是我结婚后第一个春节，也是我人生中迄今为止过得最温暖、最开心的一个春节。并不是因为我给了父母多少钱，给他们买了多少礼物，仅仅是因为我和妻子陪了我父母整整三天，从大年三十到初二，陪母亲打扑克、陪父亲遛弯，因为我下了火车就直接去父母那里，甚至连水果都没给父母买，但是我看得出来，他们不在乎这些，他们在乎的是我们还有没有耐心陪他们，有没有耐心听他们的唠叨。虽然在沈阳有很多我的领导和战友，但我都没有去看，也没有参加任何聚会。**我可以因为不经常应酬，而忽略朋友，但我不能因为经常应酬，而忽略父母。**不知道这句话让我的朋友们看到会是什么感受，但这是我的真心话，我也希望这句话能够成为所有人的真心话。

关于怎样对父母尽孝的问题，很多人存在三种状态：

第一种状态：不知道父母最需要的是自己的陪伴。

无数的事实证明，父母最需要的就是子女的陪伴，但是父母这么简单的需求，却往往得不到满足。之所以得不到满足，是因为很多人根本就不知道。对于这个问题，你不用再考虑其他，不用再自己思索总结，他们最想要的，就是你能陪他们。陪伴或许不花一分钱，但是却比花多少钱都能让父母开心。

我们赚钱无非就是想让父母的生活过好点，但是光有钱不是父母最想要的生活。既然我们的初衷是想让父母幸福，就要给父母想要的幸福。父母缺的是陪伴，你给的是金钱；父母想要跟你唠嗑，你光供他们吃喝。这就无异于夏天送棉袄，冬天送蒲扇。即便你用尽气力、费尽心思，父母也不会快乐。因此子女给父母他们需要的、喜欢的，对症下药，才能药到病除。

第二种状态：知道父母需要陪伴，但是自己太忙了，实在是没时间。

上面的问题都说清楚了，你知道陪伴父母是最重要的了，可是新的问题又来了，我也知道有时间的时候应该多陪陪父母，可是我平时太忙了，我整天要工作赚钱养家，还要应酬维护关系，确实没有时间陪父母。

如果你也是这种情况，就需要弄清几个问题：

（1）你为什么而忙？很多人生活的理想，无非就是为了让家人理想地生活，并且更多的是想让父母理想地生活。既然你能看这本书，那么我想你应该也是这样。既然你的初衷就是为了让父母开心幸福，那就应该先认真审视什么会让他们开心幸福，知道父母的需求是什么，再去满足他们的需求。如果你所努力、奋斗的不是父母所盼望的，如果你在为了他们并不看重的目标而忙碌，就只能是事倍功半。至于什么是父母最需要的，前面已经论述了许多，他们最需要的就是让你多陪陪他们，并且**子女陪伴父母的时间，应该与父母的年龄成正比，父母年龄越大，我们陪伴父母的时间就应该越长。**

（2）你每天在忙些什么？2014年流行一首歌名字叫《时间都去哪儿了》，不知道你在听这首歌时，有没有思考过自己的时间都去哪儿了。你说你忙，那你整天在忙些什么呢？难道光是忙学习工作，就没有忙休息玩乐吗？如果你单纯地忙工作，也可以理解，毕竟你是为了生活，为了给父母创造更好的生活条件，但是你就没有把你的时间用在应酬、唱歌、上网聊天、逛街、玩游戏上面过吗？如果你有过上述行为，做这些不耗费时间吗？你每天在陪客户、陪领导、陪同事、陪朋友、陪同学，甚至陪网友，却唯独没有时间来陪父母吗？

有则中央电视台公益广告久久定格在我的脑海中，主题是"人人都会老，家家有老人"，画面是这样的：大年三十的晚上，一位老大妈张罗了满满一桌子可口美味的饭菜，一脸幸福地等待儿女们回家吃年夜饭。可满心欢喜等来的结果却很令老人失望，她的儿女们一个个打电话回来说"忙，不回家吃饭了"，最后的画面是老人一脸失望地叹口气说："唉！都忙……"每每回想起这则公益广告，我就不禁感到心酸，我就不明白为什么会有这么多人，因为所谓的"忙"而忽略父母。

忙，就一个字，有人却对父母说了一次又一次。如果你也曾对父母说过,那么我想问你,你真的有那么忙吗?在网上看到过两张照片,一张是习主席拉着母亲的手散步,另外一张是习主席推着坐在轮椅上的父亲散步,不知道你有没有看过这两张照片。如果你也看到过,不知道你有什么感想?如果你说你忙,没时间陪父母,那么我请问,你有习主席忙吗?我也不需要把你的理由和借口逐个反驳,你只需要扪心自问,你所谓的忙、所谓的工作压力大、所谓的脱不开身,跟习主席比还值得一提吗?我不需要你的借口,你也没必要跟我解释,毕竟父母是你自己的,我只是要对得起你买书花的钱,所以提醒你不要再为自己找借口,你要真实地面对自己的内心,不要再为自己开脱。鲁迅先生曾经说过,时间是海绵里的水,只要愿意挤,总是有的。你说你忙、没时间,其实只是你不愿意挤而已。

很多人在别人问自己最近忙什么的时候,都会说"瞎忙",他们这样说只是故作谦虚,因为在他们自己看来,他们忙得非常有意义,他们认为忙是身份的象征,并且很享受忙的过程。他们不知道的是他们自以为是的"谦虚"其实是"诚实",因为很多人确实是在"瞎忙",因为他们忙得都不知道父母的重要性,不知道在为什么而忙了。诗人纪伯伦在《先知》里说:"我们已经走得很远,以至于忘了为什么出发。"一些人本来是为了让父母过上幸福生活而"出发",走着走着却忘记了自己出发的目的。**很多人本来是为了父母而忙,到头来却忙得连父母都不要了。**

所以下次只要跟父母打电话说到"忙"这个字时,你要认真检讨一下,自己是不是又在找借口,是不是又在搪塞父母。我想只要你这样检讨一下,即便你接下来仍然是去应酬,你能够为自己的行为感到自责也算是一种进步。

我们每个人在社会中生存,不仅要学习工作,又要休息玩乐,还得吃饭请客。我们虽然也有孝顺父母之心,却又被现实生活中各种人和事牵绊。当你感觉父母和事业、朋友无法兼顾的时候,当你又觉得自己实在脱不开身回家陪父母的时候,我可以教你一个方法,就是想象现在家里给你来电话,说你父母病危等着看你最后一眼。这时,你有没有时间?如果这时你都没时间,那你就是真忙了。那我要感到荣幸了,因为我的书居然能让一个事业成功到连自己父母去世都身不由己不能回家的人看到。这让我想到了母亲去世时和胡锦涛同志一起出国访问而不能赶回来的任正非,让我想到了父亲去世时不能回家的核潜艇之父黄旭华,可是你真的有他们那么成功吗?我看过许多名人、作家、商业精英写的回忆录,其中大多都涉及孝顺老人这一条。他们在回忆这辈子最感到遗憾、最后悔的事情时,都不约而同地提到因为忙于事业等原因没能在父母最后时刻多陪陪他们。

之所以说了这么多,只是想让你重新审视自己,客观地剖析自己。如果你已经认识到了自己的问题,接下来要思考的是怎么解决忙的问题。说到这儿,还要感谢中央出台了一个"八项规定",使得社会上各种关系变得相对简单,人们开始有更多的时间来陪家人。针对"八项规定"的实施效果,国家统计局财务司统计发现,2013年"八项规定"颁布之后,领导干部工作节奏明显改变:逐渐从文山会海中解脱出来,招待和饭局减半,在家时间平均增加了30分钟。生活中更多的时间还要靠我们自己去争取,我们要思考的是如何在百忙之中抽出时间来尽孝。要学会拒绝参加一些没有意义的应酬、聚会等,在拒绝别人时最实用的"王牌"就是父母,如果当你打出父母这张王牌时你的朋友仍然死乞白赖、生拉硬拽地带你去应酬、去娱乐,这样的朋友你不交也罢。虽然表面上看只是你在拒绝他,其实也是在帮助他,更是在教育他。但凡有心的人如果邀请别人去吃喝玩乐时,别人如果说要陪自己父母后,他首先就应该知趣,并且应该考虑考虑是不是也应该去陪陪自己的父母。当然换位思考,当是你邀请别人去吃饭时,如果别人说要去陪自己的父母,你就不能再勉强了,同时也要想一想是不是该去看看父母了。

第三种状态:不知道怎样陪父母。

这里所指的陪伴,不是说和父母吃在一起、住在一起,而是有沟通的、有互动的陪伴。如果父母在客厅看电视,你却在屋里玩手机、玩电脑、看iPad,那样的陪伴不叫陪伴。

前面讲了这么多,无非就一个中心意思:**陪伴是最好的孝心,陪伴是最长情的告白。**你如果真正懂得这个道理之后,可能还不够,因为很多人还需要知道应该如何陪父母。这个问题貌似简单,但如果不掌握方法,就会让你的孝心大打折扣。

一般来说陪伴父母的过程中,最基本的要做好三件事,一是唠唠嗑。跟父母说说话、聊聊天;二是逛逛街。陪父母逛商场买东西,或者仅仅是一起遛弯；三是干点活。比如帮父母做家务、修理东西、整理房间等。

后面两件事没什么技术含量，主要是第一件事在很多子女看来有些难度。很多人会说自己不是不想陪父母聊天，确实跟父母没有共同话题。子女本来应该跟父母无话不谈，可是很多人却跟父母无话可说。为什么子女跟父母会无话可说呢？原因其实很简单，就是因为你没有真正静下心来，身在心不在，身同心不同，如果你把所有的心思都放在父母身上，就不可能找不到话题。具体来讲，跟父母唠嗑、聊天，无非是听和说两个方面：

（1）听父母说。如果说人生最重要的事莫过于为父母尽孝，尽孝最重要的事莫过于陪伴父母身边，那么陪伴父母时最重要的事则莫过于听父母的唠叨。考验或者衡量一个人对父母的孝心最主要的一个指标，就是看有没有耐心听父母的唠叨。

听父母的唠叨这件事貌似很简单，简单到你什么都不需要做，只是支着耳朵听他们说话就够了。但就是这么简单的事却没有多少人能够做到、做好。为什么这么简单的事情做起来却这么难，为什么这么简单的事情大多数人都做不到呢？究其原因，很多子女之所以不爱听父母唠叨，最根本的原因就是没有耐心。没有耐心一方面是因为觉得自己见识广了，懂得多了，父母懂的自己都懂，自己的能力、智慧、头脑都远在父母之上了。并且认为社会变了，不是父母那个年代了，他们那一套早已经过时了，认为父母的经验已经不足以指导自己，自己懂得比父母多，所以父母的唠叨对自己来说没有实际意义。另一方面是因为父母的唠叨很多都是一而再，再而三地重播，从小到大听了无数次，甚至都能背下来了。他们说了上句，你就知道下句要说什么，就像已经知道结局的小说和被剧透的电影，让人没有了阅读和观看的欲望。于是有的子女见父母一唠叨就躲开，父母见没人听他们说话，念叨了一会儿自觉没趣，也就停止了唠叨。有的子女父母多说几句话，就嫌烦，听不进耳，甚至不许父母多说话，使得父母郁郁寡欢。不知道你用什么方法对待父母的唠叨。我们作为子女到底应该如何对待父母的唠叨呢？首先要对父母唠叨这种现象有正确的认知。要知道人老了话多，是正常现象。俗话说："树老根多，人老话多。"从科学的角度来说，人的一生到了晚年，转为休息期，一生的所作所为、所见所闻，在此阶段中皆成绵绵的回忆或感慨，心灵触动颇多。再说，老人的活动范围缩小了，成天待在家里，跟不上时代步伐，只能从往事中去寻找话题。并且父母有时跟你唠叨的很多话，尤其是对你嘱咐的话之所以一而再，再而三地跟你说，是因为你不听。比如父母提醒你喝完酒别开车，你把父母的话当耳旁风，不听父母的话。父母怕你出事，还是会提醒你。孔子说劝别人时，要做到忠言而善道之，不可则止，毋自辱焉。说的是朋友有过失，要尽心尽力劝告他，但如果朋友不接受劝导，就算了，不要自讨没趣。但是父母不会这样，他们会一直说到你听了为止，即便大多数都是自讨没趣。其次要对父母唠叨的价值和意义有正确的认知。不要觉得父母说的都是废话。如果从功利角度来说，父母唠叨最大的受益者是子女。有句话叫"不听老人言，吃亏在眼前"，照此话说，不听父母言，会吃亏一辈子。因为父母所积累的人生经验是极其宝贵的，是我们在课堂上、书本里学不到的，更为重要的是他们对我们的传授是不计回报、毫无保留的。我们要意识到虽然社会在发展和变迁，但是上升到理论层面、规律层面是相通的。往大里说，人类之所以进步的根本原因，就是后人在不断借鉴前人的经验和教训。往小里说，一个家庭的发展也是在继承前辈的智慧上逐步提升和完善自己。所以我们应该认真听取、虚心接受父母的唠叨，否则就会失去接受良好教育的机会，那是可悲可叹的。

　　退一步讲，就算父母唠叨的内容对你没有多大借鉴意义，但是父母唠叨的行为本身的意义就是巨大的。因为倾诉是人类的第一需要，父母的唠叨对他们的身体有益。父母心中想要说的话，吐之心畅神舒，压之则心郁神暗。如果子女不与其进行有效沟通，老人易出现心理失调，就会有孤独、被弃之感，这种情绪可诱发或加重多种老年性疾病。老人唠叨是一种思维活动，对老人来说是"练脑"，一个爱唠叨的老人总比整天默不作声好。如果让老人想说什么就说什么，让其感到儿孙们仍需要他，则老人的孤寂之感会一扫而光，有利于延年益寿。晚辈孝敬老人不应仅在吃穿上尽孝心，而应尽可能同老人多说话多叙情，让其轻松愉快。

　　有人已经证明：对人最残酷的刑罚不是打骂体罚，而是让人没有沟通的对象。从这个层面上说，很多人在用最残酷的方法对待父母。如果这让你很难理解，你就换位思考，假如周围人不给你说话的机会，或者你一说话就训斥你,你会是什么感受?如今老人的吃穿已不成问题,孩子们尽孝主要体现在精神上。精神上尽孝,最起码的是要让老人说话,并且要让老人觉得,自己说话有人听,这比给父母买几盒脑白金让父母高兴得多,也有意义得多。善于听老人唠叨,是对老人心理上一种莫大的安慰。

既然了解了父母唠叨的实际意义,那么我们应该如何面对父母的唠叨呢?有人说在听父母唠叨的时候,即便不想听,也要装作津津有味,这种做法固然没错,但是境界不够。为什么父母的唠叨让你不想听呢?你为什么还要装出津津有味的样子呢?你本来就应该听得津津有味才对。我陪父母的时候,我觉得是可以做到这一点的,这不是因为我自己写的书,我就可以胡乱吹嘘,因为我的书,第一个审核的就是我的父母,我要保证我写的内容在他们这一关通得过。回到刚才的话题,诚然如果你不能做到发自内心地爱听父母唠叨,在表面上做到当然也比表面都做不到强,但是不要觉得这样就做得非常出色了,至少应该知道你还有进步的空间。你要真正发自内心地想听、愿听、爱听父母的唠叨。如果你现在还做不到,那么需要调整的是你的内心。要知道听唠叨也是孝,而且是最重要的孝。你要拿出欣赏经典音乐的心态来聆听父母的唠叨。你可以想一想,当他们人去屋空的时候,当他们有一天不能跟你唠叨的时候,这个世界安静了,这时你会是什么感受。如果你用心去假设,你就会发现,原本让你不以为然,甚至让你不耐烦的唠叨,都变得弥足珍贵。原来父母还在,父母还能跟你说话,就是最大的幸福。

对于子女,除了调整好心理上对父母唠叨的认知以外,还要注意解决沟通层面技术性的问题,就是倾听。与人沟通最重要的是倾听,这个说法被所有讲沟通的书籍和讲座中提到,但人们即便知道了也仅仅是用在跟外人沟通上,其实跟父母沟通更是这样。至于如何倾听,很多书中都做出了具体而详细的说明,这里不再赘述,如果简单地理解,**倾听的第一要素就是要闭嘴**。有句话说,父母用两年时间教会了我们讲话,但我们却要用一辈子的时间学会闭嘴。由此可见,这么简单的肢体动作,是多么难做到。为了便于闭嘴,我总结了一种"对讲机式谈话",也可以叫"微信式沟通",即你要听完父母说话之后再说话,不要随意打断父母的讲话。在时间允许的前提下,陪父母聊天要聊到父母说累了、不想聊了为止,非特殊原因不能中途打断父母。

子女在倾听父母说话的过程中，要尽可能地给父母找一些话题，比如父母在给你叙述一件事，你只要提出一个问题，父母的话匣子就会打开。你再问一个问题，他们又能说半天。你要意识到父母跟你说的话越多，那么他们的心情就会越愉快。**你要把父母憋在肚子里的话想象成毒素一样，他们跟你倾诉就是在排毒**，你让他们排得越彻底，对他们的身体就会越好。你如果没有耐心听他们倾诉，就等于让他们的毒素一直憋在体内，时间长了就会影响他们的健康。并且父母说话的时候，如果看到你在认真听，那么他们就会非常开心，而愉悦的心情让他们身心彻底地放松和舒畅，这时他们的愉悦情绪，一点点影响着他们的身体，就像武侠小说里武功高手正在打坐恢复元气一样，这时你要做的，就是保证他们不受打扰、不被打断，你甚至应该把你的手机调到静音状态，静静地守护父母，作他们外围的警戒，不让他们受任何外在因素的影响而终止。

（2）说给父母听。如前面所说，能认真聆听父母的唠叨是难能可贵的，也是极其重要的。但是光做到这一点还远远不够。因为沟通是有来有往的，如果父母关心你的工作、你的家庭和孩子，问你问题时，你懒得跟他们说，就会影响父母的情绪。很多子女之所以什么都懒得跟父母说，是觉得跟他们说了也听不懂，最主要的是觉得跟他们说了也没用，还有就是可能父母问的问题三言两语说不清，所以就懒得跟他们解释。你要知道你始终不说，他们就始终不懂，你给他们解释了，他们至少能懂个大概。如果父母问的问题确实复杂，那你就通俗点讲，白话点说。再深奥的理论也可以通俗地解释，这也是**体现你能力和水平的时候**，最高的层次就是把抽象复杂的理论，用最浅显的语言说出来。如果父母问你问题，你一定要认真回答，这一点很关键。你要把父母当作领导，你要用回答领导的态度回答父母。千万不能跟父母说"问那么多干吗？我说了你又不懂"。

还有一些子女，跟父母在一起，不知道说什么好，其实很简单，在陪父母聊天时只需要避免在人际交往中普遍存在的误区，别光谈论自己感兴趣的事，而忽略父母感兴趣的事。你要跟父母谈一些他们感兴趣的事情，他们就会滔滔不绝。让父母感兴趣的事要因父母而异，可以是他们的兴趣爱好，也可以是他们一生中辉煌的经历。老年人最需要年轻人对他们过去的认同，以引起他们对过去成功的回忆，并希望对他们的过去予以赞美，这样才能使他们有一个愉快的心境。落实到操作层面，具体跟父母说些什么要因父母而异，一般来讲可以从下面几个方面展开说：

分享。跟父母分享自己工作的经历、工作中遇到的事情、遇到的人，尤其是工作中取得的成绩。父母活动的范围随着年龄的增长越来越小，对外面生活了解不多，所以多给他们讲一些现在的资讯，让他们不至于跟社会脱节。

探讨。针对亲戚邻居的家长里短，或者是针对某一新闻、热点事件，与父母交流自己的看法。自己生活工作中遇到什么事情也要和父母多沟通。虽然你长大了，很多事情都能自己做主了，但有时候遇到事情和父母商量一下，他们会觉得你很尊重他们，并且还有可能给你一些建议。

请教。向父母请教一些问题，哪怕这些问题你已经解决或者根本没有问题。让他们帮你判断、分析，最好之后让他们知道自己的判断分析是正确的，你用他们的方法之后，取得了什么效果、达到了什么目的，这样他们就会有极大的成就感。哪怕只是问问他们什么菜怎么做、买水果怎么挑等细枝末节的问题。除此之外，我用过一个方法也很有效，有一段时间我母亲整天看养生类的节目，我就每天让她给我讲看的什么内容，这样一来我自己也可以受益，我母亲通过给我讲养生知识也有成就感，并且当母亲看到我把她给我这些知识应用到生活中时，看到我听了她说的话非常开心。

既然我们时间紧迫，在陪伴父母的时候就要力求高质量的陪伴。在有效的时间内，要做到"深度陪伴"。所谓"深度陪伴"就像报旅行团一样，纯游玩，免购物。"深度陪伴"就是直达父母的内心深处，而不是一味地靠嘘寒问暖在外围游荡。子女和父母不需要客套，不需要谈话的前奏，陪一次就要有一次的效果，陪一分钟就要有一分钟的作用。要做到高质量的陪伴，最重要的是在陪伴父母过程中做到"四不"：

不做"低头族"。随着智能手机的普及，在生活中，在地铁、公交车、工作中、课堂上，甚至开车时，总有很多人低着头手里拿着手机或是平板电脑，手指在触摸屏上来回滑动，所有的注意力都集中在手中发亮的屏幕上，对身边的世界和身边的人漠不关心，这就是常说的"低头族"。英文称之为"phubbing"，由phone（手机）和snub（冷落）组合而成，传达出因专注于手机而冷落周围人的行为，甚至会发生"非注意盲视"现象。"世界上最远的距离不是天涯海角，而是我站在你面前，你却在玩手机。"网上流传的这句话，形象地描绘出低头族对手机的过度依赖和沉溺其中，从而忽略了自己与亲人、朋友、同事之间的交流，尤其是老人很容易被子女们晾在一边。青岛就曾经发生过这样的新闻，一家人聚会时，老人想跟子女们说说话，可子女却一个个拿着手机玩，最后老人摔盘离席。沉醉于手机的虚拟空间消解了社会伦理，导致人与人之间的关系变得冷漠、隔阂。2015年春节不少电商借机开展的"抢红包"活动，更是把这种现象推到了高潮。在家人团圆、亲友聚会等场合，总有人低头紧握手机、紧盯屏幕，频频滑动指尖抢红包，更有甚者，洗漱、做饭、开车等红灯时都抱着手机抢得天昏地暗，把满怀期待的父母晾在一边，游子千里归家，依旧没有跳出方寸屏幕，即便盯得眼花、戳得手疼，也不愿意陪父母说说话，父母的失落也就不言而喻。

不搞"一言堂"。不能光你说让父母听，适当地讲述自己的经历、对某一事情的看法是应该的，但是不能光你讲，搞成你的单口相声。你要给父母留出更多的时间来倾诉他们的所见所闻、所思所想、所行所悟和所爱所憎。人最大的需求就是倾诉，老人更甚。抓住这个根本，就会让父母很开心。

不能"开小差"。不能这边父母跟你说着话，你心不在焉，甚至答非所问，这样会严重影响父母的情绪，这样的陪伴还不如没有，反倒会起到反作用。父母会觉得你心里没有他们，不愿意跟他们交流，对他们的话不耐烦。遇到这样的情况一般父母嘴上会说"你要是忙，就去忙吧"，留在心底的却是深深的落寞。

不要"当蜡像"。前面讲到了跟所有人交际沟通的第一要义，就是要学会倾听，跟父母沟通时这条原则就更为重要，但是倾听不能仅限于闭嘴，你要在与父母眼神上有交流、体态上有互动，不论是点头，还是微笑，或者是适时地提出一些问题，总之要时不时地有点反馈，而不能坐在旁边面无表情、目光呆滞、毫无生气，跟蜡像馆的蜡像一样，这样会严重打消父母与你沟通的兴致。

总的来说，孝道不仅仅体现在物质层面上，不是给父母多少钱、买多少东西，更多地应体现在精神和情感的关怀上。因为父母已经老了，不需要太多钱了，只求三餐温饱，有房屋避雨。钱物对他们来说生不带来，死不带去。他们最需要的只是你的陪伴。父母盼着你常回家看看，不是盼着你回家带什么东西，也不是为了让你能回家看看他们，而是让他们看看你。让他们看看自己的儿子女儿是胖了还是瘦了、是白了还是黑了。他们攒了好吃的给你留着，想了好多话要说给你听。他们其至会说家里桃熟了、苹果红了、栗子该摘了，其实无非就是想给你个回家的由头。看在他们这么可怜的分上，我恳求你，抽时间回家看看他，陪陪他们。

有时间就陪父母多聊聊、多谈谈，以慰藉他们心灵的孤独和情感的寂寞，让幸福与欣慰伴随老人的一生，就算不能常回家，也要常给父母打个电话，报个平安，拉拉家常。

孝之忠告：陪伴才是最好的孝心。

误区五：孝顺就是逢年过节给父母买礼物

有一个关于养老院的调查显示，老人在节假日或者具有特殊意义的日子来临之前，死亡率会骤然降低，但是节日一过，死亡率就急速上升。经过专业人士研究分析得出的结论是：因为子女们只有到节假日的时候才知道去看望父母，父母对节日的期盼其实是对子女的期盼。正是对子女的期盼支撑着老人们挺过节日。

其实和这些养老院里老人的子女一样，很多人也都是在节假日才想起回家看望父母，才想起给父母买礼物，绝大多数时间都是把父母抛之脑后，平时能时不时打个电话问候一下就算好的。因此有人说，父母对儿女的爱像流水，细水长流；而儿女对父母的爱如树上的枝叶，风吹才会偶尔动一动。在日常生活的大多时候，只有在这种特别的日子里，才想起父母的爱，才想起父母的伟大，才会觉得父母的可爱。过了这天，这一切又会模糊了，那份爱，那个影就会如烟风散。我不知道这是父母唯一的遗憾，还是儿女们永远的悲哀。尽孝追求这样的形式是完全没有必要的。虽然"节日尽孝族"为父母做得不是最好的，但能够在过节时给父母买礼物也是值得赞许的，因为这样做虽然很简单、很敷衍，但就是这么简单、敷衍的行为，也并不是每个人都能做到。有的子女连过节都不会回家陪父母，即便在对父母来说具有特殊意义的日子也想不起给父母买礼物，所以相比较而言，"节日尽孝族"是值得赞许的。但是除了赞许之外，我还要给这些人一些建议，孝顺不能流于形式，不能光靠节日尽孝。不一定非要到特殊日子才给父母买东西，应该意识到尽孝更重要的是在平时，因为节假日和对父母具有特殊意义的日子在一年里终归是少数，一年365天，能够为父母表达孝心的节日就那么几天，光靠有限的节日尽孝，确实太少了，如果你只选择在特殊日子才表达对父母的孝心，你就已经人为地减少了、主动放弃了很多尽孝的机会。我们在节假日去看望父母、陪伴父母或者给父母买礼物只是最基本的，我们应该在平时做得更多。

仅以给父母买东西为例，下面有几个选项，供你日后选择：

A. 从来不给父母买东西；

B. 很少给父母买东西；

C. 只在节日或对父母具有特殊意义的日子才给父母买东西；

D. 只要条件允许经常买，不管是不是节日；

E. 平时经常买，在节日和对父母有特殊意义的日子有针对性地买。

在上面这几个选项中，孰好孰坏、孰优孰劣，显而易见。当然尽孝不仅是给父母买东西，我只是想通过给父母买东西说明这种现象，我们尽孝的形式应该是多种多样的，泡一杯茶，刷一次碗，拖一次地，洗一次脚，捶一次背，打一个电话都是不错的选择。只不过，我们不要光想着在节日里做，也不要认为节日做过了，平时就不用做了。那么我们孝顺父母应该达到什么状态呢？我的理解就是你心里要一直有，一有机会就去做。要让父母天天有希望，日日有可能。当然最好是把父母的希望和可能，都变为现实，让父母度日如"年"，也就是让父母每天都像过年一样，而不是一年才让他们过一次。

孝之忠告：尽孝不能光靠在节日——"孝"了之。

误区六：孝顺就是什么事情都不让父母做

能够存在这样误区的人是更为孝顺的一类人，很多人感觉父母辛苦了一辈子，把自己拉扯大太不容易了，自己现在终于有能力让父母衣食无忧，不需要父母再辛苦了，于是什么都不让父母干，什么都不用父母管，什么都不需要父母考虑，只需要待着、等着享福就行。

　　这是大多数人都会有的认知，这种初衷肯定是好的，但是这种认知却是非常错误的。因为这样一来，父母会因为子女不需要自己而失落，认为自己没有存在的价值，你越不需要他们，他们越觉得自己成了子女的累赘。你越是什么都不让父母做，他们越觉得自己像个废人，觉得自己活着就是在拖累子女。这当然不是我们的初衷，所以，即便我们的初衷是好的，在方法上还是要策略一点儿。每次让他们给你做点事情，当然这要因人、因家庭、因父母而异，没有一定之规，哪怕是你回家的时候让父母给你做碗手擀面，要让他们觉得你需要他们，一刻也离不开他们，从而让他们有存在的价值感。如果你什么都不需要父母做，什么都不用父母管，让老人饭来张口，衣来伸手，这样一来，老人的各种功能就会过早退化，这就与我们孝的初衷相去甚远了。本来我们是出于十二分的孝心，但是却把父母变成了"等吃、等睡、等死"的"三等"废人。这让我想到了瑞士，瑞士是一个高福利的国家，富裕的国家为人民提供了从摇篮到坟墓的福利保护。它的公民不愁吃，不愁穿，不怕病，失业了也很快乐，号称是世界上最幸福的国家之一，国民收入、福利、自然环境、国民素质在国际上也是首屈一指的。可就是这个环境优美、社会安稳、生活富足的"世外桃源"，自杀率居然也是世界上最高的国家之一。本来这一现象已经让人匪夷所思了，经研究，瑞典人自杀的原因更让人大跌眼镜，人们自杀的主要原因居然是因为生活太好（也就是传说中的好山好水好无聊）。他们无须奋斗，从生下来就不愁吃穿，不用上班、干活，没有压力，无所事事，生活无忧之余就想：上帝要我来干什么？上帝要我来到底要干什么？找不到生活的意义，他们就觉得这世界没什么留恋可言，所以就选择了自杀。

　　从表面上来看，这有些不合逻辑，不用工作却能衣食无忧地生活，不正是我们绝大多数人梦寐以求并且为之奋斗的梦想吗？为什么会有这么多人居然放着这么好的生活不珍惜呢？他们是不是身在福中不知福呢？如果认真思考也不难明白其中的道理，那就是——物极必反。

　　我们伟大的导师马克思早就指出，在共产主义社会，人的第一需要就是劳动。即便到了21世纪的今天还有大多数人无法理解这个道理，仍然认为什么都不让父母做就是孝了。如果什么都不让父母做，那就已经不是"福"，而变成了一种"罪"。可能对于整天盼着睡到自然醒的我们而言，如果能有时间睡个三天三夜，感觉幸福死了，但是如果让你睡三个月、睡三年你肯定会受不了。当然现在还年轻的你是没办法尝试的，我只是告诉你一个被证明的事实。

我和哥哥也曾经认为只要什么都不让父母做就是孝顺，所以当我们把父母接到沈阳没多久，父母说什么也不想在沈阳待，就想回农村老家，我们当时还不理解。父母不缺吃、不缺穿，还有什么不满意的。当时就认为父母是有福不会享。直到有一天，父亲去公园下棋，我去找他，就听见父亲跟棋友们聊天，人们对他说："你多有福啊，闺女儿子都那么孝顺。"我听到父亲叹气："唉！孝顺是孝顺，可是老喽，不中用了，什么也帮不上他们，光给人家添麻烦！"我没想到我们的孝顺，却给父亲带来了这些难言的痛苦。

之后我们就改变了策略，几天后我姐姐就和我母亲说："妈，到我家里去吧，我现在工作太忙，孩子上学没人接送，中午饭我们也没时间做，你要是愿意来就过来帮帮我。"母亲接了电话当天就高高兴兴地去了鞍山，但是母亲的喜悦并不是因为她想要去享福，而是想要去受累。这似乎不合逻辑，但是合乎情理，这就是为什么很多人感叹"可怜天下父母心"。我终于明白，孝顺其实不光是给父母物质上的满足，更要让父母时刻感觉到你需要他们。对照马斯洛需求理论，你满足了父母物质的需求，但如果什么都不让他们做，他们就失去了证明自身价值、获得精神满足的机会。所以说索取有时也是一种孝，父母有时是用来麻烦的。

如果你也真正懂得了这个道理，那么接下来要思考的就是怎么让父母忙起来的问题。一般来说让父母忙起来，至少有两种方法：

1.适当索取。说到索取，可能有人就想到了啃老族。啃老这种行为曾经被很多人抨击，我没有啃老，但我也要替啃老族说句话。其实对于现在80后、90后的年轻人而言，光靠自己的能力买房、买车、结婚、生子，压力确实有点大，父母如果有些积蓄你先借来用甚至拿来用，也无可厚非。但是啃老至少要做到两点，一是你不能啃得天经地义、啃得理直气壮，不能觉得父母满足不了你的要求，就好像欠你似的。你至少要在啃老的过程中，每啃父母一口都要怀着感恩之心去啃，怀着感激之情去啃。中国几乎所有的家长自从孩子出生的那一刻起，就像上了发条一样，所有的精力都是围绕孩子，父母活着都是为了自己的孩子在操劳，都是为了孩子的幸福在奔波，都是为了自己的孩子在努力地打拼，自己创造的所有财产也都会毫不保留地留给孩子。但我们不能把这当作理所应当，我们要心怀感激之情地接受。其次是父母为你倾尽财产，他们养老的事情也就自然而然应该由你来承担，不能说他们棺材本都拿出来给你，你却让他们自己养活自己。如果能够做到这两点，那么你暂时性地啃啃老也可以理解。总的来说，**要做到啃老时要有感恩之心，养老时要有尽孝之举**。

  2.适度麻烦。让父母为你做些事情，用白话说给他们找个营生，当然你要综合考虑父母的身体状态和你请父母做的事情的劳动强度，认真在心里权衡一下，他们能不能吃得消，即便吃得消，对他们的身体好不好。让父母做的事必须是父母能干的，是他们力所能及的、擅长的，最好还是父母喜欢干的。

  孝之忠告：有一种孝顺叫索取。

  误区七：孝顺就是给父母办一个风光的葬礼

  曾经看过一则新闻，讲的是辽宁一位姓马的男子拒绝赡养母亲，并在正月初七硬把62岁的老母拒之门外，老人一气之下服毒自杀。马氏夫妻此时不为老人去世而悲痛，首先考虑的是如何维护自己的名声，说什么"老太太现在死了，活着没有享着福，死了该让她风风光光走，否则村里人该笑话我们了"。于是借了4000多元钱用来办丧事。

  看了这条新闻，联想到当年我们村的一户人家，一对老夫妻有4个儿子，有在城里当干部的，有经商的，也有当包工头的，混得都不错。可在抚养老人的态度上，却惊人的一致：都嫌父母累赘，嫌弃老人年迈多病，谁也不想管，像打乒乓球一样"打"来"打"去，不愿意背上赡养父母的"包袱"，最后好不容易达成一致意见：每人每月交50元。最后可怜的老太太在贫困和精神折磨中死去。4个儿子忽然"人性"大发，说我们在外头都是有头有脸的人物，老人死了咱不能跟一般人家一样，要轰轰烈烈，争个脸面。于是每人拿5000元，大张旗鼓，大操大办。可街坊邻居们看了他们摆在老人灵前的山珍海味，大骂说："早有这般孝心，你老娘能死吗?!"

对于上面两个家庭对父母的做法，不知道你听了会有什么感受，我觉得说得最多的就一句应该是，早干吗去了！可是我要问你的是，现在你的父母都健在，你为父母都做了什么呢？如果你也没有做好，那无非就是五十步"骂"百步。

有一句话说"死后方知万事空"，而事实上人死后连知道万事空的机会都没有。人死如灯灭，死了就是完结。你哭得死去活来、雇人吹吹打打、烧这烧那对父母来说已经没有任何意义，对子女来说唯一的意义就是想让外人看看你有多孝顺，其实你孝与不孝，在平时早已为父母身边的人们所知晓，一个葬礼也改变不了别人对你的看法，但是一个葬礼却能看出子女的孝与不孝、真孝和假孝，足以折射出世道人心。一般来说，很多为人子女在处理父母的丧事时有以下几种模式：

第一种：薄养薄葬。这种人属于死猪不怕开水烫的类型，别人怎么说无所谓，反正自己不孝顺父母已经是人尽皆知了，即便给父母弄个像样的葬礼，别人也知道，所以就破罐子破摔，父母生前没尽孝，死后也简简单单一葬了之。

第二种：薄养厚葬。这种情况最多，父母在世时缺吃少穿、缺医少药不能善待，父母去世后，要么是突然醒悟，想通过厚葬父母来弥补父母在世时自己没及时尽孝的愧疚，让自己心安。要么是怕别人说自己不孝顺，所以大操大办，花样百出。有的披麻戴孝，号啕大哭，热闹非凡，做样子给别人看；有的大搞封建迷信活动，请道士做道场，吹吹打打超度生灵，请先生看风水选阴宅，大兴土木占地数百、上千平方米；有的搞低级庸俗活动，搭台唱戏，跳脱衣舞，搞淫秽表演；有的甚至借为父母办丧事之机，显势力，捞外财，变相榨取死人的"剩余价值"。

第三种：厚养厚葬。父母在世时对父母十分孝顺，让父母吃得好、穿得好、住得好，最后也要让父母一路走好。如果父母去世之后不厚葬，等于功亏一篑，会被人误解为自己不孝顺。当然，也有些人在父母故去之时，为了寄托哀思，加上受封建迷信的影响，希望老人到另一个世界时生活得更美好。于是就极尽铺张，不惜巨资，搞迷信活动，结果搞得筋疲力尽。其实这实在是一种愚孝。对于父母不惜代价的"厚葬"，除了是生者对逝者的告慰之外，还包含着生者囿于攀比而搞一些面子工程。

第四种：厚养薄葬。生前对父母竭尽全力，尽自己最大努力孝敬父母，让老人尽享其乐。因为自己对父母无愧于心，也不惧人言，不在乎别人的看法，想让父母安静地离开，早点入土为安，所以父母去世后一切从简。还有一些子女，因为生前尽力厚养，没有能力再厚葬父母，更显出厚养薄葬的难能可贵。

以上几种葬养方式，以第一种为最差，以第四种为最佳。可能你会疑惑，难道第三种"厚养厚葬"不比"厚养薄葬"好吗？且不说在上面分析的那些内容，仅用一个方法就能检验出谁优谁劣，就是只有厚养薄葬的人能够完全做到心中无愧、不惧人言的程度，而前者内心还有些顾虑和其他想法。因此，对父母厚养厚葬的人的孝，一定程度上还在意别人的看法，所以从内心来讲不是完全纯正的。

一直以来，说到"孝"，大家都知道孔子有"亲亲为大"的说法，但对欧阳修的"祭而丰，不如养之薄也"恐怕还知之甚少。它的意思是说，用丰厚的祭品来祭奠父母，还不如父母在世时用普通的衣食奉养他们。

俗话说，死了孝不算孝，活着孝才是孝。孝道和感恩需要发扬，特别是在创建和谐社会、文明社会的今天，文明祭奠先人是孝道，孝敬健在老人更是孝道。看一个人对父母孝与不孝，不是凭一时一事，也不看你后事如何张扬，而是重在长久，重在生前。生前之孝是真心，死后之孝是假意；生前之孝是为老人，死后之孝是为自己。一般老人想要子女孝顺，无非就是在自己失去劳动能力之后，子女能使自己生活得舒心，对自己知冷知热、知痛知痒即足矣。有一老人，生前病时，子女竭尽心力，满足老人所求，所以，老人临终前，一再叮咛："我死之后，不要吹手，不要停灵吊孝，当天去火化了事。人死如灯灭，你们的心尽到了，我知足了，你们不用挂念。"老人死后，其子女谨遵父言，没有大操大办丧事。村人知道内里，尽管觉得丧事不隆重，没有说不孝的。

为人子女应该懂得，"厚养薄葬"才是真的孝道。所有的追思，不过是活人的自我安慰。**比祭奠更重要的，是珍惜眼前人。**趁着父母在世，好好孝顺父母才是重点。

如果一个人在父母在世时能够做到厚养，就不会也没有必要在父母去世的时候厚葬。哪怕生前多陪老人说说话，也好过去世后的大操大办。我们每个子女都应该树立以"厚养薄葬"为荣，以"薄养厚葬"为耻的孝道思想，趁父母在世时多尽孝。我最厌恶父母离世后，子女们说一些故作隐晦的话，好像多么讲究礼节，去世不说去世，说"老了"，总之各种忌讳、各种繁文缛节，都不如父母在世时的一个笑脸、一个搀扶、一杯开水。

孝之忠告：死后的风光不如生前一句问候。

误区八：世上只有妈妈好

小时候看过一部电影名字叫《妈妈再爱我一次》，几乎每个从电影院里走出来的人，手里都攥着哭湿的手帕。或许是因为母爱是一个放之四海而皆准的题材，或许是因为它给了善良的人们一个宣泄感情的端口，总之这部电影获得了空前的热播，并且随着这部电影的热播，电影的主题曲也成为人尽皆知的动人旋律：世上只有妈妈好。自此以后，世上就只有"妈妈"好了，爸爸的地位从此让位于妈妈。

妈妈的好是毫无疑问、无可辩驳的，但为什么说"世上只有妈妈好"也是一种误区呢？因为这么说不够全面，妈妈当然很好，但是爸爸其实也不错。我们平时虽然一般提到父母都是父亲在前，母亲在后，而在子女心里很多人是把母亲排在前面，父亲排在后面。父亲们虽然是社会和家庭的强者，内心却处于弱势地位。据相关机构调查显示：六成受访者不知道自己父亲的喜好。在"自己最爱的人"调查当中，父亲不及母亲、子女、自己及配偶，排到了第五。无论从孝道本身，还是商业炒作行为，母亲似乎都具有优先的地位。由于中国长期以来的"男权中心"，所以在影视中的宣传、歌曲中的唱颂中，往往更倾向于弱势代偿，母爱都占据了主流。

正是由于大多数人头脑中存在的"世上只有妈妈好""世上妈妈最好"的认知，父亲被忽视、被冷落、被遗忘的现象在每个家庭都不同程度地存在。

如果说平时人们对父亲的冷落不容易量化，在节日中表现得更为明显。比如，2013年父亲节，曾被媒体戏称"最尴尬的父亲节"。淘宝网统计数据显示：2013年6月，平均每天仅有800人次搜索"父亲"相关的礼物，这个"待遇"还不如母亲的八分之一、情侣的二十分之一和子女的三十分之一。

某杂志对全国2000名年龄在20岁到40岁的市民，就节日给父母赠礼习惯进行了调查。调查结果显示，约有四成年轻人在母亲生日和母亲节有赠礼的习惯，而在父亲生日和父亲节赠送礼物的年轻人则不足两成。"爸经济"不敌"妈经济"，"父亲节"成了"负亲节"。

导致这种现象的原因是多方面的：

一方面是因为父母在家庭中的分工不同。说到父亲，很多人会自然联想到《父亲》这首歌中描绘的父亲形象："那是我小时候，常坐在父亲肩头，父亲是儿那登天的梯，父亲是那拉车的牛。"这首《父亲》，唱湿了多少人的眼睛，也形象地描绘出父亲的艰辛。绝大多数家庭都是男主外，女主内，男的工作拼搏，赚钱养家，而母亲则负责一家人的吃穿用度，理财持家。一般给孩子穿什么衣服、吃什么饭、补什么学习班，都是母亲操持。因此相较于父亲而言，孩子跟母亲有更多的接触，关系也就自然更亲密一些。并且父亲因为肩负家庭负担，为了养家糊口，为了子女幸福，常常忙于工作，无暇跟子女沟通。所以，逐渐成了被子女忽视的角色。

另一方面是因为父母在孩子成长过程中教育角色不同。一般夫妻双方在教育孩子过程中，通常是一个唱黑脸，一个唱白脸。在中国传统文化中，家长角色的分配多为严父慈母。因为相较于母爱而言，父爱深沉、内敛，比较严肃，不如母亲温柔，所以儿女在心理上与父亲有一定的距离感。很多人认为和母亲的情感交流相对容易（所以父母分饰黑脸和白脸也算是本色演出），于是乎，在绝大多数家庭，唱黑脸这种出力不讨好的差事都给了父亲，我们犯了错，父亲会训我们，甚至打我们，而母亲则会保护我们，安慰我们。人都有趋利避害的本能，母亲的怀抱就成了我们最安全的港湾，从而与父亲形成了距离，甚至产生了隔阂。另外，因为父亲一般不善于表达感情，所以不会跟孩子做艰苦细致的思想工作，所以儿女遇到烦心事时，多选择与母亲交流。久而久之，孩子和母亲关系相对亲密，和父亲相对疏远。

虽然子女与父亲疏远是有原因的，但这种现象我们每个子女都应该极力避免。作为儿女即便与父亲有距离，甚至有隔阂，但这并不代表父亲不爱自己的孩子，只是爱的方式不被孩子理解而已。**如果说母亲是抱着你的那个人，那么，父亲就是背着你的那个人。**母爱似水，父爱如山。在母亲的怀里，我们感到温暖。在父亲的背上，我们感到安全。很多青少年从小就受到父爱的影响，从父亲的身上学到做人的道理，学会坚强、勇敢、直面人生。往往，父亲给予我们的是粗糙的线条。对待同一件事物，母亲会泪流满面，而父亲会选择沉默不言。其实，父亲和母亲一样，他的内心是脆弱的，感情是细腻的。只是，我们没有发现。父亲的泪不落在脸上，而是流在心中。当我们伤心的时候，父亲也会为我们拭去眼角的泪花；当我们寒冷时，父亲也会为我们披上厚实的大衣；当我们孤独时，父亲也会牵着我们的手，走进温暖的家。

父亲和母亲对子女来说只是家庭分工不同，没有远近亲疏之分。于是我们在现实生活中就见到了这样感人的一幕：2003年2月，湖北60岁的农民父亲胡介甫将自己的肾脏移植给了患"尿毒症"的儿子，固执的父亲不容拒绝地告诉儿子胡立新："没什么比你的命更重要！我宁可自己没命，也不能看着你死！"

如果你听过韩红的《天亮了》那首歌，不知道你是否知道这首歌源于一个真实感人的故事：1999年10月3日，贵州麻岭，一辆客车坠入山崖，23个游客只有一个两岁的孩子幸免于难。他之所以生还，是因为他的父亲在客车坠地的那一瞬间，把他举到了自己的双肩上，用自己的生命挽救了儿子。这个故事打动了歌手韩红，她随后创作了《天亮了》这首感人至深的歌曲，并领养了这个大难不死的小孩。

在我们现实生活中数之不尽的事例表明，父亲也和母亲一样深深地爱着自己的子女，只是他们不习惯表达，习惯了把对子女的爱深深地埋在了心里。这种爱意的表达，更多的则是在生活中默默地付出。2014年4月20日19时许，东莞一位湖北籍的士司机因为儿子买房攒首付连上24小时班而猝死。据了解，他是湖北公安人，今年43岁，在东莞开了12年出租车。一位老乡周师傅称："之前常听他说，想多挣点钱，因为儿子买房子还差首付，所以就没日没夜拼命地干，每天至少要开12个小时。"最终导致因劳累过度而死。

能为儿子买房劳累过度而死，这其实比在危难时舍身救子更为可贵。危难时救孩子可能就那么一瞬间，无论疼还是累，都是短暂的。可在平时的付出要耐受的各种劳累并不轻松，也更不短暂。以这位为儿子买房劳累过度而死的父亲为例，你可以想象无数个日夜，长时间坐在驾驶室里，精神高度紧张、睡眠不足、饮食不规律、腰疼，哪一样都不会让人感觉到舒适，但是这位父亲却日复一日、年复一年咬牙坚持了整整12年。如果对子女不是真爱、不是深爱，又怎能做到？

父亲爱子女的事例还有很多，但我想这里提到的几个事例已经足以证明，再无须赘言。我们要清楚的是父亲和母亲对我们爱的程度是没有分别的，他们只是表达的方式不同。如果说这个世界上最爱我们的女人是我们的母亲，那么这个世界上最爱我们的男人一定是我们的父亲。有种说法说世界上最孤独的人是父亲，因为他更多在外奔波，为了家庭，为了子女，经历风雨最多的是他，得到最少传颂的也是他。知道这个道理之后，就请你不要再对父亲冷漠。父亲的孤独与否，在于子女理解与否。我们在爱母亲的同时，不要忽略了同样需要你爱的父亲，他们已经不再是当年那个可以为你遮风挡雨佐罗一样的男人，而是一个需要你替他遮风挡雨的柔弱老人。他们也渴望子女的关怀，需要子女的陪伴。

可能有的人认为父母是利益共同体，对母亲好就是对父亲好，虽然这也有一定的道理，但是我们需要知道的是：对母亲好，对母亲自己而言是直接的好，对父亲却是间接的好，间接肯定不如直接效果好，因此我们要多尝试着直接对父亲表达爱意。

孝之忠告：妈妈当然好，但是爸爸也不错。

第六章

孝之劝戒

FILIAL PIETY IS YOUDAO

孝之劝是子女在尽孝的过程中应该做到的,孝之戒,是子女在尽考过程中应该避免的。

孝之劝

劝之一：做好自己就是对父母最好的孝顺

一提到孝顺父母，很自然会让人想到的就是要为父母做些什么，给予父母什么。其实这种认知是不完全正确的。那么孝顺父母第一位的应该是什么呢？就是做好你自己，不让他们担心。因为对于每个人的父母来讲，他们最担心的不是他们自己，而是把绝大多数的精力都放在子女身上，快乐着子女们的快乐，当然更痛苦着子女们的痛苦。因为他们太爱自己的子女了，他们宁愿自己多承受一些，多付出一些，也不愿意让自己的子女经受风雨。作为子女而言，做好自己主要包括以下几个方面：

1. 身心健康。《孝经·开宗明义》篇说：身体发肤受之父母，不敢毁伤，孝之始也。这句话的意思是说人生在世，身体上的皮肤、毛发、骨肉都是父母给予的，应当谨慎保护，不可毁伤，这是孝道的第一步，也是孝的根本。保护好自己的身体受益最大的是子女自己，为什么还说是孝顺呢？民间有句俗语，对这件事是一个很好的解释：儿行千里母担忧。父母对于不在自己身边的孩子，总是担心的。担心什么呢？恐怕最大的担心就是害怕孩子受伤、生病。这是一种天性。因此，孟子问孝时，孔子对"孝"给出了这样一种论述："父母唯其疾之忧"，就是说父母对儿女的牵挂，应该只有一件事，就是儿女得病了，只有这件事可以让他们真正担忧。儿女都是父母心头肉，儿女得了病，老爸老妈就会心急如焚，宁可自己生病，也不愿意让你生病。所以如果你生病之后，不让父母担忧，你是做不到的，但是我们可以少生病，从而让父母少担忧。

你可能会问,难道父母只关心我病不病吗,对我其他的事就不关心吗?其实孔子的言外之意是说,别的事情你就不该让父母担忧,这才是孝顺的孩子。你的学习应该让父母操心吗?做人正直不正直,总要让父母念叨吗?与朋友交往,自己买房子、做生意、干工作,这些事情做得好与不好,都得让父母不断操心吗?这些都是不应该让父母担心的。但是无论多么懂事的孩子,都会生病。作为父母,如果只需要为孩子的疾病担心,那孩子就算是孝顺了。所以子女在做好其他事情的同时,还应该注意自己的健康,尽量让自己不生病、少生病,从而少让父母担心,或者不让父母担心。

此外,要做一个孝顺的子女,光保证自己身体健康还不够,还要做到心理健康。《千字文》中说:"盖此身发,四大五常。恭惟鞠养,岂敢毁伤。"这句话不仅重新强调了身体发肤受之父母的道理,还提出父母在赋予我们身体的同时,教育了我们懂得伦理纲常,具备仁、义、礼、智、信的品德。作为子女,应当牢记父母的养育之恩,珍惜生命,重视品德,不能有所损伤。要树立高尚的道德情操,不沾黄、赌、毒,不去不健康场所,不做伤风败俗的事情,不交不三不四的朋友。这不仅是为了父母,更是为了自己。

2. 遵纪守法。台湾学者曾仕强说,心中有父母,就是对父母的孝。当你心中有父母时,许多事情,你就会三思而后行,那些违法的事情,你就不敢做。因为做了,父母会因你而蒙羞。如果你违法乱纪,父母也会因你而担惊受怕。如果你犯了法,被警察抓走了,父母听到后肯定会当场晕倒,说不定患心脏病也有可能。心中有父母,是一个人心中有了戒律,就好似道德比法律更可以约束一个人的行为一样。

结合我自身的经历来说,我觉得曾教授这话说得太对了。我在北京打工时,因为一直想出人头地好孝顺父母,所以有一段时间,像没头苍蝇似的频繁换工作,因为看不到丝毫的希望,我曾经一年之内连续换了11份工作,因为工作换得太频繁了,到每个单位都干不到一个月,所以人家都不给发工资,最后我穷得身上只剩下四毛钱,只能睡马路、睡公园。有一天晚上我在天桥上望着下面的车水马龙,觉得自己太无助了,叫天天不应,叫地地不灵。当时头脑中闪过一个邪念,抢劫怎么样?要不就直接跳下去,一了百了。后来一想，如果我犯了罪坐了牢，那可就丢了大人了，估计父母想死的心都有。如果我自杀了，父母就更活不成了。想到这些，我才没有踏出这一步。我很庆幸自己在迷茫的时候没有走错路，而支撑我走下来的就是父母对我的期望。

中央台12套有个叫《忏悔录》的节目，讲的都是各种人犯罪之后对自己罪行的反省，其中最常见的镜头就是罪犯在被判刑之后，都会给父母跪下，并且哭得痛不欲生，无一例外。每当看到服刑的子女与父母相拥而泣、子女给父母下跪的场景人们都会唏嘘不已。早知今日，何必当初。其实，我们每个人在生活中都会面临各种各样的困难、承受各种各样的压力、经历各种各样的挫折，当我们面临困难、承受压力、经历挫折的时候，想一想父母，想一想他们对你的期望，也想一想冲动的后果，你就会清醒许多。

看过一个名字叫《囚犯的心愿》的故事，说的是某一监狱的牢房中关了数名重刑犯。有一天夜晚，大伙在一块聊天，互相说着自己最想送给母亲的礼物是什么。其中一名犯人看着满天的繁星感叹地说："我母亲如果有像星星这般亮丽的首饰一定会很高兴。"有一个犯人不屑地说道："我的母亲如果有一间宽敞明亮的房子多么好啊。"另一个犯人则说："要是我的母亲有一辆车子，就可以常来看我了。"最后一个犯人听着大家说的话，望着天空良久未言，最后他流下眼泪说："如果我的母亲有个好儿子就好了。"大家听了都沉默无语。

孔子说："立身行道，扬名于后世，以显父母，孝之终。"我们一定要记得一句话叫人间正道是沧桑。

3. 婚姻幸福。想要婚姻幸福，首先要有婚姻，婚姻是我们每个人的终身大事，也是父母的心头大事。父母最大的心愿就是希望子女能找到一个称心的归宿。然而想要在茫茫人海中找个适合的人结婚，并非易事，这个我有切身的感悟。在遇见我妻子之前，我业余时间也一直游走于亲朋好友介绍的相亲中，我妻子还曾经对我相过亲耿耿于怀，她不知道，那是怎样的一种痛苦。其实无论是我们自己寻找，还是别人介绍，我们挑来挑去无非是想找个好的。那么什么是好呢？每个人审美不同，标准不同，所以不能一概而论，我只能说一个放之四海而皆准的标准就是——孝顺。找对象时把孝顺作为基本要求，至少有四点好处：一是如果这个人孝顺，那他（她）的人品大致上就不会有太大问题（所以相亲时没话题了就聊聊父母，或者问问对方看过这本书没有）；二是为你以后孝顺自己父母创造有利条件，找个蛮不讲理的，会让你挠头一辈子；三是通过与对方对孝顺问题的探讨，可以体现自己的道德品质；四是通过你对这个条件的看重，会让父母知道你心里有他们而感到欣慰。

在了却父母的心愿，找到合适人选结婚之后，夫妻俩要争取做到相敬如宾。即便有矛盾，也要私下解决，绝不能当着父母的面争吵，让父母为你们着急上火。

4. 事业有成。前面讲到，作为子女，不让父母担心是最重要的事情。如果在不让父母担心的基础上，还能做出些成绩，让父母跟着高兴，那就更好了。当然事业有成有个过程，在事业有成之前，首先要干正事，至少让父母看到你事业有成的希望，要杜绝赌博、酗酒、玩游戏等陋习，走正道，干正事，才会有让父母看到你光宗耀祖的希望。至于要事业有成，可以是开创自己的事业，也可以是遵循父母的意志，继承父母的事业。如孔子所说，夫孝者，善继人之志，善述人之事也。作为有孝心的子女应该实现父母的期望，让父母因你而自豪，最终做到孔子所说的，立身行道，扬名于后世，以显父母。

劝之二：你是让父母幸福的救命稻草

2010年，13岁的少年骆伟科"擦鞋救母"的感人事迹一时间在电视、报纸上广为流传：骆伟科家住广东省河源市龙川县车田镇坪塘村。爸爸因脑出血离世。母亲2011年2月查出患有脑肿瘤，医疗费用超过几十万元。2011年4月，男孩从老家步行340公里，历时一个多月，来到广州替人擦鞋，就是为了筹钱救助病重的母亲。是什么力量使一个身无分文的小孩子徒步来到广州？是什么动力使他挨过吃野果、喝河水、露宿树林的十几天？是什么原因使他放弃上学的权利而只身在繁华街头擦鞋？当有记者问起他时，他坚定地说："我是家里唯一的男孩，我一定要救妈妈！"多么令人心酸的答案！多么令人起敬的信念！

看了这个小孩的事迹，不知道你是否意识到，你其实也是让你父母幸福的救命稻草。不论你是如何的微不足道，对于你的父母而言，你就是他们的主角，是他们最重要的情感寄托，这是谁都无法替代的。他们的幸福维系于你一个人，全世界对他们好，也不如你一个人对他们好，就算全世界对他们都不好，只要你对他们好，他们就不会绝望。因为在父母的心中，你比整个世界还要重要。如果连你都不重视、不爱护、不体贴自己的父母，那他们就彻底失去了依靠，他们的世界就会黑暗无光，即便外人再怎么关爱他们，也无法弥补他们内心的失落。所以我们每个子女都要有这样的担当，自己父母自己负责，并且是要负全责。

这种担当不仅仅是在父母日渐衰老或者身患疾病时，做他们生活的依靠，更重要的是当他们受到别人羞辱时，当他们的尊严受到践踏时，充当他们的保护伞，去不顾一切地捍卫他们的尊严。有些羞辱很多不是外人，而是来自你的另一半和她（他）的家人。尤其是"农村"加"城市"的家庭组合，城市一方对农村一方很多都存在轻视、蔑视的现象。对于这样的情况，我不想多说什么，只想推荐大家看两篇文章：

推荐男人看：《结婚当天父母受此侮辱，我流着泪掀翻了桌子》

推荐女人看：《我的瘸爹瞎娘》

由于篇幅有限，我建议你务必上网搜一下这两篇文章，两篇文章讲的都是这种家庭组合情况，但是不同的做法境遇。第一篇让我莫名悲愤，第二篇让我感动万分。这两篇文章，不仅仅是对于这样的家庭，甚至对于所有"门不当户不对"的已婚家庭来说都有借鉴意义。很多家庭条件好的，总觉得自己有点钱就高对方家人一等，他们也许不会知道，真正有素质的人是不可能有这种心态的。

可是有些人依然自我感觉良好，我也不知道怎样才能让这样的人清醒，如果说你父母是亿万富翁，我多少还能理解这种优越感的由来与顽固，可很多时候也无非就是个普通的工薪阶层，这就变得非常幽默了。我没有打算让有这种心态的人看了这个章节幡然醒悟，我只是想对家庭里弱势的一方说：（更多的是男方）：如果你的父母被你的配偶（为什么不说是"爱人"？因为"爱人"不会做出这样的事，所以用个中性的词我心里好受点）或者对方的家人瞧不起，看不上，甚至嘲笑、嫌弃、羞辱，我恳求你，千万要记得为你父母做主。

我还要善意地提醒条件好的一方及其家人：如果你和你的家人羞辱对方的

父母，对方都能承受，你是不是要思考这样两个问题：

第一，这样的人对自己父母被羞辱都无动于衷，那么他还是不是人？如果你被外人羞辱或者遇到危险时，他敢不敢挺身而出，会不会奋不顾身？

第二，如果他仍然是人，仍然爱他的父母，但是他含着泪忍了，那你和你的家人可要小心，他现在是弱势，所以忍辱负重，等他一旦翅膀硬了、强势了，或者等你父母老了，你确定他还会像现在这样对你和你的家人唯唯诺诺、言听计从吗？

本来我想要表达的意思说到这儿基本已经说完，但是我还是有些话不吐不快：中国人一般只拼"爹"，而不怎么拼"爷"，因为许多达官显贵、名媛淑女只不过是农民的孙儿孙女。如果你的爱人是农民，就请给农民点面子，当你嫌弃他们不讲卫生，嫌弃他们脏、没文化的时候，拜托你仔细想想这些话。

所以有的时候当我妻子跟我一起去看父母时，我父母诚惶诚恐，极力想把饭菜做得干净点、生怕儿媳嫌弃时，我非常心疼，好在我的妻子不会嫌弃我的父母，好在我父母知道他们的儿子永远不会嫌他们。我们每个人都要知道，即便整个世界都抛弃我们，我们的父母也会始终对我们不离不弃。我们做子女也是一样，**其他人都可以抛弃我们的父母，唯独我们却万万不能**。

劝之三：尽量不要介入父母的争吵

若非必要，不要介入父母的争吵。什么是必要？就是父母其中一方实在不讲道理，伤害另一方时，你可以及时制止，除此之外，如果只是言语上的争辩，子女尽量不要介入。尤其这种介入不能是与母亲或父亲发生正面的冲突，比如说父母两个人正在吵的时候，你也跟着一起吵，帮着母亲跟父亲吵，或者帮着父亲跟母亲吵。那么你自以为是的正义感保护一方的同时，也必然会伤害另一方，很容易让另一方认为你跟他不亲，从而伤了他的心。

每一代人有每一代人表达感情的方式方法，每一对夫妻也有自己相处的方式方法。你看到的只是父母当时争吵的表象，而对于争吵后面累计的因素未必完全了解。父母之间谁为谁付出过什么、付出了多少、包容了对方什么，你不得而知。就好比你以后有了子女，他们也不会完全了解你和你爱人之间的过往一样。

每对夫妻都有拌嘴的时候，父母也是一样。每当这时，要综合考虑父母共同经历承受的风风雨雨，也许这件事是某一方不占理，但是如果参考以前，或许又在情理之中。就比如我父亲年轻的时候亏欠我母亲很多，所以现在母亲即便跟他吵几句他也嘿嘿一笑了之，这时对错已经不重要，重要的是两个人心中的包容。

不介入父母的争吵，并不是说父母吵架时，子女就隔岸观火、袖手旁观。而要在父母发生争吵时，扮演好"三员"的角色：

1. 当裁判员。当父母发生争吵的时候，要把握和控制局面，不能让父母的争吵上升到家庭暴力，也不能让他们对对方进行人身攻击。在此过程中，子女不能吹黑哨，要帮理不帮亲，就像劝架似的，不要拉偏架。

2. 当消防员。一旦父母发生摩擦、点燃战火之后，子女要在父母话赶话逐步升温的过程中想方设法给父母降温灭火，让父母的情绪控制在沸点以下。尤其父母一方摔盘子、摔碗的时候，子女更要及时控制事态，防止父母情绪失控。

3. 当调节员。在父母吵完架冷战时，子女要积极进行游说、调节。倾听他们各自的意见，然后找到他们争吵的症结，客观地跟父母摆事实，讲道理。如果父母有一方不占理，子女可以在背后劝说，多给一方讲另一方好的方面，如果没有，编一些出来也行，只要能让双方消气就好。作为子女你要知道维护父母的婚姻、保证家庭的完整是第一位的。子女不仅仅是作为父母维系婚姻的纽带，还应该成为父母关系融洽的润滑剂。

劝之四：要尽孝，学点医学知识很必要

《了凡四训》中说：不知医道者，不可为人子。说的就是作为子女应该通晓医术。但是我们不可能什么工作都不干了，都去当医生。再说医生还分不同专业，即便你是学医的，父母又不可能光生你这个专业的病。所以作为普通人来说，不用像医生那样对医学了解那么多，但是掌握相关的医学常识，了解影响老人身体、心理健康的常识则是很有必要的。

1. 掌握疾病治疗常识。每个人都会生病，父母也不例外。父母生病基本上每个子女都会遇到，随着年龄的增长，老人各种病也逐渐显现出来，父母一旦生病，作为子女就要掌握父母所患疾病相关的医学常识，对父母的病应该吃什么药、每次吃多少、什么时候吃、有什么忌口等，要非常熟悉，并在平时对父母进行提醒。

还要注意一点就是万一父母得某种病之后切忌"有病乱投医"。应该说父母得病后子女乱投医是孝顺的体现，因为子女只有孝才会急，只有急才会乱。但是急是解决不了问题的，只能让问题更严重，对此我有切身的感悟。我父亲2013年10月份得了脑血栓，当时就近去了一个医院，后来治疗效果不理想，我们又四处打听，说哪个医院好的都有，这时就不知道怎么判断好了。别人说哪个医院好，我们就去哪个医院看，到最后还是落了后遗症。如果你的父母得了某种病，最好找到在这个医院治疗过这种病的人了解情况，花钱是小事，如果没送对医院，不仅会耽误治疗的最佳时期，还会伤身体。一般来讲还是去大医院靠谱点，虽然有的服务态度比较差，但是医疗水平确实相对来说比较高。

2. 了解疾病预防知识。如果父母目前身体健康无病，你在祈祷父母不生病的同时，应该针对当前老年人多发的疾病比如脑血栓、脑出血、糖尿病、高血压等疾病怎样预防的基本常识有大概的了解，尤其要针对父母各自的家族遗传病进行专门预防。还要定期给父母做全身检查，确保早发现、早治疗。

3. 懂得日常生活保健。当代体育锻炼现状是老年人奋起，中年人觉醒，青少年沉睡。如果你的父母还没有奋起，这时你就要劝父母多运动。"生命在于运动"是有科学依据的，生物学家的研究已经证明人的肌体"用进废退"，古人也早就提出"不动则衰"。日本一位研究老人问题的专家经过多年研究指出"君欲延年寿，动中度晚年"。因此，子女要鼓励父母注意加强身体的适度锻炼，增强身体免疫力。

4. 学习心理保健知识。现代医学科学证明，心理健康和生理健康有着密切关系，心理若不健康，就会严重影响生活质量，最终必然影响甚至损害躯体健康。父母多年来养成了有规律性、有节奏性、有责任性的工作和生活，一旦退休，突然变成无拘束性、无时间性的退休生活，就会产生孤独、寂寞、空虚、焦虑或忧愁等心理变化，如果不及时排解和疏导，很容易形成心理上的疾病。所以为人子女要学习一些心理保健知识，掌握心理保健手段，教会父母学会身心愉快地生活，释放积极情绪和调控消极情绪。

劝之五：孝顺不能攀比

为父母尽孝，本来是自己的事，自己该为父母做什么就做什么，能为父母做什么就做什么。而这么简单的事，在现实生活中却因为各种各样的攀比变得不再单纯和热络。仿佛尽孝是一种注定没有回报的付出、没有产出的投入一般，有的子女每为父母做一点事都要在心里各种盘算、计较，仿佛谁为父母做得越多，亏得就越多。这里所说的攀比，如果是往好里比，见贤思齐、见善如不及当然是值得赞扬的。可很多都是在跟坏的比，往坏里比，见"不贤"思齐，不是比着"孝"，而是比着"不孝"。

1. 跟兄弟姐妹比。正常来说，独生子女赡养老人的能力肯定比子女多的能力要差，但为什么很多子女多的父母过得还不如只有一个孩子的父母好呢？根本原因就是子女之间相互依赖、相互攀比。于是在这样的心态左右之下我们看到了这样的新闻：2013年12月25日，湖北省宜昌市小溪塔派出所接到群众报警称，一位坐着轮椅的老人露宿在街头，身边还摆放着一副棺材。民警赶到现场后了解到，老人已经是82岁高龄，有两个儿子和三个女儿。这位生活不能自理的老人原本住在二儿子家，但子女们最近因赡养问题起了纠纷，导致她在24日晚被二儿媳赶出了家门。经过附近群众及民警联系后，老人的两个女儿和一个儿子赶到了现场。老人的大女儿赵女士介绍，此前，五兄妹曾因为赡养问题打过官司，老人被判给了大儿子。其后因为家庭矛盾，子女们又商定让老人住在二儿子家，其他人每月支付500元钱。这次老人被赶出后，子女们要再"一起商量个结果"。然而，25日晚，子女们仍未达成一致意见，而他们中也没有人将老人接回家中。因为不愿老人继续被围观，他们把老人转移到了附近的一处家属楼院子旁的一个角落。直到26日中午，在老人已经连续两晚露宿街头之后，子女们才最终商定出了结果——由大儿子暂时将老人接回家中居住。

孝亦有道

老人被赶出家门，原因可能是多方面的，但是最主要的一条就是子女之间相互攀比。有多个子女的家庭，结婚之前每个兄妹间由于年龄、工作、能力等原因，自己能为父母做的已经开始有了差别，在各自结婚之后，由于结婚对象家庭条件的不同，又扩大了兄妹之间的差别。在这种条件不对等的状况下，每个人对父母的付出却往往要求一致，即我为父母做什么，兄弟姐妹也应该为父母做什么。凡事都想追求公平，互相观望。即便某个有孝心的，刚开始还能为父母付出，但因看到其他兄弟姐妹付出得少，心里慢慢滋生不满。心想分明是大家的父母，怎么好像就是我一个人的父母似的，好像跟他们没关系。到最后能尽孝的也不尽了，认为自己对父母付出得越多，亏得越多。凭什么就我自己出钱养？凭什么要住我家？为什么？凭什么？总想争个是非曲直，没有血缘关系的儿媳、女婿更是主导了这种攀比（至少也是推波助澜）。

当然兄弟姐妹之间的比较，有的还来自父母对子女们的偏爱。虽然父母最初对于自己的孩子都是无私去爱的，但是孩子有听话的，有不听话的。父母对顺着自己的好些，对逆着自己的差些，本是很正常的事。但失爱于父母的子女，不是从自身找原因，平心静气，深思体察。而是见兄弟姐妹受宠，自己愤愤不平，心生怨怼，在语言、声音、脸色上也流露出对父母的不满，父母往往更加愤怒，久而久之更加疏远，如此反复，恶性循环，最终导致与父母感情不好。等到自己成家立业，父母日渐衰老，需要自己尽孝时，心中就不免报复。心想，你们不是偏心眼处处向着他吗，那你就让他养得了，不需要我。总之，无论哪种原因，子女之间只要有一个不孝，往往就会给其他人以借口。其实孝顺是自己的事，与其他人无关。即便你的兄弟姐妹不孝顺父母，也不应该影响你为父母尽孝。即便你不是独生子女，在对待父母时，也要把自己当作独生子女。不管你的兄弟姐妹为父母做什么不做什么，你对父母就应该有钱出钱，有力出力，如果你既有钱又有力，那就应该既出钱又出力。总而言之一句话：你只需要做好你自己，不用管其他人。**无论你有多少兄弟姐妹，记住，你就是孝顺父母的主角。**也许在演电视剧、电影的时候演员们都会削尖脑袋争着演男一号、女一号，可是尽孝的主角没有多少人愿意争，甚至没有多少人愿意要。但是这个主角比前者要重要上千倍、上万倍，不要觉得孝顺就只是付出，尽孝在某一方面就像做慈善一样，你看哪个做慈善的老板，不是获取了比捐助慈善更多的回报呢？尽孝的好处可以说是不胜枚举，况且有些好处是能影响一生的。你看所有成功人士，有哪一个是不孝顺父母的？你看不孝顺父母的，有哪一个能够取得成功并且能够守住家业的？当然，这只是从功利的层面来看。尽孝无须理由，无须条件。不能因为父母的偏心而耿耿于怀，不能因为财产继承问题而寻找借口，也不能因为自己的经济条件差就不承担义务，更不能因为父母年老多病而推卸责任。总之，无论是父母有过错，还是你有困难，都不应该成为你逃避责任、不尽孝道的借口。无论父母有多少过错，至少他们给了你生命。兄弟姐妹们都应该摒弃一切攀比，齐心协力共同担当、共尽义务，这是展现孝道舒展亲情的最佳演绎。

对于有兄弟姐妹的人而言，还有很重要的一点需要注意，千万不要在父母面前卖好，不要总想向父母证明你比兄弟姐妹们都孝顺，你做得比他们都好。这种想法和做法是低级可笑的。如果你以前做过这种事，那我奉劝你以后千万不要做。兄弟姐妹之间应该相互补台，而不是相互拆台，相互揭短，这样一来最伤心的还是父母。所以当父母对兄弟姐妹有抱怨时，你应该替他们向父母解释，即便是撒些善意的谎言，然后再及时告诉你的兄弟姐妹怎样补救。从你自身而言，一定要体谅兄弟姐妹们的难处，尤其是各自结婚以后，与外人组建家庭后各自的条件差异较大时，条件好的要给条件差的一些时间。就拿我家来说，我哥哥姐姐在尽孝上从来都不会与我攀比，都知道我现在还没有太大的能力，为父母买什么、做什么从来也都不跟我计较。这种宽容会促使我一旦有了能力，也会像他们一样，把赡养父母的责任都承担起来。兄弟姐妹们年龄有大小、学历有高低、能力有强弱、家境有好坏，彼此之间如果能多一些宽容和理解，少一些依赖和攀比，不仅父母好过，自己也舒心。

2. 夫妻双方比。每个家庭的情况不一样，夫妻双方门当户对的还好，如果双方家庭条件差别特别大时，问题就来了。也许丈母娘能给女婿买上千上万的衣物，可是公公婆婆咬咬牙能给儿媳妇买的也许就几百块钱。等到为双方父母买东西的时候，就会被拿出来比较，给你父母买过什么，给我父母买过什么。往往会说你为我父母做得多，是因为我父母为你做得多，你父母为咱们做什么了；我妈给你买的衣服多少钱，你妈给我买的衣服多少钱。生活中类似可以比较的地方比比皆是。这就好比慈善捐款一样，不能看捐出的数量，还要看捐出数量占个人总资产的百分比，或许公公婆婆也只能拿出几百块钱，但是他们手里也许就1000块钱，虽然是让你看不上眼的几百块钱，但是我请你换位思考一下，那几乎是他们的全部。所以千万千万不要冷落了老人的好心，如果连这一点你都搞不懂，那你真的就是不明事理了。

3. 跟外人比。尤其是已婚的女人经常会对老公说：你看别人的婆婆怎么对自己儿媳妇的、你看谁谁婆婆给儿媳买的什么，等等，诸如此类的比较。比出来的结果无非就两种，一种是自己的公婆不如别人的公婆；二是别人也和我一样，大家现在都这样，所以我即便不尽孝也是有原因的。

我有一次坐动车回沈阳，我前排坐着一对年轻夫妇。一路上就听女的碎碎念了一路，我就在旁边听。大概意思就是说她闺蜜结婚的时候，房子都是公婆全款给买的，还给她闺蜜买了辆车，她和老公结婚买房的时候完全是两个人凑的首付，并且公公婆婆给安家买的锅，还不如别人给买的好等，总而言之就是别人如何好，自己如何差。这个女人的老公刚开始只是低着头听着，后来女人一直说起来没完，就跟她吵了起来。这还没完，等到沈阳站下车的时候，一个老头正好端着泡好的桶面碰了这个男的一下，把汤洒在他鞋上，这个男人居然把老头给打了，可见这个男人是多么的恼火。这个女人一个劲地拉着她老公，她老公还是不依不饶，最后被警察给带走了，这回她再也没有心思说公婆的事了。仔细分析起来，这个男人为什么会变得这么暴躁呢？应该说跟他妻子一路的碎碎念是有很大关系的。只是这件事的效果或者说因果来得更快了一些，其实在生活中更多的是长久的危害。

可能对于很多人来说，你看到的往往都是别人、别的家庭好的地方，有这种思想的人，应该要明白的是别人家的事你未必全都知道，你关注的只是别人的婆婆怎么对儿媳好，可是你是否知道别人家的儿媳怎么对婆婆的，所以不要以偏概全。很多人之所以总觉得别人比自己幸福，其实是没有客观地看待自己所处的环境和所拥有的东西。即便和别人比，也要客观地、综合地、全面地比，而不能断章取义或者选择性失明。你可能光看到对方婆婆有钱能给儿媳买各种礼物，但是你看不到公婆因为有钱，对儿媳在生活中的颐指气使。明星一般都要找富豪，但嫁入豪门之后哪个不是战战兢兢？所以不要光看到别人的好，而看不到别人的痛苦。当你羡慕别人时，你就记住一句话，家家有本难念的经，无一例外。

4. 跟父母比。看到这儿可能你会纳闷，孝顺父母怎么跟父母比呢，跟父母比什么？这里指的是有的人因为父母对自己的爷爷奶奶不孝，所以自己也跟父母比，也对父母不孝。拿父母的不孝当作自己不孝的借口。你要知道，你拿父母不孝当成你不孝的借口，你的子女也会拿你的不孝当成不孝的借口。**冤冤相报何时了，代代不孝何时终？**当然，虽然你的父母对他们自己的父母不孝是不对的，但你要知道他们对你肯定是没错的。你出于道义、伦理为自己的爷爷奶奶打抱不平可以，但是不能以对父母不孝来惩罚父母。如果是这样，你貌似是为爷爷奶奶打抱不平，其实质就是逃避责任，为自己不尽孝找借口。你只需做好你身为子女该做的事，不要用你的错误去惩罚别人的错误，更何况父母不是别人。无论父母曾经有怎样的过错，但他们终究是我们的父母、是生养我们的人，赡养他们是我们作为子女必须要履行的义务和承担的责任。

总而言之，没有任何事能够成为你不孝的借口。对于正执迷于各种各样的攀比的子女们而言，即便在上述比较中，确实存在一些不合理、不公平的地方，也要记住一条，**先讲孝道，再讲公道**。这就像中国人在生活中总是先处理感情，再处理事情一样。先把感情层面的事情处理好了，再谈事情层面的。可以把存在的一些不合理的事情当作你锻炼涵养的机会，如果你对自己一奶同胞的兄弟姐妹、对自己的父母和爱人都不能包容，那么恕我直言，你这一生肯定不会有太大作为，也许我的话你不一定爱听，但这就是事实。

劝之六：无论何时，家门永远为你敞开

看过这样一个故事，一个女孩跟母亲吵架之后离家出走，女孩在路上遇到很多困难，想回家又不敢回家，因为她觉得母亲肯定不会原谅她。这么一犹豫，20年过去了，终于有一天她忍不住回家了，站在家门口不敢开门，她不确定母亲是不是还健在，也不确定是不是还在这里住、有没有原谅她，所以她只是试探性地推了一下门，然后门打开了，母亲在客厅的沙发上睡着。母女和好后，她问母亲，晚上为什么没有关门。母亲说，自从你走后这20年来我都没有关门,我怕你回来推门的时候推不开,又走了。

这个故事的真实性无从考证,但是从父母对孩子难以割舍的情感来分析,父母盼孩子回家的门一直开30年、50年,甚至直到他们去世也在情理之中。

"离家出走"是我们小时候将毛主席游击战术在家庭中的应用,打不过就跑,于是同学家、亲戚家就成了我们暂时的避风港。有人总结出了一个晚归定律,说一个人从小被老娘看得很严,回家时间都有规定,晚归5分钟就会被骂,晚归30分钟会被抽,但是超过3个小时,母亲就会担心得不得了,回去了之后就光嘘寒问暖,什么惩罚都没有了。因为那个时候她已经急得忘记了怎么惩罚你,只记得你的安危。

不知道你有没有离家出走的经历,反正我是干过。记得我有一次跟哥哥吵架,打不过哥哥,因为知道哥哥爱学习,我就把哥哥的书撕了。父亲逮住我给我一顿暴打。我挣脱后跑到大街上,在外面又冷又饿,虽然也想回去,主要是磨不开面子。直到自己实在饿得不行、冷得受不了时才硬着头皮回了家。分析小时候离家出走的心理就是想用出走来惩罚父母,让父母担惊受怕,因为知道自己每在外面多待一秒,父母就会多担心一秒,甚至是想通过虐待自己,来惩罚父母。现在想来这是多么的幼稚和可笑。

一般来说,子女离家出走,都是因为跟父母发生了矛盾,而之所以会跟父母有矛盾,主要是因为子女不理解父母,不理解父母为什么管自己这么严,为什么对自己这么凶,为什么整天让自己学习。父母为了子女好,也不会说给子女听,最终子女思想上的"不理解"导致行为上的"不服从"。如果你曾经抱怨,甚至怨恨过父母的"残忍"和"冷酷",那我确定你今后一定会因此而感动。其实让父母对你严厉是很难的事,至少是比对你好更困难的事。因为**父母疼爱子女,比对子女严厉要容易得多**。对你好,父母只需要放任自己的本能就可以,不需要自我克制。而要对你严厉,他们需要努力和自己的本能做斗争,理智告诉他们对你不能心软、不能一味溺爱,否则就会害了你。而实际上他们又和天底下所有的父母一样,深深地爱着你,只不过他们对你的爱多了一层智慧和理性。

我们农村有句老话说:打是亲,骂是爱,还有句话叫棍棒出孝子,这种教育方式显然是不合理的,但是更不合理的是,很多家庭确实用这种方法培养出了孝子。至少我从小经常被父母打，一天被打八遍都到不了黑。因为小时候太淘气了，上树掏鸟窝、下河摸泥鳅是经常的事。也许因为我父母平时农活太多，孩子也多，没有时间给我们做思想工作，所以犯了错就是打。我印象最深的是我们村有两个小伙伴因为去野浴淹死了，我母亲怕我也去游泳，整天看着我。我就趁她中午睡觉的时候偷着跑出去野浴，回来后母亲问我去哪了，我就撒谎，母亲也聪明，用指甲在我胳膊上划一下，有白道就说明我游泳了，之后对着我的屁股一顿狠削（只记得那天晚上我趴着睡的觉），直到把我打到哭得上气不接下气，说"再也不去了"为止。那次以后，我被打怕了，也就没再敢去游泳。现在想起来，我不仅不怨恨母亲，反而更加感激她，如果不是她当时那么管我，或许我也会像小伙伴一样早淹死在了水坑里。

可以说很多像我这样的孩子，能够五官完好、四肢健全地活到现在，就是因为父母一路的管教和守护。很多名人正是由于小时候被父母严格管教，才事业有成的。拿董卿为例，有一次看董卿参加一个访谈节目，她讲述了自己从西部频道一个名不见经传的主持人，到连续8年主持央视春节联欢晚会，成为实至名归的"央视一姐"的心酸过程。破茧化蝶，董卿坦言自己最感谢的人是父亲，但她感谢的不是父亲的关爱，而是父亲魔鬼的教育。父亲从小对董卿非常严厉，从7岁开始就要求她主动承担家务劳动，每天刷碗、擦地。中学时放假到宾馆当清洁工，每天早上到操场跑1000米，不许照镜子、要背诗背古文……这其中让董卿最难以接受的是，父亲不许她照镜子，用董卿的话说"我爸爸有一句名言：马铃薯再打扮也是土豆。他说你每天花在照镜子的时间还不如多看书"。此外，父亲还不让母亲给董卿做新衣服，认为女孩子不能把过多心思放在穿衣打扮上。这对于当时还是小女生的董卿来说有着相当大的杀伤力。这些父亲曾带给董卿的童年"阴影"，让她一度怀疑自己是否是亲生女儿。如今，董卿感叹，自己的成功源自父亲的"魔鬼"教育，让她学会了坚持。

虽然董卿的父亲很残忍，但是这种残忍收获的是董卿的成功和感谢。与之相反有个故事，说一个男孩从小就经常偷东西，母亲见到他偷了东西不仅不责怪他，反而很高兴。男孩长大以后，成了惯犯，因为一次偷盗的金额巨大，被抓后判了死刑。执刑前，他要求吃母亲的最后一次奶，母亲哭着毫不犹豫地答应了。让人没想到的是，这个犯人竟然一口咬掉了母亲的乳头，哭着对母亲说："都是你害了我！谁让你在我小时候偷东西时不管我！我能有今天，全都怪你！"

先抛开他母亲冤不冤枉不说，不知道你有没有发现这样一个规律：如果一个人做了坏事或者得罪了别人，别人骂的一般不是他自己，而是他的母亲。貌似他母亲挺冤枉，做错事、得罪人的是子女，挨骂的却是自己。但如果你细想，这么一种行为也符合逻辑，因为一个人的好坏，绝大多数取决于母亲的言传身教，根深而叶茂，母正而子仁是客观规律。所以说，上面那个母亲也是自食其果。

看了上面正反两个案例，我们也要反思，如果你现在对父母不满，也许就是因为父母对你管得严。你在不满的同时，要知道他们这是为你好。如果你倒地上，父母不扶你，让你自己爬起来。不要怪父母残忍，那是因为父母知道他们不能一直保护你，温室里的花朵是经不起现实的摧残的，未来的路要靠你自己去走，所以当你经历一些苦难时，你要知道，这一定是经过父母过滤后的苦难，或者都是父母想要对你的磨炼。

没有一个父母不爱自己的孩子，但父母对孩子爱的表达方式是多种多样的，并且也是因人因时因地而异的，父母的爱在不同的情景下会转化成不同的行为。更多的时候表现为关爱，但也有时他们表现为斥责。而后者的爱更为深切，并且爱之越深，责之越切。如果你不懂，你就先这么理解，等你成熟了自然会明白。

你有孝心，就说明你父母对你的教育有可取之处，至少说明父母不像有些父母那样一味放任你，让你自由散漫，或许还对你管理很严格，在你叛逆的时候，在你经历父母近乎苛刻的管理时，你甚至会怀疑自己是不是父母亲生的，所以当小时候我们问父母自己是从哪里来的时，中国的父母不会做生理知识的普及，一般都会说从垃圾堆里捡的，然后我们联系到父母管自己这么严，也就信了。

严是爱，松是害。这简单的六个字，好像是我们经常听到的大道理中字数最少的一个，但也是最难懂的一个道理。其内涵和外延相当的丰富和重要，丰富到它用一本书来阐述都未必能穷尽，重要到它足可以改变你的一生甚至更远。

等你成熟的时候你就会明白这样一个道理：凡是让你感到舒服的东西，很可能是对你有害的。比如大热天你打完篮球，热得汗流浃背的时候，来瓶冰镇可乐感觉倍儿爽，但是对身体也最有害。反之，让你不舒服的东西也许就是有益的。就好比父母从小不让你玩游戏，不让你抽烟、喝酒，却给你安排做写不完的作业、学不完的补习班，这些对你来说是难受的，但是对你的人生来说肯定是有益的。不要觉得父母给你的压力太大了，父母完全都是为了你的未来考虑。父母之爱子，则为子女计深远。虽然父母的初衷都是好的，但由于方式方法不对，也很容易跟你发生冲突，尤其是当你的"青春期"遇上父母的"更年期"，就容易把矛盾激化，最终离家出走。之所以写这个章节，主要有两个目的：

1. 劝你不要离家出走。正在离家出走的人买这本书的概率很小，主要是想在你还没有离家出走之前先看看，在你冲动的时候想一想，并且如果你的朋友离家出走找你"避难"时，一定要想办法劝他早点回家。因为即便你的朋友想回家，也会因为不好意思而不愿回去，这时你就把史铁生在《我与地坛》中写的这句话送给他："我真想告诉所有长大了的男孩子，千万不要跟母亲来这套倔强，羞涩就更不必（如果你都能教育别人了，自己就更应该懂这个道理）。"这句话对于女孩子也同样适用。告诉他无论跟父母发生什么，离家出走都是最幼稚的选择。

2. 劝你记得经常回家。叛逆的年纪对我们大多数人来说已经过去，我们不可能再做出离家出走这么幼稚的事情，但是我们成年人也有对父母表达不满的方式，就是有家不回（当然这里指的是不回父母家）。我最想劝的是让你经常回家。不要因为对父母的误解而疏远父母，不要非等到自己落魄的时候，让父母与你共同承担苦难，在你顺风顺水的时候更要多回家看看，不要让父母期盼你的双眼望眼欲穿。曾经看过这样一个新闻，王大妈的女儿不幸出车祸去世，她伤心得茶不思饭不想。8年前，王大妈在朋友家吃了一顿"见手青"之后，出现了中毒症状。不过，中毒的幻觉里竟然都是女儿的身影。之后每到6月，王大妈都特意到市场上买"见手青"，就为了吃完中毒后能看到女儿。当然女儿是不可能回来了，我只是想通过这个真实的事情，让你认识到父母对孩子的这种渴盼。我们幸福的是，我们还在世，不用让母亲靠吃"见手青"来看自己虚幻的身影，所以有时间一定要经常回家看看父母，最主要的是让父母看看你。

无论你经历怎样的坎坷和磨难，这世界上始终有一盏灯是为你而留，始终有一扇门是为你而开，就是家。始终有两个人在等你，就是你的父亲母亲。看到有句女人对男人说的话很感动：成功，我陪你君临天下；失败，我陪你东山再起。其实爱人能够做到这一点的最多也就50%，或者更低。不信你可以在心里掂量一下，如果你一败涂地、一贫如洗、一无所有的时候，你的爱人还能不能陪你。如果你真正设想一下，你就会发现现实是残酷的。除了你父母之外生活中可以和你同甘的人很多，能够跟你共苦的人却很少。所以每一个父母在世的人，不管有多落魄，都不可能走投无路，因为就算所有的路都行不通，还有一条路可以畅行无阻，那就是回家的路！通往父母家的那条属于你的专用车道，无论何时，对你都是一路绿灯。

请你牢记：无论这世界怎样变迁，无论你是官至一品，还是流落街头，唯有父母始终是你永远的归宿，也只有家的大门永远为你敞开。

劝之七：从今天起做个孝顺的人

这个章节可能是这本书中最没用的章节，因为这个章节是给和父母有矛盾、有隔阂的子女看的，而这样的子女看这本书的概率又非常小。可是即便希望非常渺茫，我仍然愿意为之努力。我想即便有一个这样的子女能看到这本书，看到这个章节，也许我就救了一个人。

如果你与父母有矛盾、有隔阂，那我想问你的是：如果别人说你孝顺你会不会高兴？如果有人说你不孝，你会不会恼怒？如果你闻"孝"则喜，闻"不孝"则怒，那么至少说明你知道"孝"是对的，是好的，"不孝"是坏的，是不正确的。那么你就仍然是有正确的认知观的，正如颜光衷所说："天下哪里有不孝的人？就算有不孝的人，也会喜欢别人称赞自己孝顺，因为别人说自己不孝而惭愧恼怒。"苏辙也说："慈孝之心，人皆有之。"但为什么人人都有慈孝之心，却有这么多人没有慈孝之行呢？原因可能是多方面的，可能是你的原因，也可能是父母的原因，还有可能是你和父母都有原因。在这三种可能当中，按照可能性的大小依次为父母和子女双方都有原因、子女的原因、父母的原因。其中，子女没有丝毫错误，错误完全在父母的情况不是没有，但我活了三十多年，至今还没有遇到。无论你觉得自己多么委屈，你和父母产生矛盾和隔阂，绝对有你自身的原因。我这么说，你可能会不服。这就好像我们上学时跟人发生口角或是打架，老师都会说一句话：一个巴掌拍不响。有时自己明明是被欺负的，心里会觉得很委屈，但细一分析，绝大多数情况下自己还是有问题，只不过是问题大小的区别。要不然那么多人，人家为什么偏偏欺负你？

之所以和父母有矛盾，父母当然也会有问题，但这不是我们讨论的重点，我们要重点分析的是你的问题。"凡事从主观找原因"，这是我一个领导经常对我说的话。起初他对我说这句话时，我不以为然，如今，我却经常对别人说这句话。今天我也把这句话送给素未谋面的你。你可以认真反思一下自己对父母的所作所为是否正确，如果你在反思之后没有得出"你有问题"的结论，那只说明你反思得还不够客观。能够为父母做到无可挑剔的不能说没有，只能说极少。反思自己的言行，还有一个重要的参照，就是别人的评论。如果有人说你不孝，你就更应该认真反思自己对父母的言行。因为说人不孝，是对一个人最大的侮辱，比骂一个人任何语言都狠得多。无论是别人当面说你，还是背后骂你，你都一定要反省。不要总是认为自己是正确的，试着彻底地颠覆一下自己的世界观，尝试着从不同的角度来审视自己对父母的言行。

虽然有些人也知道自己对父母做得不够好，但也是事出有因，他们会说不是我不孝，是我的父母不值得我孝，是他们偏心眼、对我不好、蛮不讲理，如此云云。对于这种情况，作为子女应该怎么办呢？清朝的李毓秀已经在《弟子规》中给出了答案："亲爱我，孝何难；亲恶我，孝方贤。"就是说，父母疼爱我，做到孝有什么困难呢？父母讨厌我，我仍尽孝，才为贤德。

客观地说，只要子女不孝，那么所有的问题，都可以归咎于父母的问题。归根到底是父母对你的教育方式不对，但你要知道的是，即便他们的方式不对，但初衷肯定是为了你好，只不过很多时候对你过于溺爱。溺爱虽然是不对的，但你能说父母对你过度的爱有错吗？因此你现在越是不孝，你就越应该孝。父母对你过多的爱，自然应该得到你更多的孝。

总而言之，不管是谁的问题，你不孝就是不对的。**任何原因都不应该成为你不孝顺父母的借口，请记住是"任何"**。我们看武侠小说中，一个最重要的恩情就是"救命之恩"，无论跟你父母关系紧张的原因是什么，你都要明确的一点是父母给了你生命，就好比如果哪个朋友救过你一命，你也许会一辈子都感激他，一个外人对你的付出如果能达到父母为你付出的百分之一，对你来说就是过命的交情。对我们每个人而言，父母应该是自己内心最柔软的地方。如果父母不再是你心中最柔软的地方，那么你就应该反思你的心是不是出了问题，是不是缺了点什么。

只有你认识到这一点，你才会主动改善和父母的关系。作为子女而言，要知道在父母面前低头、让步，不仅不丢人，反而更能体现出你的修养和大度。那么我们在生活中一旦与父母发生摩擦，或者如果目前你与父母关系不好应该怎么处理呢？具体来讲应该做到以下几点：

想一想。认真想想父母为你的付出，如果你能真正知道了父母对你的付出，真正理解父母的初衷，你对父母的敌对情绪就会迎刃而解。或者换位思考一下父母的做法，你就会发现也不是那么不可理喻，细一想也有几分道理。

讲一讲。跟父母敞开心扉沟通，消除误会。子女跟父母没有什么磨不开的面子，你是他们看着光屁股长大的，所以心里有什么话就直接跟父母说。自己做错了，就主动向父母认错，无论你做了多么对不起父母的事，只要你说一句：爸、妈，我错了，对不起。父母就是有再多的怨气都会烟消云散。

让一让。如果仅仅从事理上讲，父母做的某件事情确实不对，但只要不关乎道德和法律，都应该让让父母。人非圣贤，孰能无过？即便是圣贤也都会犯错，更何况我们平凡的父母？作为子女要学会宽容，更何况父母即便有过错，也是好心办错事的居多。

放一放。不要一直纠缠于过去和父母生活中不愉快的经历。忘掉过去，着眼未来。兄弟都能相逢一笑泯恩仇，父母和子女之间连笑都不用，因为父母对于子女有的只是"恩"，没有事情值得成为"仇"。

孝之戒

戒之一：不能对父母用心机

天下所有的父母对自己的子女可以说都是毫无保留、毫不设防的，但是有些子女可能是平时跟外人耍小聪明耍惯了，跟自己的父母也爱耍小聪明，这是万万使不得的。作为子女多花心思考虑怎么孝顺父母是必需的，但是算计父母、欺骗父母、糊弄父母则有悖于良知，对父母"耍心眼"别说做了什么，就是想想都惭愧。

我们不管对外人是虚是实，对父母就要踏踏实实、老老实实，别那么多花花肠子。因为一旦让父母知道，就会让他们寒了心。《弟子规》中说"物虽小，勿私藏，苟私藏，亲心伤"，讲的是公物虽小，也不要私自占为己有；如果私藏公物，缺失品德，就会让父母伤心。其实如果你藏的是私物，父母会更伤心，但是现实生活中很多子女对父母的心机还不仅限于藏私物，还存在以下几种情况：

1. 欺骗。比如，本来给父母50块钱买的东西，说花100块买的；父母想去看病，自己明明有时间，却说单位加班；等等。

2. 隐瞒。有什么好事，比如团购了一顿日本料理、朋友给了几张电影票，自己和爱人孩子独自享受，不告诉父母。有的人可能会说，如果不瞒着父母，让父母知道我们自己享受不伤心吗，瞒着他们，至少父母不知道就不会不高兴。那你干吗不带你父母去？每次都带父母也没必要，毕竟你有自己的生活，但至少有好事应该首先考虑先让父母享受。

3. 计较。心里打自己的小算盘，跟父母算账。为父母做什么、不做什么、怎么去做都在心里盘算，唯恐付出得多了，或者想靠仅有的付出换得父母的好感，并且惦记父母的财产。

4. 设计。利用父母对你的信任，或者根据父母的行为习惯、脾气秉性，给父母布局，诱导父母甚至蛊惑父母去做一些损人利你的事。利用父母，不让父母知道，父母上钩，暗自窃喜，一旦得逞，洋洋得意。

对于以上罗列的种种心机，如果你的初衷是好的，是善意的，是为了父母着想，那么不仅可以原谅，甚至还要鼓励。就拿"欺骗"来说，给父母花100块钱买的东西，说50块钱；明明自己忙得要死，但父母要去看病，却装作自己不忙；等等，反而是我们应该提倡的。但如果对父母用心机的目的不纯，一旦让父母发现，会让父母很受伤。即便父母没有发现，如果你有良心也会受到谴责。孝顺父母必须用心思，但不能用心机。心思和心机，一褒一贬，全在你的一念之间。奉劝你要多存善念，对父母尤其如此。

戒之二：不要嫌弃父母

说到子女嫌弃父母，程度有深有浅，各不相同，有的心中厌恶，嘴上不说；有的各种挑剔，满腹抱怨；有的视父母为粪土，避之唯恐不及。虽然嫌弃父母的情况各不相同，但无外乎以下几种：

1. 嫌父母脏。嫌弃父母平时不注重卫生，不爱洗澡，洗碗筷洗不干净，等等。关于讲卫生这个问题，我有个切身体会，这个体会来自我一个朋友。我这个朋友特别爱干净，是处女座，别人是有洁癖，他追求的却是无菌。我每次去他家里，他家总是收拾得整整齐齐，特别整洁，因此每次去他家我都小心翼翼，生怕不注意把哪里弄脏了让他不愿意。我妻子还让我向他学习。后来我再去他家时，他家里乱得不像样子，完全是天壤之别。为什么变化会这么大呢？很简单，就是因为他有了孩子。他苦笑着对我们说，见笑了啊，有孩子了，也没心情收拾卫生了，你前脚刚打扫完，他在后面就给你弄得乱七八糟。我当时就想，这还只是有一个孩子，还有的父母有几个孩子的呢。这还只是因为有孩子，还没有像父母那样下地干活呢。所以当父母的住处确

第六章 | 孝之劝戒

实需要打扫时,你应该默默地把碗筷洗干净,有时间帮他们把卫生打扫一下,告诉他们注重平时卫生,尤其是吃饭不卫生对身体不好,而不是一味地嫌弃和抱怨。看过一篇也是讲类似情况的文章,一个男人在城市工作,回农村老家后,母亲给他熬粥,等盛粥的时候他发现粥里面居然有只老鼠,他当时感到恶心得不行。但是当他把老鼠拿出来让母亲看时,他才发现母亲的眼睛已经看不见了,完全是摸着黑给他做的饭。等他发现母亲望眼欲穿地盼他都盼到失明的时候,他的眼睛湿润了,本来想要呕吐的他觉得没有那么不能接受了,一边含着泪,一边将碗里的粥喝完。

其实对于我们父母而言,他们也想给你弄得更干净、更卫生一点,他们每次招待你的,在他们看来已经够卫生了,这还是他们怕你嫌弃努力收拾过的。为什么父母不太注意卫生呢?一是他们多年疲于生计,没有太多心思收拾。就像有个父亲对孩子说的"我双手抱着砖,就无法抱你。我双手放下砖,就无法养你",他们的时间和精力光放在养家糊口上了,没有那么多时间和精力打扫卫生,时间一长就养成了习惯;二是父母老了、累了,身体不硬朗了,没有力气收拾。

也有一些人虽然没有嫌弃父母脏嫌弃到厌恶的程度,但是总是觉得父母不讲卫生,心里面反感,所以去看父母时,父母让跟他们一起吃饭就说自己吃过了,弄得父母很失落。在此我建议子女们一定要吃父母亲手做的饭,你不需要在父母面前把自己标榜得多有档次、多有品位,在外人面前装可以,在父母面前没有任何必要。你就是吃他们做的饭长大的,所以去父母家就留着肚子,赶饭点去,最好提前给父母打电话,让他们给你做(要让父母做简单的,不能折腾父母。我每次去看我父母,就提前打电话让我母亲给我做西红柿打卤面,味道超好),父母看着你大口大口地吃他们做的饭菜就会很开心。

做子女的不仅平时不能嫌弃父母不讲卫生,父母万一生病以后,卧床不起,大小便失禁,弄脏了床褥时,更不能对父母有丝毫的嫌弃和厌恶。说到这儿,我还得向我妹妹学习。2012年9月份我母亲在家摘柿子时不小心摔伤了腰,在床上足足躺了三个月。这三个月都是我妹妹给我母亲接屎接尿,有时我母亲排大便排不出来,我妹妹就直接用手给母亲抠。我母亲感觉不好意思,甚至为了不拉大便,不敢吃太多东西。我妹妹对我母亲说,这有什么,我小时候你不也是给我接屎接尿吗?我母亲听后非常感动,也让我很受触动。我为有这样的妹妹感到自豪,因为不是每个90后的女孩都能做到这一点。对于我们子女而言,如果父母一旦病了,真的要可怜可怜他们,因为这时他们是最脆弱,也是最可怜的。

如果你觉得厌恶,就应该想想陈毅的故事,人家开国元勋都能给自己的母亲洗尿过的裤子,你真就高贵到了沾不得粗活、干不了家务的地步了吗?我们充其量也就是穿了点名牌、吃了几次西餐、去了几次外国,你即便有很多耀眼的头衔,不同的角色,要记住在父母面前你不是这"长"那"长",也不是这"总"那"总",你就是他们的儿子、女儿。所以不管你手上戴的是多少克拉的钻戒,也不管你手上抹的是多么名贵的手霜,挽起袖子为父母干点活才是一个子女最应该做的。一个人真正的高贵,在于懂得谦卑,而最崇高的谦卑就是对父母的谦卑。

在杂志上看到一个故事,一个农村男人和一个城市女人结婚,生了小孩后,男方父母从农村千里迢迢到城里来看孙子,女方却嫌男方父母脏,竟然不让男方父母抱孩子。我觉得这是对男人最大的羞辱。如果你遇到这样的情况,你的第一反应不应该是和你媳妇一起嫌你父母脏。脏怎么了,你是从石头缝里蹦出来的吗,你不就是他们这么养活大的吗?你即便去做个胃镜能把你父母喂你的东西都吐出来吗?你的第一反应应该是护着他们,因为他们再怎么样也是生你养你的父母!哪怕你接下来再告诉你的父母注意点卫生对他们的身体也有好处。我无意挑拨矛盾,但我觉得这样更符合人性。如果你跟你媳妇一起嫌弃你的父母,我相信不仅你媳妇和她的家人瞧不起你,就连你自己都会鄙视自己。切记,当你嫌你父母脏的时候,你的心已经脏了。

2. 嫌父母穷。嫌弃父母是农民或者是一般工薪阶层,给你买不了名牌、没能力给你买房、没钱给你买车、没关系给你铺路,尤其在当下这个"拼爹"的社会,大多数人都是跟比自己强的人比,没有几个跟要饭的比,因为人外有人,爹外有爹,"拼爹"的失败,更容易导致子女对"爹妈"的反感。最后变成了对父母的抱怨,甚至会说,养不起我,你干吗生我啊。第一章里冲父母怒吼"没有一百万!你们生我出来干吗"的小伙就是典型代表。

我上大学的时候在学校做过一个名字叫"以父母的名义感恩"的讲座，在讲座中我做了一个测试，你现在可以跟着我想象一下：现在先不管你父母是什么经济条件，先把你父母想象成农村的老头、老太太。假设你现在上学，学校要开家长会，全校师生都站在道路的两边迎接父母。别人的父母都是披金戴银，开着奔驰、宝马，挎着爱马仕，而你的父母穿的是粗布衣服和自己纳的布鞋，这时让你去接父母，你会尴尬吗？会觉得丢人吗？你不用回答，我问的是你的心。如果你觉得尴尬、觉得害羞、觉得丢人，这是为什么呢？说到底就是嫌父母没钱。可是他们的钱都到哪去了？答案不在天边，也不在你眼前，而是在你身上。你从牙牙学语，到现在长大成人，只要你还未工作，基本上都是在家靠父母，在外靠父母打钱。在上班之前，我们的吃穿住行用的都是父母的血汗钱。他们现在没钱是因为你花光了他们的积蓄。一个人从出生到上完大学，少说也得四五十万，如果你不上学，父母这些钱自然就能存下来，如果拿这些钱创业说不定也能当个老板，即便存在银行里，还有利息。但是父母们往往都会选择他们认为最值得的投资，就是供孩子上学。可以说孩子在象牙塔里悠闲地过了多少年，他的父母也就奋斗了多少年。**孩子的风花雪月，是以父母的面朝黄土背朝天为代价的。**但有些父母不会想到，投资是有风险的。有的孩子不是想自己父母含辛茹苦地把自己养大，以后一定要报答父母，而是在自己买不起名牌的时候嫌弃和抱怨父母，虽然父母没有多少钱，但是他们仅有的钱，绝大多数都用在了我们身上。父母虽然没有让你住上别墅、开上跑车，但他们也没让你流浪街头；虽然他们没让你穿上上万块的名牌，但他们也没让你冻着；虽然他们没让你成为富二代、官二代，但是他们也没缺了你的零花钱；虽然他们不能天天带你下饭馆吃大餐，但是他们也没让你饿着；我们不能因为他们一生没能当上官又没有多少钱而看不起他们，更不能嫌弃他们。他们虽然平凡，但却给了你最真实的爱，请你不要残忍地伤害他们。

3. 嫌父母没品位。没品位一般是穷的副产品，从央视播的《老农民》可以看出，我们的父辈终其一生都是在为吃饱饭奋斗，没有闲钱打扮自己。即便改革开放后，生活水平提高了，贫穷问题得到了解决，但是品位也不是一下就能提高的。有句话说，培养一个贵族要三代人，如果说财富积累的过程

孝亦有道
FILIAL PIETY IS YOUDAO

是缓慢的，品位提高的过程就更缓慢。审美和品位不是一下就能提高的，父母常年不爱打扮，就导致了不会打扮，年龄大了更觉得不用打扮，甚至给她们买件颜色鲜艳的衣服都不敢穿出门。因为常年没有心思放在梳妆打扮上，相对新潮的子女看了就会嫌父母穿的衣服太土，有孝心的也会买几件好衣服给父母打扮打扮，可是父母要么舍不得穿，要么穿不出好来。所以很多子女干脆就不买好的了，反正再好的衣服给父母穿也是浪费。尤其是有些人有点钱之后，就开始嫌弃父母整天逛不完的菜市场，穿不完的地摊货。有这样认知的子女你要想想，父母是怎么把你抚养成人的，如果他们不精打细算、节衣缩食，能把你养活大供你上学吗？父母多年的勤俭已经形成了习惯，况且他们不想给你太多的拖累，不想成为你的负担。他们觉得自己不能像以前那样能够帮你做些什么，他们能做的只能是尽可能少拖累你。他们心疼自己的孩子挣钱不容易，认为少让你为他们花点钱，就是在帮你了。作为子女要正确理解父母的良苦用心，在这个世界上也只有这两个人能够无私地为你考虑。如果你嫌弃父母，就先低头看看自己穿的什么衣服、穿的什么鞋，也许你一双鞋顶父母好几双鞋，你买一件衣服的钱就要买父母一身衣服。我们农村有句老话：谁有钱都会赶集。如果你有足够的钱，像马云、王健林那样，你的父母至于这样吗？如果你嫌自己父母没品位，也就说明你没能力。

4. 嫌父母没文化。有的父母因为自己吃了没文化的亏，觉得再苦不能苦孩子，再穷不能穷教育，于是省吃俭用甚至砸锅卖铁供你上学，就盼着你学成归来，等你出息。也许你是出息了，但是你也更瞧不起他们了。甚至你连出息都没出息，就开始瞧不起他们了。觉得他们不知道相对论，不懂得辩证法，不认识明星，不了解名牌，不会说外语，甚至都没吃过麦当劳、肯德基，跟他们没有共同话题，你说的他们听不懂，理解不了，但你要知道让你学习、让你长见识的就是这两个让你嫌弃的老人。所以当生活中遇到父母因为没文化闹出一些笑话时，你要耐心地跟他们讲，而不要嗤之以鼻地嘲讽，因为这有失身份，不仅有失"子女"的身份，更有失"人"的身份。一个有资格嘲笑别人的人通常不会嘲笑人，因为这样的人也有修养。如果你觉得父母可笑，只能说明你还不具备嘲笑别人的资格。

在这里我不想再赘述一个人嫌弃自己的父母有多么不应该，也不想说为什么不能嫌弃父母，只是和你分享自己曾经看过的一段话，当你嫌弃你的父母时，请你认真读读下面这段话。

我的孩子：

哪天，如果你看到我日渐老去，反应慢慢迟钝，身体也渐渐不行时，请你耐着性子试着了解我，理解我……

当我吃得脏兮兮，甚至已不会穿衣服时，请你不要嘲笑我，耐心一点。记得我曾经花了多少时间去教你这些事吗？如何好好地吃、好好地穿、如何面对你的生命中的第一次。

当我一再重复说着同样的事情时，请你不要打断我，你可知道你小时候，我必须一遍又一遍地读着同样的故事、唱着同样的歌，你才能静静地睡着。

当你与我交谈时，忽然不知道该说什么了，给我一些时间想想，如果我还是无能为力，不要紧张，对我而言重要的不是说话，而是能跟你在一起。

当我不想洗澡时，请你不要羞辱我，也不要责骂我。记得小时候我曾经编出多少理由只为了哄你洗澡吗？

当我外出找不到家的时候，请你不要生气，也不要把我一个人扔在外边，请慢慢带我回家，记得小时候我曾经多少次因为你迷路而焦急地找你吗？

当我神志不清，不小心砸碎饭碗的时候，请你不要责骂我，记得小时候你曾经多少次把饭菜扔到地上吗？

当我的腿不听使唤时，请你扶我一把，就像我当初扶着你踏出人生的第一步。

当哪天我告诉你我不想再活下去了，请你不要生气，总有一天你会了解，你会了解我已风烛残年、来日可数。有一天你会发现，即使我有许多过错，我总是尽我所能给你最好的。

当我靠近你时，请你不要觉得感伤、生气或埋怨，请你紧挨着我，如同当初我帮着你展开人生一样了解我、帮我、扶我一把，用爱和耐心帮我走完人生，我将用微笑和我始终不变的爱回报你。我爱你，我的孩子！

我想如果你耐心地把这段话读完，你应该不会再嫌弃他们。如果觉得上面的内容有点多，那就记住一句话就行：儿不嫌母丑，狗不嫌家贫。

更何况我们是人，对吧？

戒之三：不要让自己成为"杀害"父母的凶手

如果我对你说，你如果不孝，那么你就是在亲手杀害你的父母，你会怎么看呢？这是我危言耸听吗？仅以气父母为例（不孝不仅是气父母），《黄帝内经》讲得很清楚："怒伤肝，喜伤心，悲伤肺，忧思伤脾，惊恐伤肾，百病皆生于气。"所以说更多的时候人不是老死的，不是病死的，而是气死的。

有人说"气死人不偿命"，我们暂且抛开"气死人让不让偿命"不说，先分析一下光靠"气"到底能不能气死人呢？生理心理学研究表明，人在发怒时，心跳加快，高达80~200次/分；血压上升，收缩压从正常的130毫米汞柱到230毫米汞柱以上；呼吸每分钟可达40~50次。人在恐惧时或突然震惊时，呼吸加强而短促，甚至会出现中断；心跳加速，每分钟增加20次；血压也会随之增加。人在焦虑、忧郁时，会抑制胃肠蠕动和消化液的分泌。对老年人来说，抑郁、烦恼、发怒等消极情绪往往是引起或激发某些疾病的心理因素。例如，由于过分抑郁或恐惧，会导致心肌梗死、脑出血等疾病。临床实践证明，许多癌症患者在发病前大多曾有过持续的消极情绪，或遭受过重大的情绪挫折。生物学实验表明，消极情绪因素可以使人的大脑活动功能降低，引起免疫力的降低，使有机体抗癌力量下降。在具备其他内因与外因时，癌症便得以形成。这么看来，气死人并不是危言耸听，只不过有些是量变，有些是质变。无论是在电视剧中，还是在现实生活中，都不乏这样的镜头，子女做了什么错事，父母一下被气晕过去。很多时候父母虽然没有被儿女一下气晕过去，但并不代表他们没有受到伤害，这种伤害更多的是"凌迟处死"，钝刀拉肉，一点点折磨父母。很多人都没有意识到，自己在顶撞父母的同时，也就不经意间就充当了杀害父母的刽子手。你每伤父母一次，他们的情绪就降低一度，寿命就会减少一点，照这么说，你不是在杀害父母是在干什么？并且你的顶撞能同时伤害他们两个人，可以达到"一石二鸟""一箭双雕"的功效,一句话就可以把父母都气得不行。

前面所说的只是气父母的危害,而不孝比单次的"气"对父母的危害更大(气父母也属于不孝,但不完全对等)。假设你气父母一次,对父母的伤害以及让父母心情的低落仅仅是一个时间点,但如果父母从你多次的顶撞、嫌弃、抱怨中感觉到你不孝了,那么父母不开心就是一个时间段,起点就是他们已经确定你不孝,终点就是他们去世。从他们确定你不孝开始,一直到他们去世之前是不可能开心的,不可能有积极的情绪,他们的心情会一直低落,整天都会愁眉苦脸、唉声叹气。长期消极和不愉快的情绪,就会严重危害父母的健康,这种危害绝对不是无关痛痒的,而是长期的,有的甚至是致命的。因此有专家认为,人的疾病70%来自家庭,人们的癌症50%来自家庭的各种负面情绪。

心理学研究与生活实践都已表明,子女对父母是否孝顺,直接影响到父母的情绪,而父母的情绪与他们肌体的健康有着极其重要的关系,积极的情绪有利于身体健康,而消极的情绪则会对身体带来不良影响。父母心情好,对身体非常有益,可以让父母延年益寿;父母心情差,对身体十分有害,会让父母减年损寿。并且子女孝顺父母,他们心情就会好,不孝,父母心情就差。所以为人子女始终要切记:**你孝顺,就是在救父母的命,不孝,就是在杀害自己的父母。**

因此让父母最长寿的秘诀,就是让他们始终保持身心的愉悦。父母心情好,得病就少。得病少,身体就壮。身体壮,寿命就长。**如果你想要父母"寿命长",就从让他们"心情好"开始。**

戒之四:不能"愚"孝,也不能孝"愚"

前面说过,对于孝道要取其精华,弃其糟粕。在传统的"孝"中最主要的糟粕,就是愚孝。在孔子的孝道体系中,子女与父母之间,是依靠道德来维系的,而非只是单向的顺从。子女的孝顺,是以长辈的有德为前提的,无德则不能顺从,并提出了"谏诤"的概念。曾子曾经问孔子:唯父之命是从,就是孝吗?孔子说:这是什么话!从前天子有谏诤之臣七人,虽然无道，也没有失去天下。父亲有了谏诤之子，就不会陷自身于不义。所以，只要有不义之事，就应该谏诤。唯父之命是从，又怎能说是孝呢？可见，孔子也并不赞成愚忠、愚孝。愚孝作为孝的封建糟粕，因为其愚昧、偏激的专制文化，为身在封建社会的孔子所不耻，更应该为现代的我们所摒弃。

在2014年国家大力推行传统文化以来，我在学校、火车站、飞机场等公共场所越来越多地看到国学的宣传画，关于孝道的以《二十四孝》居多，其实这是不正确的，因为《二十四孝》中许多故事是需要批判的。如"老莱娱亲"，说一个应该扶一支拐杖的老头子，却拿着小孩子的"摇咕咚"，躺在父亲跟前作婴儿啼，取悦父母；"郭巨埋儿"，说一个玩着"摇咕咚"的小孩子，父亲却要把他活埋掉，以免分掉老祖母的食物；"王郎卧冰"，说王祥为了让父母喝上鱼汤，大冬天脱掉棉袄趴在冰上融化冰面引出鲤鱼……鲁迅早就批它是"以不情为伦纪，诬蔑了古人，教坏了后人"（他老人家批评得比较到位，我除了赞同，没有什么可补充的）。自鲁迅始，《二十四孝》已经成为腐朽孝文化的代表作，但是却仍然为不明就里的人们推崇。这也是我们应该避免的。

圣贤的教诲让我们懂得，孝虽然是中华民族的传统道德，但如果孝顺父母无边界，往往就变成"父母叫儿死，儿不得不死"的文化。作为子女应该孝，但不能愚孝。为了避免愚孝，我们就要弄清什么是愚孝，愚孝包含哪些内容。具体来说，愚孝应该包含两层含义，一层是指愚蠢地孝顺父母；另一层是指孝顺父母的愚蠢。即"愚"孝和孝"愚"。我们在尽孝过程中，要做到既不能"愚"孝，也不能孝"愚"。

不能"愚"孝——就是指不能用愚蠢的、不正当的方式尽孝。具体来讲，以下几种尽孝方式应该杜绝：

1. 为孝而"盗"。有次《老王说新闻》讲了一个"孝子"盗车筹钱为母治病的新闻。说的是一个20岁刚刚出头的小伙子，为了给生病的母亲筹集治病的钱，竟然走上了偷窃的道路。这个年轻的小伙子姓尤，是个农村孩子，初中毕业就开始打工，在南京打工时，因为年轻不懂事，在两个老乡的煽动下，共同盗窃了价值数千元的电动自行车，最后被判刑一年。出狱后，得知母亲在老家得了重病须住院治疗，他思母心切，就想弄点钱给母亲治病。可是自己连回家的路费都没有，更没有钱给母亲做治疗费。于是在一天晚上，他游荡到了某小区里，突然看见一辆电动自行车停在路边，不禁又萌生了盗车的念头。见四下无人，他就走到了电动自行车旁边，三下两下就将车子的锁撬开，之后骑上车逃离现场。刚刚出小区100多米，就见迎面来了两名巡逻民警，心虚不已的他立即将车子扔掉，然后拔腿转身就往小区里跑。民警见此人形迹可疑，于是在后面紧追，最终将其抓获。

　　受理本案的一位检察官说，按照刑法的有关规定，尤某的行为属于累犯。尤某已经失足过一次了，照理说，他应该有前车之鉴，重新做人才是。可是他没有吸取教训，继续干偷窃的营生，他的一生就毁在了20岁这个风华正茂的年龄段上，叫人觉得甚为可惜。尤其让人唏嘘不已的是，他的第二次犯罪竟然是为尽孝道。他的行为看似为孝，实则不孝，是对家庭、对社会不负责任的表现。这位检察官还告诫时下一些年轻人，失足千万不能失志，在哪里跌倒就应该在哪里爬起来，如果以犯罪的方式，去尽所谓的孝道，不仅亵渎了孝的崇高和美好，还将要受到法律的制裁，这是每个爱子的母亲所不愿意看到的。

　　2. 为孝而"抢"。2014年4月15日，平阳昆阳女子余某在家人的陪同下向警方报案。原来，当天凌晨零时许，她路过昆阳镇某宾馆时被两名年轻的持刀男子捂住嘴，强行拉至附近小巷后抢劫。其中一男子还威胁她："敢声张，就捅死你。"最后余某的手提包及包内的1800元现金、手机等财物都被抢走了。警方接警后，经过近一个月的调查，后来在一酒吧门口将其中威胁余某的男子石某抓获。面对审讯，石某对自己的违法行为供认不讳。原来，年仅17周岁的甘肃陇南人石某，其父亲生意亏损20余万元后一蹶不振，常日酗酒并殴打母亲。为了帮助父亲，他高中毕业后放弃学业，随母亲来温州务工，原本打算找份工作替父偿还债务，没想到却因年纪小，屡屡遭拒。在一次同乡会上，石某与好友李某闲聊时抱怨了几句后，李某就提议两人合伙抢劫捞钱。这个以不正当手段来尽孝心的年轻人，最终因触犯法律而被捕。

　　3. 为孝而"淫"。在前段时间全国各地组织的扫黄打非活动中，抓获的从事卖淫的"小姐"里，有相当一部分人员，是为了想要挣钱改善家里的条件，为父母创造更好的生活。尤其是父亲或母亲患病后，承担不起给父母治病的费用时，为了给父母治病，打工又没有技术，所以只有靠自己的身体赚钱，于是就走上了卖淫的道路，用肉体换取给父母治病的医药费，典当了自己的青春，着实可怜可叹。诚然，对于绝大多数家庭而言，一旦父母得了大病、重病都是毁灭性的，但是应该寻求正当途径，例如慈善组织、政府部门的帮助，而不应该采用这种违法行为，即便靠卖身换来的钱治好了父母的病，也会让父母的余生在悔恨中度过，即便真是到了无能为力的境地，也一定要用正当的方法。比如2012年3月，商丘师范学院生命科学专业07级学生祝艾静，因为父亲患白血病进行干细胞移植亟待治疗。家中积蓄已经用完，仍需二三十万元的费用，无力筹措。在这种情况下，她做出一个决定，"如果哪个企业或慈善家能支付父亲治疗的费用，她愿意无偿为对方工作10年"，这个决定被当地媒体报道后，3月27日，商丘市委宣传部官方微博发了一则"父患重病无钱医治，准硕士生欲'典身'救父"的消息，引起众多网友的转发和评论，随后艾静受到了很多热心人的资助。

4. 为孝而"贪"。2010年4月海口市商务局原局长王永当上局长不到一年，却贪污受贿117万余元。他被查处后说，贪污是需要钱去孝敬父母、资助兄长小孩上学。王永能有今天，全靠父母养育，靠兄长资助，其报恩之情似可理解，但用贪污腐败的行为去行孝，是一种错误的孝，甚至根本不能被称之为孝。身为一个官员，百姓是他的衣食父母，此父母可谓"大父母"。一个官员在接受相应的工资时，理应为百姓积极办事，而不该变本加厉地贪污其血汗钱。如此损"大父母"而孝敬"小父母"，本身就是一种极其狭隘的孝。按照《孝经》的说法，孝始于侍奉父母，之后要为广大百姓做事，最终要建功立业，为国家做贡献，这样的孝，才是完美的。从这个角度来看，王永的"孝"，有损百姓和国家利益，实为不孝。

总之，上述哪一种尽孝方式都不是父母愿意看到的，没有人的父母愿意自己的子女用类似这样的方式来孝顺自己。如果为了"孝敬父母"而违法乱纪、出卖肉体、贪污腐败，恰恰是极大的不孝。一旦你的父母知道了你的所作所为，你沉重的孝会让他们无法承受。你畸形的孝，会给父母带来不可挽回的伤害，让父母为此蒙羞，在亲戚朋友面前一辈子都抬不起头。

不能孝"愚"——是指不能不管父母对不对，对父母都无原则、无底线地一顺百顺，不能"孝"父母不正确的要求和行为。由于对孝道片面的理解，有的子女任随父母性格孤僻，最后被一家人厌烦；有的随便父母作为，最后为乡里邻居憎恨；有的袒护父母的奸私，结果开罪于天地良心。顺从了父母的欲望，却忘记了要保护他们的身心健康，反而让父母为恶，助长了双亲不义之气焰，这显然背离了孝的本意。因此作为子女我们应该明白一个道理，无论我们心目中的父母是多么的正确，他们都也不可避免地会有自己认知上的误区，我们看历史上那么多的圣人、贤人、伟人不管多么英明，都犯过错误（无一例外），更何况我们的父母都是凡人。所以我们的父母犯错误是很正常的，关键是父母存在问题时，我们做子女的应该怎样处理和面对。为人子女要在以下几种情形下避免愚孝：

1. 触犯法律的。比如父母参与法轮功、全能神等邪教组织，或者干涉子女婚姻自由，哪怕是去世后让子女把他们"土葬"的要求，也不能不加分辨地言听计从，更不必说父母让自己的子女去坑蒙拐骗偷抢贪。我们的父母虽然不至于主观上违法乱纪，但避免不了被愚弄蛊惑。比如目前社会上的各种邪教，主要发展对象首先就是老人，遇到这种情况，作为子女应该懂得，正确的做法是，让父母自首，争取宽大处理。

2. 违反道德的。比如近年来"扶不扶"的问题成了一个社会难题，过去讲"在哪里跌倒，就在哪里爬起"，现在却变成了"在哪里跌倒，就在哪里讹人"。从南京彭宇案开始，倒地老人"讹诈"扶助者的事件，成了我们社会的一道道德伤疤。最惨的还有湖南鱼贩王培军和广东河源的吴先生，他们都因扶助倒地老人却被讹诈几十万，最终自杀。更有甚者，南京一个老太太自己倒地后，本能地抓住从身边骑自行车走过的行人，拽倒了别人不说，还讹上了别人，最终视频监控还原了真相。针对以上种种行为，最流行的解释是："不是老人变坏了，就是坏人变老了。"老人变坏了是指人老了以后开始倚老卖老，把别人对老人的尊敬当作耍赖撒泼的资本；坏人变老了是指有些老人年轻时就混蛋，老了亦然。类似的讹人事件，不管有没有证人，作为子女的肯定会知道真实的情况，老人不可能不告知子女，甚至有的老人还会出于为子女考虑的角度，通过讹人给子女赚钱，向子女讨好。作为子女而言，如果对父母这种行为听之任之，有悖于道德良知，不是好来的钱也必定不会好花。或许通过讹人换来一些物质上的东西,但是这种愧疚会折磨你一辈子。如果每个家庭的子女都把自己的老人教育好了,也就不会再出现这样的情况。

很多媒体都抨击见老人倒地不扶的路人的冷漠,我不知道如果有一天抨击这种现象的人,遇到一个跌倒在路上的老人,自己好心好意把老人扶起来之后反而被讹诈几十万,在下一次看到老人摔倒时还会不会扶。如果你能扶、敢扶,你才有资格做道德的审判者,否则就是站着说话不腰疼。我觉得我们首先要谴责的不是见老人倒地不扶的路人,而是讹诈路人的倒地老人。对于我们而言,见老人倒地当然要扶起,为了避免被讹,可以找路人作证,可以拍照为证,但这只是治标之举,每个子女把自己老人教育好,不让自己的老人讹别人才是治本之策。除此之外,扰民的广场舞、堵路的暴走族等不文明现象给人们带来很多的困扰,如果你家老人也跳广场舞,也暴走,那么就要教育父母遵守社会公德,不能一味地听之任之。

3. 危及安全的。主要是指父母在日常生活中不安全的行为。比如"中国式过马路"的主要人群就是老人,很多老人过马路时不注意看红绿灯。我有一次坐出租车,一个老头闯红灯,司机破口大骂:老不死的。这时我一般都不敢附和,因为我父母过马路时就不注意。因为这事,我跟我父母说过很多次,每次带他们过马路时都要讲一遍。客观地说,老人闯红灯这种行为有倚老卖老的成分,很多老人之所以敢闯红灯,就是觉得谁也不敢撞他们。可是他们不知道的是,不是所有情况下,司机都能刹得住车。所以当我们的父母做一些危及自身安全的事情时,作为子女就不能听他们的话,不能顺从他们,而要及时地制止,不管他们开不开心。因为父母的安全,比他们的心情更重要。

4. 影响健康的。父母在多年的生活中,或多或少会养成一些不良的生活习惯,比如父亲一般会有抽烟、喝酒的习惯,母亲通常是剩饭剩菜和过期食品不舍得扔等。对于父母的不良习惯,子女同样不能听之任之,要积极引导父母改正。在规劝父母的过程中最好要讲策略,不要硬碰硬,免得本来是为了父母健康着想,反而给他们气出个好歹。让父母戒掉不良习惯,比较有效的方法就是趁给父母体检或者看病的时候提前跟医生沟通一下,让医生把你要说的话严肃地告诉他们,并且尽量往严重里说,这样往往会奏效。

除了让父母戒掉不良习惯之外，为了父母的健康，还要注意不要让父母吃各种假药。现在很多商家盯上老年人生病之后找特效神药的心理，有些电视养生节目拐弯抹角向观众推销各种所谓经国际资质认证的神药、奇药，专门蒙骗老人。这种现象相信很多人都屡见不鲜，作为子女不要怪老人上当，就是咱们年轻人看了也容易受骗，因为这样的宣传片一般都拍得很有说服力，都是专家、主持人、患者三位一体组团对老人进行忽悠。最后忽悠得老人就信电视上说的，不信子女说的。子女不让买，就认为是子女舍不得花钱。如果你的父母也被这种节目洗了脑，你可以给他们讲一个简单的道理，那就是用不正确的方式卖的药，就一定不是好药。

说到这种卖假药的，骗人的方式的确很高明。现在电视上不直接卖药，先是由某个所谓的专家，讲各种养生知识，等你拨打热线咨询的时候才推荐你买药。还有一种方式就是，直接面对面向老人推销。有一次我在农村老家陪母亲去邻村赶集，集市上有卖膏药的，宣称包治各种疑难杂症，居然还让免费试用，感觉有效了再来买。我母亲腰疼，我就试领了一贴，拿回家之后给母亲贴上后效果确实非常好，可以说是立竿见影。我就纳闷为什么这么好的药，怎么连国药准字批号都没有，后来问过当医生的朋友才知道，这种药之所以有效果，是因为不良商贩在药里面添加了对人体伤害非常大的有毒成分。表面上是感觉有好转，其实只是麻痹了神经，对身体极为不利。如果不知道这些，就很容易被"疗效好"的表象所蒙蔽。我们要对父母进行正确的引导和管理。应该说管理父母是有一定的难度的，比较有效的方法就是你要让父母知道，只要他们能够保证自己身体健康，就是在为你赚钱，就是在帮你，如果他们不注意自己的身体，以后得了什么病，到头来还是要你来买单。从这个角度讲，让父母意识到自己虽然帮不上你什么忙，但不能给你添乱。当然，你的本意不能是为了省钱，但只要是能够让他们听得进去，能够让他们听话，用些技巧也无可厚非。

如果父母存在上述问题，做子女的要对父母摆事实、讲道理，不能一味地吹胡子瞪眼。**孝顺是原则，但方法要调整**。最好是平稳着陆，让父母从容面对，坦然接受，努力适应。并且还要有打持久战心理准备，勤检查，勤监督。

说了这么多，其实检验你有没有愚孝、有没有孝愚的方法，就是看你对父母的所作所为，是否对父母的身心健康有利。如果有利，就是正确的，就要勇敢去做，去坚持。如果有害，就要避免，就要坚决改正。

戒之五：不能让"婚姻"成为"孝顺"的坟墓

有句话说婚姻是爱情的坟墓，这句话讲得有没有道理暂且不说，对于很多家庭而言，婚姻成了孝顺的坟墓却是不争的事实。最突出的表现就是前面说过的男人娶了媳妇忘了娘的现象。我从小在农村就发现了这个奇怪的现象，很多男人在结婚之前特别仁义、特别孝顺，但结了婚却变了样，完全判若两人。仿佛婚姻和孝顺、爱情和亲情是不可兼得的鱼和熊掌，让许多人为此伤神耗力，焦头烂额，却又无计可施。应该说亲情与爱情并不是非此即彼、水火不容的，是完全可以平衡和兼顾的，但如果处理不当，无论抛弃了哪一方都不是圆满的。现实生活中很多年轻夫妻由于不知感恩、不懂宽容、不会沟通，因为父母的赡养问题衍生出很多的不愉快、隔阂和矛盾，使得本应该幸福美满的婚姻中充斥着争吵和埋怨，影响了爱情，甚至于埋葬了婚姻。

对于年轻的夫妻而言，如果想要有一个完美的婚姻，想要自己的爱情和亲情不会变成无法兼得的鱼和熊掌，双方只需要搞懂弄通几个问题，婚姻幸福就没有问题。首先声明，在下面要说的这几个问题中，我可能说女人的问题多一点。为了避免广大女性朋友误会，我先声明两点，一是说女人的问题不代表我不尊重女人，而是因为在生活中确确实实因为女人导致生活不幸福的原因更多，因为女人对一个家庭而言太重要了，可以说一个女人决定了上一代人的幸福、这一代人的快乐和下一代人的未来。二是我认为一个男人必须要对自己的女人好，这句话我是发自肺腑的，不是为了取悦自己的妻子才这么说。人家把一生都托付给你，作为男人对自己的女人多好都是应该的（当然仅仅是对自己的女人）。并且我要告诫广大男同胞们的是：把妻子当公主，你就是王子；把妻子当皇后，你就是皇帝；把妻子当保姆，你就是保安；把妻子当丫鬟，你就是太监。之所以强调这两点只是想说，我下面都是客观公允地评价，而非情绪化的说教。

问题一：你为了什么结婚？

结婚无非就是想要一个稳定的家庭、一个温暖的港湾、一个可以依靠的怀抱。每个人结婚都是因为对婚姻充满了憧憬，对幸福充满了渴望。没有人结婚是想要找个人吵架，但为什么很多人对幸福的憧憬会落空？为什么恋爱时的甜言蜜语，婚礼上的起誓发愿，一遭遇现实就变得不堪一击呢？应该说婚后夫妻双方吵架的原因是多方面的，但绝对会有因为父母而爆发的战争。为了父母怎么会吵架呢？下面是一个生活中的实例：

背景：结婚第一年新媳妇过年给公婆拜年，儿媳以为公公婆婆至少能给她1000元红包，结果给是给了，却只给了500元。为这，回去就和丈夫吵了起来。

妻子说："你看别人的婆婆，新媳妇上门最少也得给1000块钱红包，你看你爸妈才给我500块钱，还不够打发小孩的，也好意思拿出手。"于是就因为这500块钱，两口子能吵一周，冷战一个月，然后记一辈子。无论时间过了多久，一想起来就是气。还有比较有"素质"的，嘴上虽然不说，但是心里压了无名火，一有机会就对丈夫发泄出来。

夫妻俩为了这点钱，要么歇斯底里地争吵，要么明里暗里地斗智斗勇，不仅伤身体，更伤感情。可是你跳出来仔细想一想，究竟有多大事，到底值不值？

如果你细分析一下，有时夫妻俩争来争去，争的无非是一些物件上的轻重、语言上的深浅，为了这些无关紧要的东西闹得心神不宁、疲惫不堪，值得吗？如果你也和你的爱人有过争执，你可以想一想你们所争执的东西，如果折合成钱会有多少呢？我想只要不是倾家荡产的钱，吵来吵去有什么意义。你可以认真计算一下，一年下来在给对方父母买便宜东西和买贵的东西，以及买东西和不买东西之间，总共能差出多少钱？或许在你坚持下，能不买的，没买。能买便宜的，买了便宜的。表面上你似乎省下了一部分钱，其实你失去的会更多。

不说别的，单算经济账，你失去的也一定比省下的多。现在很多家庭普遍存在一种现象，就是男人藏私房钱。分析男人藏私房钱的动机，绝大多数都是用来偷着给父母的。为什么会偷着给呢？很简单，就是因为妻子不愿意给。为什么不愿意给呢？也很简单，就是目光短浅。也许是因为女人一般数学都学得不太好，所以很多做妻子的算不清这笔账，你不给老公也会暗地里给，所以你何不主动给，既让公婆开心，也让丈夫开心。你要把他父母的事都料理好了，考虑得比老公还周全，给的比老公给的还多，老公就不会挖空心思考虑怎么藏私房钱，就会把所有的钱都交给你保管，反正他父母有你料理就够了。其实父母拿儿子瞒着儿媳给自己的钱时的心情是复杂的，既会因为儿子不忘本而感动，也会因为儿媳不通人情而失落。

孝顺对方的父母，是爱对方的最高方式，也是最有效的形式。 我妻子的姨姥和姨姥爷两个人结婚三十多年，非常幸福，亲戚们一度把他们当作学习的榜样。一次我和妻子去姨姥家串门，我们向两位老人请教怎样才能幸福时，姨姥给我们讲了两件事：第一件事是姨姥和姨姥爷刚结婚后，看公公婆婆家里连台电视都没有（他们当时自己也没有），姨姥就攒了几个月工资给公公婆婆买了一台大彩电，在黑白电视还没有普及的年代，姨姥的举动让公公婆婆热泪盈眶。另一件事是一次姨姥爷的弟弟要学一门技术，需要一百多块钱的学费，这在当时可是一笔不小的数目。姨姥知道后，瞒着姨姥爷把学费给小叔子邮了过去。不知情的姨姥爷辗转反侧了好几天才硬着头皮跟姨姥商量给弟弟学费的事，当姨姥拿出汇款单告诉姨姥爷早已经把钱寄给了弟弟时，姨姥爷内心感动不已。从这两件事来看，貌似姨姥付出了很多，但是她得到的更多。姨姥当时付出的钱，放到现在也就是几千块钱，可换来的却是公公婆婆一辈子的赞誉，是老公一辈子的忠诚和兄弟姐妹们一辈子的钦佩。可能两位老人之所以幸福的原因还有很多，但是我想这两件事情已经足够回答我们的疑问。

如果你用心观察你身边的亲戚朋友，就会发现只要是孝顺父母的家庭，没有不幸福的。所有婆媳关系和睦的家庭，双方一定是智慧的，你对对方父母好，对自己有千利无一害：

1. 自己身心舒畅。
2. 讨得公婆欢心。
3. 收获丈夫的忠心。
4. 赢得亲朋好感。

5. 丈夫会加倍对岳父岳母好。
6. 孩子也会孝顺自己。

……

这只是随便一想就能想得到的好处。正如《劝报亲恩篇》里有句话叫：爹娘面前能尽孝，一孝就是好儿男；公婆身上能尽孝，又落孝来又落贤。作为儿子，孝敬父母就是好儿男，作为儿媳，孝敬公公婆婆，能落个既孝敬又贤惠的名声。

夫妻之间的吵架，很多还源于一个问题——婆媳不和。这可以说是让大多数家庭都感到头疼的问题。为此，有些家庭夫妻不和、鸡飞狗跳，甚至妻离子散、家破人亡。这不是我信口雌黄，而是有大把的新闻做佐证。就比如因为炖鱼放不放姜的问题，婆婆和儿媳闹得不愉快，丈夫居然能把妻子给活活掐死。可想而知，这个家庭问题是多么突出。既然这个问题如此突出，是不是要解决这个问题像解决哥德巴赫猜想那么难呢？其实解决这个问题特别简单，只需要女方心胸再宽广一点，眼光再长远一些（这么说，真的不是对女人有偏见，而是因为在现实生活中女方确实问题很多）。

有时我就想，为什么很多女明星嫁入豪门之后，会想方设法讨公公婆婆欢心呢？想来想去，无非就一个原因——公公婆婆有钱。如李嘉欣兜转20年，一直为嫁入豪门而努力。到2009年终于成为名正言顺的许晋亨太太，不过，据说许家给李嘉欣立下了八条家规，包括"不得衣着暴露、不得给娘家家用"等，而李嘉欣为嫁入豪门必须一一答应。反过来想，你之所以和公婆有矛盾，之所以敢对公婆表达不满，是不是因为公公婆婆没钱呢？如果他们要有上千万、上亿的资产你会怎么对他们呢？我希望你认真思考这个问题，问问你的内心，你对公婆的态度会有什么不同。如果你的态度会有所转变，甚至截然相反，那你是否会质疑自己的人品。

对和婆婆关系不够融洽的人来说，当婆婆有什么事做得不对时，你当然可以率性地表现你的情绪和不满，但你越是这样，你的男人就越是为难，即便是他母亲不对，难道你让他不管他母亲吗？你要他跟你一起批评他母亲吗？如果你以后和你的儿媳有了矛盾，你希望你的儿子这样做吗？

客观地说，之所以婆媳矛盾这么普遍，绝不仅仅是儿媳的原因，但作为妻子你要知道心疼自己的男人，你不依不饶，只是在为难自己的男人。你为难他，其实就是为难自己。你伤害他，就是伤害自己。这个道理应该不算深奥，只要你能认识这些字，应该就能明白，可是却有太多的人没有意识到。可能每个女人在自己老公喝酒的时候，还知道让他少喝点，怕他伤身体，但是吵架的时候，就顾不上了。一旦吵起来，往往什么解气说什么，什么让对方难受说什么。而没有意识到，自己的言语给对方造成的伤害要远远大于酒精。因为孝敬老人，尤其是婆媳关系吵架，老公受的夹板气，你可能说老公受气是他活该，但你要清楚，只要你没有再嫁的打算，他就是你，你就是他。难道他身体坏了你就开心吗？如果他生病了、住院了，甚至去世了，你是受益者，还是受害者呢？你要清醒地认识到你的爱人不是你的敌人，而是与你生死与共、荣辱与共的战友。你们真正是一条绳上的蚂蚱，一荣俱荣，一损俱损。

对于女人而言，如果你想要幸福，就必须和婆婆搞好关系。如果你容不下丈夫的母亲，你们的矛盾，你们的每一场战争，都会让你的丈夫减寿。反过来，他如果像你一样天天和你母亲不和、吵闹，你该怎么办？压抑无奈而又夹在板中的你，肯定一样也会减寿。所以说对丈夫好的最好的方式就是对他的父母好。

你也可能会说，那他的父母有做得不对的地方，难道我还不能说吗？说说自然没错，因为你也需要倾诉，但是即便是对方的父母做得再怎么不对，你爱对方就不要难为他，不论他口头承不承认，心里一定知道谁对谁错。如果你跟他斤斤计较、不依不饶，就会让他对你反感。每个女人都应该切记一点，包容丈夫的父母是对他最大的包容。我是男人，我深切地理解这种感受，我之所以提醒你这一点，是因为你老公不一定会对你说。

如果你爱你的丈夫，你要做到即便他父母对你做的哪一件事让你不舒服、不痛快的时候，主动跟他说"没事，你别往心里去，我理解老人"，或者"我不跟老人计较"之类的话，我想他会特别感激你，并且会在合适的时候回报你。毕竟你也不能保证你的父母、兄妹和亲戚做的每一件事都正确、都无可挑剔，所以给自己留条后路是很有必要的。如果你的公公婆婆有一点问题你就抓住不放（那就说明你不够爱他或者不会爱他），等你的家人有问题时，他也一样会小题大做，这很正常，他不小题大做，反而不正常，谁叫你当时不理解他呢？

如果你因为公公婆婆做的不合你心意的事数落你老公，这时你老公最大的可能就是拒不承认。无论事实是多么的确凿清楚，即便是就像1+1=2这么简单的道理，他就是不承认，气得你牙都痒痒，恨不得吃了他的心都有。二是进行反击。他会说"你父母做得就全对啊？上回你妈怎么怎么样"，基本上就会是这样一种节奏。因为两个人在吵架的时候，是不会夸对方和对方父母的。

但如果你像刚才假设的那样不是数落老公，而是跟你老公说："老公你别上火，我理解老人，我不往心里去。"这时你觉得他还会跟你吵架吗？还能吵得起来吗？如果你这么说，他还能说出"你父母（兄弟姐妹）做得就全对吗"之类的话吗？如果是那样的话，他得多混蛋。如果是那样，你也够愚蠢，找个这么混蛋的老公。就像有句话所说，结婚后你流的泪水，都是结婚前脑子进的水。这时他最有可能、也最应该说的是："老婆你别往心里去，我父母做得确实不对，你别跟他们一般计较，以后我补偿你。"你也许会说，他要像你说的那样，我们就不至于吵架了，我以前就是这么说的，可是他还不承认，这时你就要认真仔细地想一想，你挑的理是不是站得住脚。你是有理有据，还是胡搅蛮缠。

上面两种假设、两种选择，虽然只是一件事，但是就能决定了你的生活。我们每个人都应该意识到娶一个人，或者嫁给一个人，不是为了争吵，而是为了幸福。这期间如果你能更宽容对方一点，或者说更先宽容对方一步，生活就会截然不同。你要始终记得，并且反复提醒自己，你跟对方结婚**是为了彼此相爱，不是为了彼此伤害。**

我相信如果在上面这两种选择中，你选择后者，你肯定会幸福，不信你就试试。所以当有人抱怨婚姻变成了爱情的坟墓时，不知可否认真审视过自己的智商和胸怀。如果你有足够的智慧去处理生活中的问题，有足够的胸怀去包容对方和对方的父母，你想要不幸福都很难。由父母推广到兄弟姐妹，由尽孝推广到生活中任何一件事情，都是这个道理。

经常听到一句话说：家不是讲理的地方。我个人认为这句话不完全正确。夫妻之间有的道理可以不讲，但涉及父母的道理最好要讲清楚。其他的事情女人都可以撒娇耍混，男人也都要不顾是非、不管黑白地让着女人，但唯独对父母尽孝这件事，只要是意见出现分歧，夫妻双方就要就事论事、实事求是、心平气和地讲清道理。当然最后不管谁有理没理，都要包容对方。就比如我和妻子对涉及父母的问题有争执的时候，先把道理说清楚，我可以不计较，但是你要知道对错。小到一个家庭，大到一个国家，应该有一个基本的行为准则。如果两个人都蛮不讲理，那么婚姻生活就会乌烟瘴气。如果犯错的不必愧疚，那我还"对"干吗？因为耍混蛋总要比讲道理容易。

在夫妻俩讲道理的过程中，还需要注意一点，**谁是对的并不重要，什么是对的才重要**。讲道理不能是为了压制对方，自己说上句，而是为了让彼此知道应该怎么做、不应该做什么。

作为已婚的人，应该意识到，自从婚礼上主持人宣布新婚二人结婚之后，不能仅仅是多了一份责任、多了一份负担，更不能是多了一层限制，多了一个掣肘，而应该是多了一份力量，多了一种温暖，多了一种关爱。**如果你爱他，就请爱他的父母**。

我有一次跟我妻子说，我说人生中最重要的就两件事，一是想办法活得长，二是想办法活得好。我妻子说这其实是一回事，活得好，才能活得长（水平确实在我之上）。而我们的生活的好坏其实是我们自己选择的，像前面提到的老人的情绪跟健康有非常重要的关系，我们年轻人也一样，情绪也决定着身心的健康。如果因为生活中赡养老人的事两个人纠缠不放，互相争辩、吵架，既耗费心血，又伤害感情。你既然选择了对方，既然爱对方，就要包容对方，包容对方最重要的一项内容就是要包容他的父母。很多事情对方父母做得不一定尽善尽美，很多事不能做到无可挑剔，但是你没有必要拿对方父母的不是来责难对方。如果夫妻双方在这方面斗智斗勇，那就失去了生活的意义，也就淡了爱的味道，冷了彼此的心。

问题二：救媳妇，还是救妈？

我和你妈掉水里了，你先救谁？

不知道是谁最早吃饱了撑的没事干，发明了这个问题，让同样已经解决了温饱都准备奔小康的女人们对自己男人千百次地问,并把"先救谁"作为试验男人对自己感情是真是假、是深是浅的试金石。

在女人的心中,如果丈夫真的爱自己的话,那么自己和婆婆同时掉进水里的时候,丈夫就应该奋不顾身地先救自己,反之的话,这个男人就是不值得托付终身的好男人。其实,有这样想法的女人是愚蠢而自私的。试问,一个男人如果连自己的母亲都不爱的话,你又凭什么来断定他会对你钟爱一生呢?一个男人娶了媳妇就忘了娘的话,这样薄情寡义的男人,你又如何断言他会对你至死不渝?你觉得一个含辛茹苦养了他几十年的母亲都可以不救,反而来救你的男人,你在感动的同时,是不是也要思考,这样的男人有没有良心,有没有责任感,是不是值得托付?可能有的女人会说,我为自己的男人也付出了很多,还为了他忍受怀胎之苦,生了孩子,他救我是应该的。有这样想法的女人要明白的是,你为他付出的再多,也只是他母亲为他付出的九牛一毛,甚至是九十牛一毛。你为他生孩子是为他付出不假,但是更多的是为你孩子的付出。你没有生你的丈夫,你生的是你的孩子。生你丈夫,并忍受和你一样分娩之痛的是他的母亲,所以不要把你对孩子的付出全都加在丈夫身上。

对于这个问题,我觉得应该进行两次换位思考:一是如果让你救自己的母亲和丈夫,你会救谁?二是如果你的孩子长大结婚以后,你希望你的儿子先救谁?或者说如果孩子抛下你不管,去救自己的妻子,你会是什么滋味?如果你能很客观地思考这两个问题,我想你会理解丈夫的选择。所以当你的男人选择救他母亲,你在失落的同时,更应该觉得安全,因为你为他的付出,他也会像对待同样为他付出的母亲一样记在心里,并且在合适的时候回报你。

作为女人,你不能光想让老公只管自己和自己的家人,少管甚至不管他自己的家人。如果你能够成功,那么你也可能迟早会被这个男人抛弃。作为男人,对自己妻子别的事情都可以迁就,可以哄,但是针对这件事必须要旗帜鲜明。如果哪一天你离婚了,你妻子还会再嫁人,你父母却永远是你父母。媳妇可能是暂时的,但是父母却是永远的。可能很多有"良知"的男人会说自己的媳妇为自己付出了很多,我不能对不起她,这种想法固然十分正确,但是你父母没为你付出吗？你媳妇为你付出的再多，有你父母为你付出的多吗？当然，这种在媳妇面前能够挺胸做人的前提是你的婚姻不是苟且的。

我们知道在封建社会主张男尊女卑，夫为妻纲，这种观念当然是不正确的，男女应该平等，所以要提高妇女地位。而有些人矫枉必须过正，于是就开始流行一种现象叫"怕媳妇"。有的人为自己开脱说那不是怕，那叫尊重。这话说得固然没错，就怕你的尊重没有了底线，没有了自尊，没有了原则，最后拿这句话来为自己的懦弱开脱。

我认为作为男人除了在孝顺父母的问题上，其他方面怕媳妇都无关痛痒。如果你怕媳妇不开心，为了顺媳妇的心，就不孝顺自己父母了，而你虽然顺了她的心意，但她反而会更瞧不起你。这个道理很简单，但是弄不明白的人却大有人在。就好比你有一个朋友，别人说你什么，他都偷偷地告诉你，你固然很喜欢他这样，但是你从内心是不是对这样的人品很鄙夷，并且也要想一想，自己在他面前说的话，他是不是也会告诉别人。在我们邻村，我姨家有个邻居，夫妻俩因为赡养老人问题经常吵架，儿媳妇对待婆婆非常恶劣，婆婆瘫痪在床，丈夫在外打工时，儿媳妇连饭都不给婆婆吃饱。儿子知道后坚决跟媳妇离了婚，乡亲们不仅没笑话他，还争着给他介绍对象，现在又跟一个女大学生结了婚。这个女大学生就是从心里敬佩这个人的为人，现在夫妻俩过得非常幸福，一时成了我们当地的美谈。

我们说一个人有情有义，最基本的是要对自己父母有情有义，然后才谈得上对别人有情有义。或许你也会有些错觉，认为有的人虽然跟父母关系不好，但是看他对朋友还是挺够意思的。我认为那只是没到时候。

对于先救谁这个问题，我妻子是不会问我的，因为她知道我的答案。但是她并没有因为知道我的答案而失落，反而更坚定了对我的付出。因为她知道，我对父母生死相依，同样也会对她不离不弃。

问题三：丈母娘好，还是妈好？

一次和几个朋友吃饭，一个朋友看另一个朋友戴了一块名表，就问谁给他买的，这么舍得花钱。这哥们一脸幸福地说是丈母娘买的（现在想来，应该是戴名表的哥们虚荣心作祟，故意把袖子挽起来夹菜，才会被发现）。于是话题就自然而然提到了丈母娘。说到丈母娘的好，酒桌上所有的男同志都一致赞同，都觉得自己的丈母娘对自己特别好，并且都在极短时间内组织语言把丈母娘对自己的好一一列数出来，描述过程中都是一脸幸福的模样。

本来我还觉得自己丈母娘是最好的，对我视如己出，关怀备至，疼爱有加，可是没想到广大男同胞们都有这样的感触。综合分析他们对丈母娘的溢美之词，丈母娘对姑爷的好主要有三个方面：一是舍得买好东西给姑爷。二是从来不批评姑爷。三是连自己姑爷的袜子都能给洗。相比之下，亲妈做得就"差"多了，整个大反差（仅第三条还算合格），不仅经常批评自己，还舍不得花太多钱给自己买衣物。拿我丈母娘和亲妈比较来说，我亲妈从小到大给我买最贵的东西在我印象中也没有超过500块钱的，但是我岳母给我买的最便宜的东西没有低于500块钱的。

仅从这两点来看，丈母娘做的表面上看是比亲妈做得好，但是账不应该这么算。一是丈母娘虽然给你买的东西比亲妈买的贵，但是买的样数少，即便再怎么贵，也抵不过母亲给你零打碎敲花的钱。二是亲妈说的都是忠言，所以基本上都是让你听了会烦的话，而丈母娘即便有忠言一般也不会当面对你说，她只会跟你妻子说你。

如果不从情感上分析，只从经济上看，为什么女方家长有钱给姑爷买东西呢？为什么男方父母花钱这么节省呢？难道所有养女孩的家庭都比养男孩的家庭富裕吗？这显然是不一定的。虽然男方父母跟女方父母在孩子培养上投入的财力是差不多的，但是在孩子的婚姻上男方父母投入的一般要比女方多得多（当然也有例外，比如我）。从孩子出生一看是男孩，父母就给自己套上夹板了，于是之后的生活的短期目标是供孩子上学，远期目标就是给他买套房（农村的就想着给儿子买块宅基地盖个房），所以钱都用来集中力量办大事攒着给孩子买房、凑彩礼了，舍不得花钱来追求所谓的品质生活。相比之下，女方父母只需要准备嫁妆，并且嫁妆一般还都是用男方给的彩礼买的，所以即便婚前男女两家的经济条件相当，在婚后女方父母手头肯定要比男方父母宽裕，由于社会上婚前女方向男方索要的礼金数额巨大，导致男方家庭经济生活困难的现象突出，就造成了女方父母比男方父母更慷慨的物质基础。

丈母娘对姑爷好是肯定的，但要比较丈母娘和妈哪个对你最好，就要具体问题具体分析了。首先我们分析一下丈母娘为什么对你好。应该说丈母娘和老丈人对你的付出是有条件的，第一个条件就是你对他们的女儿好。两位老人在女儿出嫁之前尚可做些姿态，而一旦女儿嫁给别人，生米煮成熟饭熬成粥之后，丈母娘和老丈人就变成了弱势群体。他们为了女婿能爱护他们的女儿，因此对女婿百般关爱。第二个条件是希望你以后能对他们好。当然这些条件不会当面跟你提出来，但这确实是丈母娘和老丈人之所以对你好的内在驱动力。俗话说，养儿防老。要是养了女儿，自然就把养老的期盼放在了女婿身上。于是丈母娘和老丈人千方百计地对姑爷好，也是希望姑爷也能对自己好。相比来看，虽然说父母养儿也是为防老，但不会想拿现在对你的好和等他们老的时候你对他们好来交换（所以有的父母对孩子恨铁不成钢时，想打就打，说骂就骂，从来不会给自己留后路）。

如果你觉得我说得不对，你可以做个假设，假设你现在跟妻子离婚了，你想想丈母娘还会不会对你一如既往的好？我想未必吧，或许她都会跟她的女儿一起咒骂你。而你的父母无论世事怎么变迁，对你的态度都是一成不变的。如果你和妻子离婚后，你前妻再婚，你前丈母娘会对你前妻的老公一样好，至少比对你要好，因为他们在对你好的两条原因的基础上又加了一条，就是她们不想让自己的女儿再离婚。到头来，你会发现你的丈母娘爱的只是一个角色，谁是她的女婿，她就会对谁好。当然如果你在你媳妇的教育下，已经深爱你的丈母娘，非要跟我抬杠说，照你这么说，我母亲爱儿子爱的也无非是"儿子"这个角色，谁是她的儿子她就会爱谁。确实是这样，但是你要知道，"女婿"这个角色是可以变更的，"儿子"这个角色却无从更改，不是吗？

所以我们得出的结论就是：亲妈一定比丈母娘对儿子好。这个答案会让很多丈母娘不高兴（也包括我的），但这就是事实。这就像公婆无论对儿媳有多好，都不会比她母亲对她好一样，丈母娘对女婿再好也超越不了他的母亲。

原先我丈母娘看我在生活中处理有些事情需要在她和我母亲中抉择时，我选择母亲后，她很失落，她也因此对我妻子说："唉，还是亲妈啊。"我丈母娘甚至对我妻子说，我对我的父母太好了，真希望我能自私一点。其实我如果真的做到她所希望的，才是真正的自私。

我姐姐家的小孩很胖很可爱，我们家里人都特别喜欢他。家里人想方设法给他好东西，可是无论我们给他买多少礼物，给他多少压岁钱，你问他谁最好时，他都说是他妈。家里人就说这小孩真没良心，你怎么对他，他想的都是他妈。我说你们错了，他凡事都能想到我姐姐才说明他有良心。一个人有没有良心是不能简单用这些事情来判断的，最根本最直接的判断就是他有没有把自己父母放在心里。尤其是在很多貌似关心、关爱的环境里，他仍然能够分辨出谁是根本、谁是最重要的。我们给他的也许就是买点他爱吃的零食、买些好看的衣服、买些好玩的玩具，仅此而已。相比于他的母亲（我的姐姐）而言，我们的付出又算得了什么。小孩尚且能够在纷繁复杂的情感当中，分辨出最主要、最真挚的感情，而我们成年人在生活中却被各种各样的情感所迷惑而分不清主次，并且这种混淆发生在男人身上的较多。

从小我就看村里的土坯墙上用白灰写的"生男生女都一样"的标语，现在看来，这些宣传标语都是骗人的，生男孩跟生女孩怎么可能一样？现在明明是女儿比儿子强。生女孩的比生男孩强在哪里呢？一方面是因为女儿多比儿子对父母好。以前说女儿是妈妈的贴心小棉袄，现在应该改成了羽绒服了。仅从我身边的人来看，多是女儿对父母知冷知热，儿子在对父母尽孝道上远不如女儿。另一方面是因为女婿多比儿媳对对方父母好。不知道是不是因为当前男女比例严重失调的原因，对于很多男人来说能娶个媳妇可能是太不容易了。所以很多男人娶媳妇之后对媳妇百依百顺、言听计从。媳妇当然凡事都是把自己父母排在前面，也要求丈夫把自己父母排在前面，同时还希望自己的丈夫对公婆应付了事。所以社会上，养女儿的往往都比养儿子的过得幸福。这种事多了，就是普遍现象，现象普遍了，就会对人们的价值观念产生影响。不过这种现象着实帮了国家一大忙，帮了国家什么忙呢？就是改变了当前人们生男生女的观念。现在人们对于生男生女越来越不太在意了，托关系到医院做B超的也少了，生男孩照样还喜，但是生女孩却不悲了。在几千年的封建社会中形成的根深蒂固的重男轻女、传宗接代的思想居然一两代人的时间就彻底改变了。人们观念改变最根本的原因就是因为现在有闺女的要比有儿子的享福。闺女嫁出去之后，女婿对岳父岳母比儿子对父母还好。

有个说法是：生个儿子就像建设银行，父母最起码要给儿子准备一套房，给儿子操办婚礼，结婚之后很多儿子就知道孝顺自己的丈母娘和老丈人；生个女儿，就像是招商银行，再丑再差也有人低三下四地追求，结婚时要彩礼，结婚后隔三岔五拎着大包小包去看。所以生儿子已经不是、至少不是绝大多数人的第一志愿，或许骨子里还有传宗接代思想的人，生了女儿之后还会有一丝的失落，但是这种失落很快就会被女孩的好所平衡。于是有人总结说，生儿子能高兴两天，出生那天，结婚那天，剩下天天不高兴；生女儿有两天不高兴，出生那天，结婚那天，剩下天天高兴。

应该说男方对女方的父母好，是应该的，人家把养这么多年的掌上明珠托付给你，你不仅要承担起照顾他们女儿的责任，还要尽到赡养丈母娘和老丈人的义务。对于已婚的男人来说，我想提醒你的是，你在热了丈母娘和老丈人心的同时，不要冷了自己父母的心。我要奉劝做妻子的是，你期望老公对你父母好无可厚非，但你不能光想老公对你父母好，而不对自己父母好，并且你也不能光想让自己老公对自己父母好，而你不对公公婆婆好，那就有点太自私了。

说这些，我真的不是在挑拨你和丈母娘的关系，女婿把丈母娘和老丈人当亲的一样当然最好，我只是在提醒你，丈母娘虽好，但不要忘本。因为有太多的人只知道对丈母娘和老丈人好，而冷落了亲爸亲妈。这甚至成了一种普遍的社会现象。我们在生活中会经常听说谁家儿媳跟婆婆关系如何紧张，却没怎么听说女婿和丈母娘老丈人如何难处的。我就很纳闷，已婚的人数是一定的，为什么儿媳与婆婆的关系，和女婿与丈母娘的关系不成正比呢？按说我对你妈怎么样，你就应该对我妈怎么样，为什么会有这么大的区别呢？

说了这么多，肯定很多人会认为是我跟丈母娘的关系处得不好，对丈母娘有偏见所以这么写。首先说我丈母娘对我算得上是视如己出，有什么好吃的，自己舍不得吃都给我。既然丈母娘对我这么好，我还这么写是不是我忘恩负义呢？虽然我不敢说我对丈母娘是最好的，但我平时去丈母娘家时，能给她老人家洗脚。即便丈母娘和我的感情非常好，但在心里我仍然会把自己父母排在第一位。

比如有一次我丈母娘去三亚旅游时，在免税店给我买了一双卡洛驰牌的休闲鞋，我穿上后感觉特别舒服，我甚至从来没有穿过这样舒服的鞋，我在嘴上感谢丈母娘的同时，心里就在想，等有机会一定得给我爸妈一人买一双，让他们也感受一下。

也许丈母娘知道我的想法后会失落，因为她自己都没舍得买，只给我买了一双，可这是我的本能。如果非要让我在丈母娘和自己母亲之间排个顺序，我肯定要把母亲排在第一位，因为如果让我妻子在婆婆和亲妈之间选择，她也会选自己的亲妈。那为什么要我在丈母娘和亲妈之间还要选丈母娘呢？她的妈她觉得最好，还让我觉得最好。那我妈怎么办，我妈就不用管吗？我就不是妈生的吗？同样的问题你也要问问自己。

之所以提出"丈母娘和亲妈谁最好"这个问题，只是希望你心里要有杆秤。因为你认为谁最好，就会影响到你对她们好的程度和顺序，但我的最终目的并不是让你非要比出个高低，也不是说你对亲妈一定要比对丈母娘好，对两个妈一样好、无差别地好才是尽孝的最高境界。在这里着重强调应该对亲妈好，是因为很多人对亲妈做得不够好。很多男人对自己丈母娘和老丈人非常用心讨好，而对自己父母则不在乎，总是认为自己的亲爸亲妈不跟我计较，扁了圆了都行，时间长了就习惯了，习惯了就成自然了。导致最后凡是妻子的亲戚都高看一眼，好像女方的亲戚都高人一等似的。

一般来说，夫妻双方对双方父母有四个层次：第一层次，对双方的父母一样好，没有区别；第二层次，对自己亲生父母最好，对对方父母次之；第三层次，对对方父母好，对自己父母次之；第四层次，对双方父母都不好。能够做到第一层次的人，少之又少。处在第二层次的多为女人，第三层次多是男人，第四层次不是人的居多。不知道你在哪一层次，我希望你能在第一层次，至少也要在第二层次。如果在第三、四层次，就真的需要反省了。

我只希望作为男人的你，能像亚里士多德说"我爱我师，但我更爱真理"那样，勇敢地说一句：**我爱丈母娘，但是我更爱亲妈。**

问题四：回谁家过年？

随着夫妻双方都是独生子女的情况越来越多，春节时夫妻和孩子"回谁家过年"已经不再是个别家庭的问题，而成了一个普遍的社会问题。应该说

孝亦有道
FILIAL PIETY IS YOUDAO

夫妻双方都争着回自己父母的家里过年，说明他们都对父母有孝顺之心，不忍心让空巢父母孤独过年，这是好事。如果夫妻两人都对各自的父母不管不问，那才是一个更大的问题。但父母有两方，夫妻却只有一对，夫妻双方谁都希望过年的时候回自己家，跟自己父母一起过年，但两个人又无法分身，因此到底该陪哪方的父母过年，就成了一个考验夫妻双方能否正确处理家庭关系、维持婚姻和谐的问题。随着年味越来越浓，人们回家的愿望也越来越强烈，"过年回谁家"正成为摆在越来越多年轻夫妻面前的一道难题。但说到底，过年图的就是一个亲人团聚、欢乐祥和，如果因为"过年回谁家"闹得不愉快，甚至离婚，那实在是春节不能承受之重。

看过江苏电视台一个名字叫作《节后突击离婚，过年回家成诱因》的新闻让我至今印象深刻。讲的是2012年2月2日过了春节上班后，苏州市范围内离婚人数呈现上升趋势。这是为什么呢？记者从民政局了解到，仅节后上班3天，苏州市就有122对夫妻协议离婚，平均每天是40对出头，从腊月二十九到正月初九，苏州市12家基层法院共受理离婚诉讼案件超过30起，也都是女方主动提出离婚，其中80后的年轻人因为回娘家还是回婆家过年而闹矛盾要离婚的至少占了五分之一。

应该说"回谁家过年"不应是道难题，但是这道题还是有一些人没有做好。有记者曾抽样调查100对在京工作、老家不在一地的夫妻，有28对夫妻曾为了过年回谁家吵架，同时有19对夫妻经过"较量"，干脆把老人接进北京过年。国内民意调查机构零点指标最新调查也显示，在调查的6个城市中，因"除夕去谁家过年"发生过争吵的夫妻达28.4%。如果辩证地看，至少说明这三成因为"过年回谁家"而争吵的人都孝顺自己的父母。可是你孝顺自己的父母也要照顾对方的感受，对方也有父母，他也是妈生爹养的。这是再简单不过的换位思考，你要不和对方结婚，对方也不会要求你回他家过年，一旦结了婚，这就是你应该和对方一起承担的责任。在这一点上必须要讲道理，撒娇、耍横要分时候，如果你和对方因为回谁家过年而争执不下时，就来看看下面几个方案，但愿能给你们提供一些选择。

方案一：分开过。各回各家，各找各妈。这种太生分，不建议使用。但如果双方父母都有特殊情况，都需要照料时偶尔也可使用。但如果每次过年都用这种方法，那估计离离婚也不远了。

方案二：分段过。将孝心"平均分配"，前几天在一方家，后几天到另一方家（这个前提是你要提前把来回车票买好）。这种方法还是比较合适的，虽然双方父母可能会觉得短暂，至少在过年期间双方父母都陪了。至于除夕夜在谁家，也应该换着来。

方案三：一起过。如果具备住房条件，交通也便利，把双方父母接到家里，三家合一家，婆家娘家一起过除夕，是最好的选择。

方案四：轮流过。只能夫妻回其中一方的父母家过年，那么就是今年回我家，明年回你家，轮流过，也有先有后，所以按照惯例结婚第一年应回男方家，后面依次类推。

对于这个问题，还要注意这样几个方面：

1. 在上面四个方案中，一定要与双方老人达成共识，也可以征求双方老人的意见（虽然征求意见，也无非是上面几种方案的一种），至少做做姿态，让老人知道你们尊重他们。

2. 在回谁家过年的选择中，如果一方一味地要求到自己家过年，而且连续两年以上都这么要求的话，那我初步鉴定你选了一个混蛋。

3. 我要奉劝因为过年回家的问题要离婚的人的是，你要确定你找的下一个人过年肯定跟你回家，要不然你会在婚姻上上演帽子戏法。

总而言之，无论是夫妻双方还是双方父母，都应该本着谦让的原则，夫妻双方多些理解，多些宽容，并且要意识到对老人尽孝并不仅限于过年这几天，平时多打电话问候、多回家陪伴，平时做得越好，过年时回家的纠结就会越少。

问题五：生了孩子让谁带？

一对年轻夫妇结婚后，双方父母最迫切的期望就是想让夫妻俩尽快要个孩子。当终于有一天一家人欢天喜地迎接新的生命降临后，一个新的问题也随之接踵而来，那就是谁来带这个孩子。一对夫妻结婚之后喜得贵子，当然是好事，但如果带孩子的问题处理不好，好事也会带来负面的影响。孩子是两个人爱情的结晶，也是两个家庭共同的希望。由于独生子女越来越多，双方老人都把孩子当成自己家族血脉的延续而倍加珍惜，可是孩子只有一个，老人却有两双。虽然带孩子是个辛苦活，双方父母也明知带孩子辛苦，那也愿意带，要不说父母就是受累的命。

应该说带孩子这项任务光荣且艰巨，光荣之处在于，对于年轻夫妇而言，自己的孩子就是千金不换的宝贝，对于这个宝贝，组织上肯定要考虑交给思想作风过硬的同志。因此把孩子交给谁就意味着谁更值得信任。子女能把自己的宝贝托付给自己，受托的老人则倍感光荣。艰巨之处在于，且不说孩子半夜啼哭，随时随地大小便，更不必说孩子感冒发烧、头疼脑热后的担惊受怕，单说这"三年不免于怀"就不是件轻巧的活。再说老人身体不如年轻时强壮，精力也不若年轻时充沛，担此重任不可谓不艰巨。任务虽然艰巨，但这种艰巨更多的是在完成任务过程中感知到的，在开始接受任务之前，更多考虑的是接受任务的光荣。

正是因为知道双方老人的期盼，因此让谁的父母开心是每对年轻夫妇需要考虑的问题。由于女人生完孩子之后，作为头等功臣在家里的地位更是百尺竿头更进一步。因此在孩子让谁带的问题上，大多数家庭都是孩子母亲说了算。既然是孩子母亲说了算，在决策时当然多考虑让自己父母带，自己放心不说，生活中也方便许多，不像和公公婆婆在一起那么拘束。所以女人生了孩子，一般都是让自己母亲在身边帮自己照料。以至于现在对孩子的培养流行一种现象叫：**妈妈生，姥姥养，爷爷奶奶来观赏**。虽然目前孩子培养普遍存在这样的现状，但这并不意味着这种方法就是唯一的选择，更不意味着这是最好的选择。综合各方面的考虑，对于谁带孩子应该有以下几种方案：

方案一：自己带，双方父母都帮把手。

自己带孩子，双方父母帮把手是最好的方式。就好比有句话说：能买得起车，就加得起油。你既然能生，就能养。只不过现在每个人都对养孩子的要求太高，总想着什么都要给孩子最好的，把养孩子当作天大的事情，好像如果你给不了孩子自己心目中的条件，就养不起孩子了。其实养个孩子没有你想象的那么严重和可怕，什么样的家庭就必然有什么样的方法，家里穷一点，可能会对孩子的身体成长不利，反倒对孩子的精神层面有利。有种说法，说农村孩子都是散养的，城市孩子都是圈养的，可是我自认为我们农村散养的，也不比城市圈养的差什么。一个并不富裕甚至贫穷的家庭，对孩子很多优良品德的养成是十分有利的，再说我国都快全面小康了，无论家庭再贫穷，给孩子吃的东西应该还是能够解决的，所以保证孩子正常的营养供应已经不是问题。所以我倒觉得，在保证孩子身体成长所需的营养的前提下，家里穷一点是好事。有时事情就是这样，世界是公平的，就比如当年我们只能吃野菜、穿棉布的衣服、喝白开水的时候，非常羡慕城市人吃肉、穿的确良、喝饮料的生活，甚至把城市人这种生活作为生活的理想和奋斗的目标。可是现在看来，我们当年经历的，就是现在富人们努力追求的，所以说一切都是最好的安排。对于养孩子而言，车到山前必有路，船到桥头自然直，无论你现在的条件怎么样，养活一两个孩子肯定没有问题。

之所以说自己带孩子是第一选项，是因为让老人带孩子弊大于利。利在于：一是老人因为带过孩子，对怎么带孩子肯定要比初为父母的年轻夫妇有经验。二是父母有大块的时间来带孩子。三是父母带孩子会让父母精神愉悦。弊在于：一是老年人隔代亲，容易溺爱孩子，只知道疼爱，不忍心训斥。长此以往，孩子就会被惯坏。就比如有个老人太爱自己的孙子了，整天让孙子喝饮料，最后因为饮料里甜味素太多，导致孩子得了白血病。二是带孩子是个苦差事，睡不好觉，吃不好饭。带孩子虽然对老人精神上有利，但对于老人身体却是严重的透支，虽然抱孙子、孙女的喜悦会让老人强打精神，但毕竟老人精力不足、体力不支，长时间的劳累，必然会影响老人的健康。三是老人所谓的经验都是自己摸索的，没有经过科学的论证，有些经验不见得正确。比如有的老人认为孩子胖是好事，认为孩子越胖就说明营养越充足，老是拿养猪的思维来养孩子，对孩子的健康十分有害。

虽然年轻夫妇都没带过孩子，但现在有各种各样的教材、各种培训班，没带过孩子、不会带孩子已经不是问题，况且教材总结的经验比父母通过自己养孩子总结出的经验往往更科学、更系统，如果自学不够，在孩子出生前后还可以到正规家政公司请个月嫂（请一个月就够），虽然贵一点，但这是最值得的投资，在这一个月时间里就能掌握带孩子的基本方法。

年轻夫妇自己带孩子，让双方父母帮把手，这样既能培养自己跟孩子的感情，还能让双方父母在帮衬的同时感受带孩子的快乐。避免某一方老人因为不让自己带孩子，认为子女不信任自己、嫌弃自己而失落。

方案二：让男方父母带。

按照中国传统来说，如果夫妻双方的老人都有能力抚养孩子，一般由爷爷、奶奶来带。虽然现在已经不讲这个传统了，但并不意味着这个传统不可行。对于孩子母亲需要知道的是：不要觉得孩子让对方父母带不放心，他们毕竟带过一个，也就是你选择的这一个。你既然能够千挑万选最后选择你的爱人，就说明他在你心目中有可取之处，他有可取之处，就说明他父母对他的教育有可取之处。虽然孩子是你生出来的，但你要记住一点，孩子出生了是跟男方姓，是人家的骨肉，不要认为让自己父母带就是父母家的香火。这不是你单纯让自己父母带孩子就能改变的。

方案三：让女方父母带。

为什么说让女方父母带是第三种方案呢？因为带孩子不仅受累不说，也是担责任的事情，带好了行，带不好会落埋怨。我们村就发生过这样的事：我们村有个人家闺女成家有孩子以后，想让自己父母带，男方也同意了。女方父母好不容易把孩子拉扯到上了三年级，有一天孩子放学回家，家里没人，孩子口渴了，看见窗台上有半瓶矿泉水，拧开盖就喝了，谁知道那是他姥爷要给庄稼打的农药，孩子喝完之后没多长时间就口吐白沫，死了。最后这老两口在埋孩子那天，当着众人的面给自己的亲家（男方父母）跪下了，求男方父母原谅，因为按照传统来讲，孩子是人家的血脉。试想，如果带孩子的是男方父母，孩子出事是不需要向女方父母下跪的。所以对于聪明的女人来讲，孩子究竟让谁带应该要考虑清楚。孩子从小到大，要经历多少疾病、磕了碰了，如果万一有个三长两短，你可要考虑清楚。说句残忍的话，孩子即便没了还能再生，但是如果是你的父母带孩子的过程中孩子出了问题，父母会自责到死，甚至会直接因自责而死。这是你愿意看到的吗？

针对最后一种方案，我还要着重补充一点，如果女方决定让自己父母带孩子，那就要明白并且要始终明白一个道理，就是你让自己父母带孩子带来的辛苦就怨不得对方和对方父母，因为对方父母也想受这份罪、挨这份累，是你不信任他们，不给他们机会。既然是你决定的，就不要对对方说我父母带孩子如何辛苦之类的话，因为是你自己的选择。

三个方案，三种选择，如果选择自己带孩子，就要让双方父母帮把手；如果选择让某一方父母带，至少也让另一方父母为孩子做点事情，并且不管老人来不来看孩子，都应该时不时带着孩子去看看老人，让老人共享天伦之乐，这样才能最大限度地平衡老人的失落。

如果能把这五个问题处理好，一方面你生活中不会再因为这五个问题的处理失当而导致争吵；另一方面，能把这五个问题处理好，就说明你和爱人已经具备了处理婚后生活中遇到的各种情况和问题的智慧、能力和胸襟。这时你就会发现，其实孝顺和婚姻不仅不排斥，还互补，两者关系处理好了，你和父母的生活都会变得更加美好。

第七章
孝之思辨

FILIAL PIETY IS YOUDAO

学会用辩证的思维来思考和践行孝道。

内涵思辨

一、孝，最简单，也最困难

孝，说简单也简单，生活中一点一滴的小事都可以体现孝；说困难也困难，因为只有真正用心，才能细致周全地把这些小事做好。而决定尽孝是简单还是困难的原因只有一个——是否用心。**尽孝的原则也就一条：走心。**如果走心，尽孝就特别简单，做什么都会事半功倍，甚至事不办功却倍。但如果不走心，尽孝就特别困难，即便为父母做什么也都是事倍功半。

虽然"走心"这个办法极为简单，但是简单并不意味着容易。因为现在很多人的心太浮躁了，没有几个人能够静下心来思考如何尽孝的问题。在物质文明极大丰富的现在，我们被各种各样的事物所吸引、诱惑，人们没有多少心思放在父母身上，哪怕是一部手机受到我们的眷顾都要比父母多得多。虽然对于尽孝而言，貌似还存在距离的问题、能力的问题、时间的问题，但是只要有心，距离不是障碍，时间可以争取，心意才是关键。**尽孝不是高考，真心就是技巧。**如果自己心里真的有父母，真正想尽孝，这些都不是问题。

真正考验孝心的有一个伦理学难题，我的一个朋友家里也曾经被这个难题所困：他的爷爷患了恶性肿瘤两年多的时间，最后疼得在床上直打滚，他父亲只能把爷爷的手脚都绑在病床上，爷爷疼得实在受不了，哭着喊着让自己安乐死。后来他的父亲哭着给爷爷拔了管，没过几个小时爷爷就去世了。这是很多人会遇到的伦理学难题，这道题难就难在，每一种选择都不是最好的选择，按老人说的做，就可能亲手把他们送向死亡，不听老人的话，又只能眼睁睁地看着他们生不如死。

从这件事来说，他的父亲孝不孝呢？我觉得这就要看他父亲内心是怎么想的。如果他心里想的是看到父亲太受罪了，不忍心父亲再受病痛的折磨，想让他早点解脱，那么他的行为就是孝。但如果他心里想的是让父亲早点死，好省点钱，自己也就没了负担，那么他就是不孝。同样的一件事，如果你怀着不同的想法，不一样的初衷，就会有截然不同的评判。

对于尽孝可以说，你若有心，孝顺何难？你若无心，难于登天。但是要想由"难"变"简单"，又非常的简单。孝与不孝，全凭一颗心。只要你有心，你就对父母会细心；只要你有心，你就会对父母热心；只要你有心，就会对父母有耐心。正如北大出家学生柳智宇所说，孝道最重要的，不是形式，而是能否从内心深处体谅父母的用心。

我这本书讲了这么多的原则、方法，可是在尽孝时具体怎么运用，则需灵活掌握，就像岳飞所言：阵而后战，用兵之常；运用之妙，存乎一心。至于如何尽孝，我只能说用心就好。

二、孝是"基本品德"，也是"最高评价"

前面章节已经讲过，孝是为人最基本的品德，并且没有之一。但这个世界就是这样的矛盾，矛盾在于孝本来是一个最基本的做人准则，但是却又被作为评价一个人人品的最高评价。正如《孝经》中记载，曾子问孔子："敢问圣人之德，无以加于孝乎？"孔子说："天地之性，人为贵。人之行，莫大于孝。"意思已经很直白，无须解释。

为了调查人们对孝顺的态度，2014年3月份我去徐州学习时，正好趁学习的时候同学比较多，就做了个调查问卷，我当时找了55个人参加。调查其中一项内容就是你喜欢别人用下列哪些评语评价你：

【帅、讲究、诚信、正直、善良、有责任感、有才、孝顺】

55个人无一例外地都首先选择了孝顺，细想一下也不难理解，因为孝顺会衍生出很多类似诚信、有责任感之类的感觉。一个人如果孝顺，别的方面肯定也差不了。你也可以想象一下，如果别人说你孝顺，你会是什么感觉。如果你说别人孝顺，你会是什么心情。一般来讲，如果你的朋友评价你很孝顺的话，也就意味着对你人品的认可。说一个人孝，那么这个人的周边似乎可以看到柔和的光辉，即便是陌生人也可放心与其交往，先前已有交情的也会重新认识。无论这个人事业是否成功、官至几品，只要一个人孝，便好像有了身份的象征，就像在封建社会"举孝廉"一样。因为孝道是上至国家领导人，下至平民百姓每一个人都会遇到的问题。你对父母比别人对父母好，**那么你就高别人一等。你对父母做到了极致，你的人品也就做到了极致。**

其实在人际交往中，我们要准确地判断一个人怎么样，有个最直接的方法，就是看他是不是孝顺父母，对朋友、对工作那都是表象，只有从他对父母的态度才能直接判断出他的品行。如果用木桶理论来解释孝道，说得保守点，孝顺就是木桶最短的那块板，每个人的成就总是受制于这一块板；说得客观点，孝顺就是木桶的桶底，没有孝顺就没有一切。一个孝顺的人，别的方面再怎么差也差不到哪儿去。一个不孝的人，别的方面再怎么好也好不到哪儿去。

三、尽孝无小事，尽孝又皆小事

有很多人认为尽孝就要轰轰烈烈，我以前也是这么认为。我年轻的时候（其实现在也不老）总是认为只有自己有钱了，开着奔驰衣锦还乡，给父母在城市买房，带父母出国旅游，买他们想都不敢想的东西，才是孝顺。随着对生活的感悟越来越深，对父母的了解越来越多，我深刻地感到这种想法是肤浅的。

就好比有兄妹俩，哥哥做买卖发了家，给父母买了三室一厅的大房子，但平时很少去看父母。妹妹嫁给了一个下岗工人，生活拮据，但是妹妹每周至少要到父母那两三次，陪父母聊聊天，给父母洗洗涮涮，打扫打扫卫生。当邻居问这老俩儿子和闺女谁最孝顺时，父母说的却是女儿。父母虽然觉得儿子也很孝顺，但是他们最需要的是女儿的这种孝顺。不知道他们这个回答你是否理解，如果不理解你也可以想象一下，等你老了，你希望儿女怎样孝顺你呢？你是想要儿子这种孝，还是女儿这种孝呢？

这是我们每个子女都应该思考的问题，其实尽孝不在于我们做了什么惊天动地的大事来回报父母，它往往体现在一些看似不起眼的小事里。任何一件小事都可能牵动父母的情绪，任何一件小事都能够让父母满足甚至感动。既然父母在意，那么再小的事也是大事，再微不足道的事也不是小事。可能在你眼里是小事，在父母眼里却是大事。因为他们能够从你为他们做的小事里发现你的孝心，从小事里感知你的爱意。对于父母来说，子女心里有他们比什么都强。

子女对父母应该做些什么，首先要取决于父母需要什么、喜欢什么。俗话说士为知己者死，女为悦己者容。儿女尽孝也要根据父母的喜好和需求。我们给予父母的应该是他们最喜欢、最需要的，但能够给父母带来满足的、父母喜欢的绝大多数都是小事。就像《常回家看看》这首歌中唱的："哪怕给爸爸妈妈刷刷筷子、洗洗碗。"孝行常常在于细节，尽孝不在家贫家富、东西多少、价格贵贱。人无孝心，虽掷千金，也不如发自真心的一句问候；虽有绫罗绸缎，也不如洁净可体的粗布衣。倒是一些最琐碎、最简单、最容易做到的小事，更能让父母感受到实实在在的满足。比如一句体贴的问候，一份细微的关心，一张真诚的笑脸，一些举手之劳的小事，用不了多长时间，费不了多大劲，却更能让父母得到极大的安慰和快乐。你的"微孝"，就能让父母微笑。仅仅以给父母买东西为例，无论是一条围巾、一条香烟，还是一辆汽车、一栋别墅，在孝的天平上，它们等值。所以在我们还不能够给父母买汽车、买别墅的时候，至少我们能够给他们买一条围巾、买一条香烟（只是举个例子，吸烟有害健康）。父母要的是你的心，而你心意的表达主要就是靠这些小事来体现，并且我们当下也只能通过这些小事来体现。我们还应该意识到，你能为父母做的大事是少之又少的，生活中最多的还是小事。即便你有了足够的钱，你能给父母做的大事除了买别墅、买汽车，还能做些什么呢？难道你对父母的付出就到此为止吗？显然不是，更多的还是要在平时生活上的照料和关心。

虽然我们对父母都有难报三春晖的感激之情，虽然父母为我们的付出数不胜数，但父母需要我们回报的却少之又少，甚至简单得可怜。天底下绝大多数父母对孩子的要求无外乎三个方面：

1. 孩子身体健健康康，无病无灾，工作稳定。
2. 孩子能让他们吃饱穿暖。
3. 孩子能经常回家陪陪他们。

这三个要求难吗？但是这么简单的要求，又有多少人做到了呢？我想很多人做不到的就是第三条。第一条我们年轻，所以健康一般都没什么问题，不用让父母担心。第二条父母在农村的在家种地也能够养活自己，城市的有退休金也不用我们操心。只有第三条是需要我们做的。这一条又可以细化为各种小事：

1. 出现在父母的视线之内，让父母看到你就是孝。
2. 回家帮父母做点家务就是孝。
3. 跟父母聊天就是孝。
4. 听父母唠叨就是孝。
5. 让父母为你做点事都是孝。

……

孝是如此的简单，如此的细小，无论你家贫家富，无论你当官还是务农、经商还是打工，上学还是参军，孝行是人人都能做到的。于是对于孝顺我们可以这样理解，孝顺就是你为父母做力所能及的事。无论你现在处在哪个年龄段、无论是什么条件，你为父母做你力所能及的事，就是对父母最好的孝顺。即便你还未长大，还不能分担父母生活的重担，但一杯热香的茶、一句温暖的话、给父母按按肩膀等小事，都是我们孝顺的表达。

四、尽孝尽多少都不"多"，尽多早都不"早"

有很多子女经常去看父母、经常带父母逛街、经常给父母买礼物，但所有的子女的"经常"都是周期性的，比如今天白天给父母打电话了，晚上就不用打了；昨天刚去看父母了，今天虽然有时间就不会去了；上周刚带父母逛街了，这周有时间也不会再陪他们逛了；这个月给父母买过东西，所以这个月不用买了；等等。可能每个子女"经常"的周期是不同的，但是绝大多数子女都存在这个"周期"问题。很多子女会有这样的错误认识,认为自己为父母做得已经够多了,不需要再做了,在一定周期内,没有必要重复做。有这种认知的人要反问自己的是,父母为我们付出时是否计算过、是否有周期限制。我们认为已经够了的付出,能偿还父母对我们的恩情吗?我们还是来看佛教的总结:

在《父母恩重难报经》中认为父母有生育、养育、教育之恩,可说是功德巍巍,当中,曾以七种比喻来说明父母恩德深重,难以报答:

1. 肩担父母,绕须弥山,经百千劫,犹不能报父母深恩。
2. 遭饥馑劫,脔割碎坏,经百千劫,犹不能报父母深恩。
3. 手执利刃,剜眼供佛,经百千劫,犹不能报父母深恩。
4. 刀割心肝,血流遍地,经百千劫,犹不能报父母深恩。
5. 百千刀戟,刺于己身,经百千劫,犹不能报父母深恩。
6. 打骨出髓,经百千劫,犹不能报父母深恩。
7. 吞热铁丸,遍身焦烂,经百千劫,犹不能报父母深恩。

虽然只是比喻,但还是能看出父母对子女的恩情重如山、深似海,你所做的所有事情加起来是不是能跟上面一件事画上等号呢?佛教一向是很慈悲的,但是对于如何报答父母的回答却极尽残忍,由此也可以看出父母对子女的恩情深重到什么程度。俗话也说,父母的养育之恩杀身难报。杀身都难报,更何况买点东西、做些事情。你觉得买多少东西、做多少事情能跟你的生命相比呢?曾经看到过一则标题为《诚征保姆》的招聘广告:

诚征保姆

寻找两位能关心、体贴孩子,安慰孩子、照顾孩子,早起晚睡,永远忍耐,为了孩子忘掉自己,每日工作至少18小时,必要时24小时不休不眠,每周工作七日,终身不能辞职,必要时为了孩子牺牲自己的生命的人。男女各一位。

你一定会想:"这要求也太苛刻了吧!"但是,这则广告说的分明就是我们父母啊!可是即便这样还有很多子女不满意,有的老人一片好心帮着带孙子,积极帮儿女分担家务,儿女却认为是应该的,不考虑父母的苦和累,甚至还埋怨老人这没有做好,那没有做满意,父母给儿女带孩子费力不讨好,还让老人忍气吞声,造成对老人身心的伤害。父母对孩子的爱,又岂是我们能体会到的呢?

总而言之,父母为我们付出了太多太多,他们理应得到我们的孝敬。而无论我们为父母做什么、做再多,对于父母对我们的付出而言都是沧海一粟、九牛一毛。古话说"百行孝为先,论心不论事,论事自古无孝子",如果你认为你孝顺,就要对照这句话反思一下,这句话说的是什么意思呢?就是说如果论为父母做的事,从古到今没有人能够被称之为孝子。如果是这样,那么连孝得有点迂腐的二十四孝都不算孝,因为孝而感动中国的人也都算不上孝,我们对父母的孝就更不值得一提。

说到尽孝的问题,我们经常引用一句话"羊有跪乳之恩",很多人引用这句话只是想说"羊都知道感恩,何况是人",而忽略了一点知道感恩的羊还只是一只吃奶的羊羔。一只还在吃奶的羊羔都知道感恩,所以我们作为人,在尽孝时就更不应该觉得为时尚早。为父母早一点尽孝,做得就会多一点。为父母做得多一点,愧疚和遗憾就会少一点。

五、孝顺应该"宣传",但不值得"表扬"

孝顺应该宣传,是因为当前各种关于孝道的负面新闻表明,当前社会需要树立正确的行为导向。孝道是需要宣传的,但是没必要表扬,因为孝顺只是子女做了该做的事情,是子女的分内之事,本来就应该这样,只是做的人少了才显得难能可贵。作为子女而言要意识到你孝顺不是为了让父母夸,更不是为了让别人看,这是你的责任和荣幸。

1. 赡养父母是为人子女的责任和义务。为人子女在享受父母抚育之后,无论从道德层面,还是法律层面赡养父母都是应尽的义务。孝顺父母的人只是做了应该做的事情而已。

2. 赡养父母最大的受益者是子女自己。俗话说,人不为己,天诛地灭。人都愿意做对自己有利的事。尽孝在表面上看来,只是付出,没有什么益处。正是因为这样,很多人不愿意孝顺父母。难道行孝之人真的得不到什么益处吗?非也。表面上子女孝顺父母,受益的是父母,其实最大的受益者是孝顺父母的子女自身。谁孝顺父母谁就会从物质和精神上受益,并且为父母付出的越多,自己受益就会越大,所以他们只是在为自己做事,不值得表扬。

无论你为父母做了多少事,买了多少东西,花了多少钱,费了多大力气,用了多长时间,并且不管外界对你多少赞扬,你的内心都要清楚,这都是你应该做的。不要为你对父母的付出而自我满足,也不必为他人的赞美而自我陶醉。如果有这种陶醉,那么就认真地想一想,从小到大父母为你做了多少事,给你买了多少东西,付出了多少心血,如果你想得客观,那么你会**发现你为父母做得再多,跟父母对你的付出比起来都只是沧海一粟。**

六、论孝道的"因果报应"和"辩证唯物"

看到过这样一个传说故事,讲的是有一男子虐待老母,一日欲将孩子吃剩的饭倒进狗盆,饥饿的老母说:"给我吃了吧。"他骂道:"给狗吃了,它能摇摇尾巴,你吃了能干什么?"说完把饭倒进狗盆。此逆子第二天突然患怪病,从头到脚生疮流脓,腿不能站,走路靠爬行,像狗一样。他到处求医无效,一日遇到一云游高人指点迷津道:"你因大不孝,已断了人根,不久将坏烂枯竭而死,百药难治。玄病只能玄医。从现在起,你和妻子儿女要诚心孝敬你的高堂,你还要每日跪在街头,逢人便讲你虐待老人而患此病,劝告世人莫跟你学,百日之后,或许有救。"此逆子遵高人指点,每天认真去做,百日之后果然大病痊愈。

说实话,这个故事讲得有些夸张,如果真的有人像这样对待自己的父母,得到报应是肯定的,但不一定来得这么快,来得这么蹊跷。我们经常讲报应,并非毫无根据,虽然提到这个词总觉得有点封建迷信的色彩,其实其本质就是辩证法中的因果关系,只不过是用了非科学的措辞。下面我们分析一下一个人不孝的因果循环:

第一,不孝的人内心会受到自我谴责的煎熬。我们知道俗语说"平生不做亏心事,半夜敲门心不惊",而不孝顺父母是最大的亏心事。如果一个人不孝顺自己的父母,那么因为不孝而导致的愧疚就会在生活中不由自主地冒出来吞噬他的内心。也许是看到别人对父母如何孝顺时,也许是清明节走过路口看见别人烧纸时,也许是在高速开车的时候,这种自责会分散人的精力,干扰人的情绪,出事的概率必然会增大,在偶然的条件下甚至会直接诱发事故。即便没能诱发事故,长时间的负面情绪也会损伤人的身体,尤其是被别人知道他不孝以后,经常拿他不孝来说事(不孝是导致被人戳脊梁骨的最主要的因素),但是如果有人经常说你不孝顺,骂你是畜生,相信没有多少人会无动于衷。而如果自己确实做得不好,你即便亲耳听到别人这么说,你都没法辩驳。如果别人说你不讲究,你还可以质问别人,我怎么不讲究了?我哪一件事做得不讲究了?但如果别人说你不孝顺,你只能假装没听见,灰溜溜地走开。在这样的情况下,一个人的心理素质得有多好才能不受影响呢,我想应该很难。

第二,一个人即便不孝顺父母,父母也会本着"家丑不外扬"的原则,仍然维护子女的形象,但是没有不透风的墙,即便父母保密工作做得再好(之所以保密,一是怕丢人,二是维护孩子的声誉),时间长了外人也会知道他对父母怎么样。但凡知道他不孝顺的人,对他的人品就会有看法,也肯定不会再信任他,更不可能给他机会。如果每个人都不信任他,都不给他机会,他事业上就不会太顺利。事业上不顺利,家庭就不会和睦。家庭不和睦,心情就不会太好,依次类推,就会形成一个恶性循环,而且在这个循环当中,每一个环节都会对人产生不利的影响,这种不利可能是损害健康,可能是耽误事业,也可能是影响家庭,更多的是兼而有之。

第三,有的人心理素质强大到自己不孝也会不愧疚,别人在背后指指点点也泰然自若、我行我素,导致很多人对"善有善报,恶有恶报"这句话都产生了质疑。为什么这样的人还没得到报应?可能从表面上看来,这样的人根本就不觉得自己不孝顺父母有什么错,也不会为自己不孝愧疚,所以因为心理上自责导致自己身体不好或者出事故的概率也比较低。那么这样的人最直接的报应是什么呢?就是他们自己的子女。他们的子女因为耳濡目染自己父母不孝顺长辈,所以也会和他们一样不孝顺,并且也会和他们一样丝毫没有愧疚。

仅从以上三个方面来说,"不孝"与"不顺"的因果关系是切实存在的。孝顺除了顺者为孝的含义外,还包括一层含义就是,**孝者才顺,只有孝,才**

会顺。

上面说了"不孝"有报应,其实"孝顺"同样有报应,但都是好的报应:

1. 良心安稳。有句话说,温柔的良心是洁白的枕头,可以让人睡得更香更甜更安稳。一个人对父母孝顺,良心自然会安稳,就不会愧疚、自责。同时对父母孝顺的人,为人处世也自然行事正派,操守严谨。不作奸犯科,自然也不用提心吊胆。此外,孝是至善,善的习性虽然柔如水,但其作用却力大无穷,甚至可以改变人的内在机制。科学家做过实验,给几十个人放映一部能引起同情心的影片,然后进行检查,结果所有人的免疫功能急剧上升。人免疫力的增强决定了身体抗病能力,可见善良心态对人养生的重要性。现在人们越来越重视健康、越来越注重养生。无论电视、报纸,还是微信上,铺天盖地都是各种养生知识,殊不知,**践行孝道才是最好的养生**。

2. 家庭幸福。能够孝顺父母的人,自然通情达理。一家人通情达理,家庭自然充满和敬的气氛。

3. 事业有成。孝顺父母的人往往会为了给父母创造更好的物质条件而奋斗,做任何事都会兢兢业业,全力以赴,成功概率更大。并且一个孝顺父母的人,更容易被人信任,必然有更多的机会。虽然不一定都能成为大老板、亿万富翁,但是家境肯定相对殷实。

4. 人际和睦。孔子曾说:爱亲者不敢恶于人,敬亲者不敢慢于人。对于父母能感恩图报的人,往往能以笃实诚挚的态度对待他人,能以笃实诚挚态度待人,这样的人必定会被人们喜爱,与别人的关系也会融洽。

第七章　孝之思辨

主体思辨

一、父母不是"累赘"，而是"宝贝"

中国人有句话说：家有一老，如有一宝。可能很多人会觉得，父母都老了，既不能挣钱，又不能出力，怎么能算宝贝呢？就像前面那个宁可把剩饭倒给狗吃，也不让自己母亲吃的那个男人说的那样，给狗吃了，它还能摇摇尾巴，你吃了能干什么？这真是掷地有声的惊天一问，诚如他所言，母亲不仅连摇尾巴都不会，而狗还能看家，有坏人来了还能咬人呢。现在的人特别功利，功利的思想体现在父母身上，有两种错误的认知：一种觉得把老人当宝没有道理，因为老人没有实际的利用价值。另一种觉得之所以说老人是个宝，是因为父母现在还能帮忙给做做家务、照顾孩子。应该说这两种认知都不是这句话的本意。宝贝是不能用能不能使来衡量的，就比如没有人会拿夜明珠当灯泡使用一样，虽然宝贝不能使用，但基本上都能卖。可是父母既没有使用价值，也不能卖，为什么还说是宝贝呢？父母究竟有哪些价值呢？我唯恐我狭隘肤浅的解读亵渎了父母这个神圣的角色，因为这世间任何的语言都无法全面准确地评价父母的价值。在这本书里最让我忐忑的就是对这个问题的分析，但是为了让你有个基本的认知，我不揣冒昧，仅谈几点个人的看法：

1. 父母是子女生活的导师。父母虽然老了，体力上不能为子女做些什么，但是父母所有的阅历和人生态度会对年轻人产生有利的影响，他们经验懂得比子女多，大事小情可以跟他们商量，能让你避免很多挫折，少走很多弯路。虽然父母操劳一生，或许也平庸一生，没有显赫的官职，也没有做出惊天动地的大事，但是他们对生活中的道理，肯定要比我们看得更透更清。如果说父母吃的盐比我们吃的米多，走的路比我们走的桥多，这有点夸张。但如果说父母吃的盐比我们吃的盐多，走的桥比我们走的路多，却是肯定的。父母比我们有更多的经历，自然有更多的感悟，对什么事怎么处理、对什么关系怎么平衡、跟什么样的人如何相处等，肯定比我们更有经验，只要你肯用心听，你会发现父母的话很有道理。

2. 父母是家庭完整的纽带。父母在，家就是完整的，你人生的硬件就是全的。尤其是子女多的家庭，父母成了子女们相聚的主要因素，隔三岔五兄弟姐妹带家人相聚一堂，不仅让父母享受天伦之乐，兄弟姐妹间也可以借此机会多沟通交流。如果父母不在了，兄弟姐妹们聚的机会也就少了。家庭里就没有了主心骨，骨肉亲情也会因为聚少离多而逐渐疏远和冷漠。

3. 父母是子女心灵的寄托。三毛说："心若没有栖息的地方，到哪里都是在流浪。"如果没了父母，你的心就没有了着落。只要父母在，你的心就有地方安放。即便不在父母身边，他们也始终是你情感的依靠和心灵的寄托。而这种可以完全信任、毫无保留的寄托，是在这个地球上任何人身上都做不到的。老舍在《我的母亲》一文中说："失去了慈母便像花插在瓶子里，虽然还有色有香，却失去了根。有母亲的人，心里是安定的。"父母在，家就是你安魂入梦的地方。回到家，叫一声爸爸、妈妈有人答应，我们才能充分感知一个家的温馨和踏实。家有老人，就意味着这个世界上永恒的亲情还在。工作和事业乃至你的爱情都失败了，你还可以从头再来。都说家是温暖的港湾，那是因为有我们的父母在，有他们的关爱在，所以父母才是我们真正的温暖所在。如果父母人去屋空，父母的住处也只能让你触景生情，徒增伤感。有了他们，我们即使在外，离家千里，我们的心依旧会觉得踏实、觉得有着落。无论外面遇到多大的风雨，父母尚在的家，是我们永远温暖的怀抱。有父母，就有家，有家就有爱，无论多么辛苦和劳累都是幸福的。

4. 父母是子女倾诉的对象。可能你现在意气风发，父母日渐衰老，对于你来讲没有实际的利用价值，可是万一你失落，你找谁去倾诉，找谁依靠？你或许会说我即便有什么烦恼可以跟我爱人倾诉，但你和你爱人之间的烦恼，你又对谁去倾诉？即便你有兄弟姐妹，他们也都早晚会有自己的家庭和生活。所以父母的作用是无人能替代的，子女遇到烦心的事可以跟父母倾诉，遇到开心的事情可以跟父母分享，而最重要的是，跟父母倾诉你不用担心哪一天你跟他们关系不好的时候，他们会把你跟他们说的别人的不是告诉别人。

5. 父母是子女价值的体现。曾经看过一个电视节目，节目邀请了10对情侣，主持人问男生："多少钱可以让你把女朋友让给别人？"5万？没有一个人愿意；50万？有部分人愿意；500万，大部分人愿意；5000万，除了一个以外，其他所有人都愿意。可是那个坚持不愿意的男生的女朋友并不感动，她说："如果你不愿意，我都愿意了，如果有哪个男人愿意出5000万来买我，我肯定会被他感动。"但如果这个测试对象是你的父母，让他们失去你，你觉得给他们多少钱，他们能愿意？我想对于父母而言，想要用金钱去换取他们的子女是不可能的，不论多少。有一次我和我姐姐开玩笑，我说给你多少钱你才肯把我外甥卖了？我姐姐说："给我多少亿都不可能！"我姐姐显然不是在故作清高，如果你有子女你就会懂得，在父母心目中子女是多么重要，值得他们用生命捍卫的东西你觉得是用金钱能买来的吗？有妈的孩子像块宝，没妈的孩子像根草。如果妈妈不在了，谁还会把你当作宝？只有在父母的眼里你才是无价的，在外人眼里，你就是一个路人甲，对于爱人而言你也只是一个暂时的主角，只有在父母眼里你才是千金不换的宝贝。**你必须认清一个事实，就是除了你父母，没有人会真正把你当回事。**所以从这个层面说，父母在，你的身价就高。

6. 父母是子女人生的知己。俗话说，人生得一知己足矣，而父母就是你与生俱来的两个知己。这世界上没有人比他们更懂你、更了解你。前面在测试环节问了很多父母的问题你未必知道，但是如果问父母你的情况，父母绝对会如数家珍，他们比世界上任何人都了解你。

7. 父母是子女宣泄感情的出口。前面说了这么多父母的价值，其实都不是最重要的，最重要的是父母在世你就能够通过对他们的付出，而得到精神上的满足。低级别的快乐是得到，高级别的快乐是给予。如果你问每一个父母去世的人，让他们用金钱把父母换回来，他们毫无疑问地会说愿意。但是

孝亦有道
FILIAL PIETY IS YOUDAO

他们想要换回父母并不是想让父母再为自己做些什么，而是希望自己能够有机会为父母做点什么。等我们褪去了青春的青涩，洗尽了生活的铅华之后，就会懂得感恩，懂得回报，懂得珍惜和付出。父母尚在，我们可以孝敬他们，可以环绕在他们的身边，还可以做一个他们眼里永远长不大的孩子，感受那份永远不会苍老的父爱、母爱。

老话说儿女是父母的福，可是我们更应该说父母是我们的福。佛经中也说，慈母健在的人是最富有的人，慈母已逝的人是最穷的人。慈母活着即是如日当空，母亲逝世好似太阳落山。不少人花费钱财千里迢迢到名山大川去祈福，岂不知，家家都有一尊佛，何须劳神向外求。这尊佛就是我们的母亲。印度作家普列姆昌德说，"世界上其他一切都是假的、空的，唯有母爱才是真的、永恒的。当我们在太阳的光线中穿梭于生活的道路上，母爱的牵挂一直和我们如影相随"。

总的来说，父母是子女最为宝贵的财富。如果说得残酷一点，媳妇离了可以再娶，孩子没了可以再生，只有父母是唯一的，独一无二的。你看无论是在文物界、植物界还是动物界，如果是独一无二的，价值就无法估量了，任何一个物种数量少到一定限度还是国宝呢，就像熊猫，但是再少也没少到只有一只吧，你想想如果熊猫就剩下一只了，得金贵成什么样。可是父母不就是唯一的吗？况且父母是活生生的人，所以说他们是宝，毫不夸张。并且宝贝也是有等级的，也有三六九等，父母这个宝，是至尊之宝、无价之宝，是独一无二的珍品，全世界所有价值连城的宝贝加起来跟我们的父母都没有可比性。

既然父母是宝贝，那么我们对待宝贝是什么态度呢？当然是据为己有，能抢就抢，能买就买，并且要珍爱他们，尊重他们，保护他们。而不能把父母当成累赘，把孝顺父母当成任务，把赡养父母当作负担。有人把"上有老"当作一种压力，有人把"上有老"当成一种责任，我却认为"上有老"是一种幸福。作为子女要知道父母在世，家就是完整的，要"怕"失去父母，生命是脆弱的，尤其是人到老年，高血压、脑出血等疾病多发，只要父母还在，子女还有父母可以孝顺，就是一种莫大的幸福。明白了这个道理之后，我们每个子女最起码要做到以下两点：

1.要真正意识到父母的珍贵，珍惜父母在世的宝贵时间，抓紧一切时间、利用一切可以利用的机会尽孝。

2.不仅你要认识到父母是宝贝，不是累赘，还要让父母知道他们不是你的累赘，而是你的宝贝。要让父母认识到他们存在的价值，要让他们知道他们的存在对你来说就是莫大的帮助。偶尔有什么主意让他们帮着拿，让他们觉得自己在这个家里还有用，从而增强父母生活的动力和信心。

父母终有一天会离我们远去。到那个时候，上有老的日子，便会成为你最珍视的记忆和一生的怀念。趁着父母尚在，让我们一起珍惜"上有老"的日子，那是上苍赐予你最美好的一世情缘。

二、父母不会"索取"，只会"拒绝"

一次我看朋友圈里一个当医生的朋友发出这样的疑问：**为什么现在孩子的病都是治于"未发之时"，而老人的病都是治于"无法之时"？**我当时不理解，就问朋友是什么意思，朋友说孩子的病都是治于"未发之时"是指，孩子稍微有点不舒服，父母就赶紧带着上医院；老人的病都是治于"无法之时"是指，很多老人的病一发现就是晚期。因为那天他先后接诊了一个只是有点咳嗽的小孩，还有一个患上了癌症的老人，所以发出了这样的感慨。

为什么很多老人的病，一发现就是晚期？

这是一个貌似跟这个章节的题目毫无关联、风马牛不相及的问题，父母的病与父母的"索取"与"拒绝"扯得上关系吗？如果医学上的事弄不明白，我们可以从别的角度来分析，来思考一个貌似无关的问题：你可以仔细想一想，父母养育你这么多年，主动要求你为他们做过什么事情、买过什么东西？我想应该不多吧。你即便主动给父母买东西，想要为父母做些什么，父母也都会拒绝。可能你在谈恋爱时，给对象买东西，即使对象拒绝，你也会坚持。可是对待父母呢，你也许说一说，父母拒绝了，然后就没有然后了。很多老人的病之所以能从小病攒到大病，就是因为刚开始即便父母身体有点不舒服，也不愿意麻烦儿女，知道儿女忙，怕儿女花钱。即便儿女要带父母去检查，父母也不同意，最后一拖再拖，错过了最佳发现治疗的时期。

非等到病情加重到疼痛难忍、症状特别明显的时候，才肯去医院。因为在父母看来，主动让子女陪他们去看病也是一种索取。如果你的父母也生过病，父母什么时候主动跟你说过"你带我去看看病吧？"他们要么不去，要么自己去了。我们看到儿童医院人声鼎沸，老人医院异常冷清，就是这个原因。

在平时生活中也是一样，尤其是你给父母买东西，基本上你每买一次，父母都要训你一次，你给父母买件衣服，父母就会跟你说我还有好几件呢，怎么又乱花钱。很多父母都是这样，你不知道给他们买什么的时候，如果先征求他们的意见，他们肯定会拒绝。一次我休假在家时，带母亲去沈阳中兴商城逛，我给母亲挑了一件上衣，母亲试了试特别合适，我看母亲挺喜欢，就要结账，我母亲一问定价一千五百多，死活不让买，还嫌我浪费钱。因为这件事我还和母亲吵了两句，我对母亲说，你要不买这件衣服，这辈子我再也不给你买衣服了。我母亲说那我也不让你买。我想很多人都会有这样的经历，如果你遇到这种情况，只要考虑两个问题，首先你买的东西是不是父母需要的，其次你买的东西是不是父母喜欢的。如果满足这两点，你就果断去买，所以后来我就自己去买了，然后母亲也穿了。

每当遇到这种情况的时候，你会觉得父母很气人，明明喜欢，就是不要。其实他们越"气人"，我们就更应该感动。他们何尝不想买，无非就是因为怕给你增加负担，你一个月挣不了多少钱，还老给他们花钱。**父母认为自己有能力时对你的帮助就是为你付出，自己没有能力的时候对你的付出就是不向你索取**。他们为你考虑，你也要为他们考虑。你唯一能做的，就是努力让自己更成功、更富有，等你足够成功了，你给父母买东西，或者带父母去看病，父母就不用再考虑你的经济条件。如果你能参悟到这一层，我相信你父母一定会非常的欣慰。

三、父母既是"老人"，也是"孩子"

很多老人年纪越大性格越像小孩，这是家庭的责任转移造成的后果。在我们小时候，父母肩负着养家糊口的责任，在这个家里，他们是顶梁柱。等我们渐渐长大了，这个责任也逐渐从父母身上转移到我们身上，父母会感到自己在家里已经没什么用了，帮不上什么忙了，一下子由顶梁柱变成了摆设品，内心难免会产生落差，所以他们会像小孩子一样耍赖、任性，好引起我们的注意，用现在的话说就是刷存在感。明白了父母同时具备"老人"和"孩子"的双重性格和角色，对我们与父母相处具有重要的参考意义：

知道父母老了，就不要责难他们大小便失禁弄脏了衣裤，他们也曾因此为你擦屎端尿；不要怪他们弯腰驼背脚步迟缓，他们也曾扶着你直起腰杆，蹒跚学步；不要嫌弃他们把饭菜和口水流在衣服上，他们也给你喂过饭；不要烦他们言语唠叨含混不清，因为你曾经的牙牙学语、叽叽喳喳，他们却当动听的歌来听。要知道老人家在晚年比较容易觉得孤寂、孤独，那我们就要尽量抽出时间来多陪陪父母，父母身体比较虚弱，我们就要多操持一些家务，让父母吃得好，穿得暖。和父母一起逛街走路，就要刻意地走慢一点。

知道父母老了像孩子，当他们闹情绪的时候，就要和声细语地哄。当他们记不住、学不会东西的时候你应该不厌其烦地教，要真正像对待自己孩子一样对待老人。这一点嘴上说容易，但是要做起来对于一些人来说是很困难的。要把父母当你的孩子，你对你孩子怎么样，你就应该对父母怎么样。小孩生病的时候，你带他去看三个医生都不烦，看一个不行，再换一个。县城的医院不行，去市里。市里的医院不行，去省会。省会的医院还不行，去北京。那么父母生病了你也要一样；小孩子学钢琴、游泳、打跆拳道，学这个，学那个，你再忙都有时间，父母想要让你陪他们做点什么的时候，就不要再对父母说没时间、不能请假之类的话。

四、父母的时间最多，也最少

之所以有这样的认知，源于我有一次陪父母逛街买东西。我母亲为了省钱每买一样东西都要货比三家，有的甚至比了五六家，最后再回到这几家中比较便宜的一家买。我就跟母亲说，差不多得了，比多少家都差不了多少钱，再说时间就是金钱，即便你买了便宜的省了点钱，但是你浪费了时间。我母亲却说，我们着什么急？我们现在有的是工夫。

这句话让我深思，对于父母这样赋闲在家或是退休的老人而言，诚然拥有的就是貌似漫长无聊的时间，一天最发愁的就是不知道干点什么好，从早上一睁眼就发愁这一天怎么熬过去，干什么都没有太大兴趣。唯一喜欢儿女多陪陪，儿女还没时间。于是父母更多的时间是在等待中度过，等待子女的电话、等待子女回家。按照爱因斯坦的相对论来说，等待是让人感觉漫长的。因此，从这个层面上说，父母的时间是最多的。可如果跟子女比较起来，父母的时间又最少。虽然我们不愿意正视这个问题，但事实就是父母距离死亡的时间越来越近，在世的时间也越来越少。因此，父母的心情是纠结和矛盾的，一方面时间漫长，一方面在世的时间又相对短暂，过一天少一天，有的甚至过去论天，现在论秒。父母对待时间的心情也是复杂的，既想快点过，又想慢点过。想让日子快点过，是想早点看到子女来看他们，想让日子慢点过，是想慢点走向衰老和死亡，想多品味活着的滋味。

　　作为子女而言，知道父母时间多，就应该在父母漫长的时间里多一些你的身影，让父母漫长的时光因为有你的陪伴而不再漫长。知道父母时间少，就更应该想尽办法，抓紧在父母在世的短暂时间里，尽快尽孝。对父母，多一些陪伴，早一些陪伴，不让彼此留下遗憾。

换位思辨

一、离父母最远的你,是父母最近的爱

曾经有一个新闻,在网上引发了热议:郑州80多岁的姚大爷的妻子两年前因病去世,自己的一儿一女都在外地打拼事业很少有时间回家。年纪大了的姚大爷很害怕寂寞,为了让儿子儿媳多回来陪陪自己,他曾一个月装病四次,骗儿子回家。前三次,儿子都信以为真,赶忙带着媳妇回家,领父亲去医院检查。虽然经过检查身体并无大碍,可那几天,儿子、儿媳对他十分关切,让他十分满足。等到第四次给儿子打电话说自己病了时,儿子说要是不严重,就让他自己去。已上演了三次"狼来了",这次姚大爷的小伎俩被戳穿。虽然他害怕儿子埋怨,却因好面子不愿解释。最后,由于自己实在太害怕寂寞,他决定到南方女儿家里去住。

这条新闻一出,引起了很多网友的争论。有人说,孤寡老人年纪大了,想见孩子的心情可以理解;也有人说,孩子在外面打拼本来就很累,姚大爷的做法太"不懂事"。

也许和姚大爷比起来,我们的父母很懂事,从来不麻烦我们,更不会像姚大爷那样骗我们回家。但是反过来想,我们把父母放在家里不管不问是不是不懂事呢?

之所以出现上述情况,就是因为子女和父母分居两地,之所以出现子女和父母分居两地的问题,主要是现在很多年轻人,为了能谋求更好的发展,纷纷选择到外地找工作,甚至有很多人选择了出国。社会上流行一句话:从

来没有一份工作叫钱多，事少，离家近。其实往往是"钱多"和"离家近"这两个条件都很难兼顾。很多人在这两者中选择时，几乎所有人都奔着钱去了。即便家附近的城市也有工作机会，但大部分年轻人也不想离家太近，总想着去大城市、离父母远点更自由。就连家在北上广深等大城市的年轻人，找工作也不愿在当地。年轻人打拼几年后在大城市有一定基础了，父母也步入了老年，随之而来的就是父母的养老问题。想把父母接到身边，一方面父母故土难离，不适应外面的环境，另一方面自己把父母接过来一起住，还要考虑爱人的感受。想再给父母买一套房，大多数人又买不起；不把父母接到身边，他们自己在家还不放心。于是很多人也就只能安于现状，父母在老家，自己只是逢年过节回家看看。可是一年365天，节日毕竟是少数，即便逢节就回家，能陪父母的时间也是有限的。并且能够在节日回家看父母的还算不错的，有的只是在春节回家，更有甚者连春节都不回去。导致很多空巢老人无人照料，精神极度空虚，进而诱发各种问题。

客观地说，年轻人出去闯荡没有什么错，毕竟年轻时正是一个人打拼的黄金时期，大城市有更多的机会和资源。我也无意让年轻人都回到父母身边，不现实，也不一定正确。我要说的是无论你是在美国、法国，还是在北京、南京，因为离得远、工作忙，回不了家都可以理解，但你要知道在千里之外还有两个老人在日夜期盼你，虽然你回不了家，但总能给父母打打电话吧，总不至于把老人逼得打110找人聊天。其实，只要你不在父母身边，在美国和在北京，并没有多大区别，虽然也有时差、话费的问题，但这都不是根本。

在现有技术条件下，离家远已经不是问题，**无论距离父母多远，你离父母也只是一部电话的距离**，给父母打电话是不受地域限制的。无论你身处何地，电话那头就是家。只要拨通号码，家就在眼前，父母就在身边。如果父母会用电脑或是微信，和父母视频通话也已经是一件普通得不能再普通的事。并且给父母打电话或者视频聊天更能促进你跟父母聊天的效率，如果在父母身边陪父母，你还可能自己玩玩手机、看看平板电脑，但是你给父母打电话或视频沟通的时候就会更加专注。

提到给父母打电话，一篇文章里说的一个方法可以借鉴一下：一个人给父母打电话每次都打两遍，因为他怕父母一听来电话了，生怕错过了，跑着过来接，怕父母摔倒（因为以前母亲这么摔倒过），所以每次都给父母打两遍，第一遍让父母往电话那走，第二遍再让父母接，并且告诉父母，即便第二遍没接到也别着急，他会一直打到他们接了为止。

我不知道你父母接你电话时是什么状态，非常高兴？高兴？还是心情平静？如果是前两项，你不要沾沾自喜，那只能说明你做得不够。你给父母打电话，父母高兴只是因为你打得少。可以说你打电话的次数与你父母高兴程度成反比。你半年打一次电话，父母接到你的电话固然会非常高兴，如果你天天打，一天打两个电话，你父母就会觉得很平常。所以，**你应该打电话打到父母接你电话时不会激动为止**。

远在天边的人们，你可知道，在你堆满笑脸，别人都未必拿你当回事的今天，你的一个电话居然是父母的福音。在满是钢筋水泥冰冷的城市里，你觉得自己太渺小了，太微不足道了，但是对于父母而言，你却是整个世界。所以无论相隔多远，记得多给父母打个电话，**你远在天边的嘘寒问暖，就能让父母的生活充满阳光**。

二、子女只要回家，父母就是过年

我们往常提到"回家"这个词，一般都会和"过年"连在一起，回家过年，过年回家。因为对于漂泊在外的人来说，只有过年的时候才能回一次家，也只有过年的时候才想到要回家。其实对于父母而言，不论在什么时候，**子女只要回家，对于他们来说就是过年。父母盼的不是过年，盼的是过年时子女能够回家**。节日对于父母来讲，仅仅是一个能够跟子女见面的机会，父母不在乎过什么节，更不在乎过节吃什么、穿什么，也不在乎子女回家会给自己带什么。**父母最在乎的是我们的陪伴**。知道了这一点，我们为人子女就一定要想办法多回家，尽量让父母每天都像过年一样。如果平时要忙于工作，国家法定假日，尤其是五一、国庆、中秋、春节等长假和传统节日多回家看看父母，并且每次回家，都要记得问自己三个问题：

1. 你之所以回家有多少父母的因素？这个很重要，你过年回家是因为想父母了，想回家好好陪陪她们，还是觉得过年时候家里热闹，朋友、同学都回家了，想好好聚一聚，又或者是因为放假之后，不回家去哪儿都没人陪，单位别人都回家自己不回太孤单。同样是回家，出于不一样的动机，回家的意义也就截然不同。

  2. 你回家以后有多少时间来陪父母？这个更重要。拿过年回家来说，很多子女光忙于呼朋唤友吃饭聚会，或者是颠倒黑白地倒头大睡，而忽略了父母期盼的目光。很多父母等了子女一年，只为了这七天，结果却又等了七天。等假期转瞬即逝，都没有好好陪父母说几句话，于是父母只能再等一年，只为能与子女相伴的"下一个七天"。如果你有心，**请别让父母一整年地等待等来的，又是七天的等待！**在你回家的这有限的时间里，多陪陪父母，少出去应酬。让这本来短暂的陪伴，多些温暖的回忆。因为父母在你离家的日子里，要靠这几天与你相处的点滴回忆来过活。我一个朋友过年放假回家七天，有六天半在外面跟同学喝酒，回到家倒头就睡。从回家一直到走的时候跟父母连话都没说上几句。他跟我说这些的时候，不仅没有愧疚，而是炫耀自己人际交往多么好、自己朋友多。之后，我们就不再是朋友。我过年回家的时候，从来不请朋友们吃饭，即便请也要在家里。因为我不想把宝贵的时间用在推杯换盏上，而冷落我的父母。再说别人也要陪父母，我不能不知趣。

  3. 你回家以后为父母做了多少事？你在家是给父母做了顿饭，洗了几件衣服，添置了点东西，还是把坏的灯修好了，把堵的下水道弄通了？回去一次就要给父母解决点实际问题，虽然说你只要回家他们就高兴，但是你也不能忍心光让父母操劳。

  当然，前面问自己的三个问题，有一个共同的前提——回家。如果你节日放假根本不回家，那么前面这几个问题就无从谈起。如果你的节日放假，没有回家的计划，那你应该问问自己另外一个问题：你为什么不回家？你不回家去干什么？回家不需要理由，不回家才需要理由。如果不回家，你要给自己一个说得过去的理由。可是等你客观地分析你那些所谓的理由时，你会发现你说的大部分不是理由，而是借口。当你回家还需要理由时，我建议你听一听刘尊唱的那首《我要回家》：我要回家，我要回家，我要回家看我的爸妈，我也是他们的心肝宝贝，我不去看他谁去看他？

三、子女"拼爹"，爹妈也在"拼儿"

不知道从什么时候起，社会上开始流行"拼爹"这个词，找工作拼爹、升职拼爹、炫富也拼爹。爹妈是当领导的、当老板的，就会有很多同龄人无法企及的各种优势，自己轻松获取的东西，可能别人奋斗几十年也未必能够得到。于是爹妈有能力的人，不用想怎么奋斗，自己以后的路爹妈早已经打通各路关系，给自己铺好了。爹妈没能力的人，自己奋斗不成功，也就把所有的原因都归咎于爹妈的失败。

可是很多子女不知道的是，自己在"拼爹"的同时，父母也在"拼子女"，并且从孩子小的时候就开始拼。比谁家孩子能背的唐诗多、能算多位数内加减法，比孩子的考试名次、才艺特长，等等。随着子女成年、成家之后，父母"拼子女"的内容和性质也有所变更。内容上的变更是，父母在拼子女是否比别人家子女优秀的同时，又加了更重要的一项，就是子女对他们的好坏程度。性质上的变更在于，父母由原来盲目地拼，变成客观甚至敏感地比。在孩子未成年之前，爹妈对孩子的认知是盲目的。都说情人眼里出西施，其实父母眼里才出西施。父母对自己孩子的认知是盲目的，这种盲目甚至会达到颠倒黑白、指鹿为马的程度。自己的孩子无论长多丑都看着顺眼，无论多差都觉得优秀。但是这种盲目并非一成不变的，这种盲目认知的转折点通常在孩子成年、成家之后。随着孩子的成家立业，父母就不会像孩子小时候那样盲目了。他们开始能够客观、冷静地分析孩子到底好不好，以及孩子对他们好不好了。甚至会由原来的盲目，变成十分的敏感。因为父母平时接触最多的就是老人，老人和老人在一起谈论最多的就是子女。你的孩子多久来看你一回？你这件衣服是谁买的？你的儿媳（女婿）对你怎么样？……你的、我的，说来说去，就有了比较，有了比较就有了好坏。这时候，往往自己孩子比别人做得好的地方未必在意，比别人差的就会失落。但是父母即便失落，也不会直接告诉你，而会在经意不经意之间话里话外流露出来。尤其是当父母说别的老人"你真有福"时，就说明他们觉得你做得没有别人的子女好。这时子女一定要检讨一下,自己对父母做得够不够好。就要认真思考一下自己哪里做得还不够,父母羡慕别的老人什么,为什么没有人对我父母说这句话,要反思自己的父母跟别人的父母相比,差在哪里,自己跟别人的子女比,差在哪里。跟父母在一起,一定要善于"听"微知著,善于从细微处发现父母情绪的变化,从而调整自己对待父母的方法。争取让别的老人对你的父母说"你真有福"这句话,如果别人不曾说过,那只能说明你做得还不够好。

四、父母的"舒心"比子女的"舒服"更重要

舒服一般分两种,一种是身体的舒服,另一种是心理的舒服(在这里为了方便表述,把前一种简称舒服,后一种简称舒心)。子女一般都知道,父母的舒服比自己的舒服重要,所以家里有什么脏活、累活,子女都是自己干,好让父母清闲点。这是很多子女能够做到的。但是还应该知道,父母的舒心,也要比子女的舒服重要。说到让父母舒心的事,莫过于子女回家,而让子女不舒服的事,也莫过于回家陪父母。因为父母家的环境相对来说都比较老旧和脏乱,很多子女回父母家,尤其是CC家庭(农村男+城市女,或农村女+城市男)回到农村老家,洗不了澡、上不了网、被褥不干净、上厕所还是旱厕等问题让很多城市人包括在外面待时间长了的农村人都觉得不舒服。于是很多人回家之后就想找个理由早点走,想早点回到自己的小家里,因为那里更放松、更舒适。不说别人,我妻子原先就是这样。

我老家在农村,我妻子在城市长大。我们结婚第一年回农村老家过年,我妻子对农村的生活条件很不习惯,虽然我父母也想方设法满足她的生活习惯,她也尽力融入农村的生活,但还是不适应。尤其是没法洗澡让她实在受不了。在家待了几天之后,妻子私下跟我商量,确实太不舒服了,能不能早点回去。我跟妻子说,虽然咱们感到不舒服,但是爸妈一看到咱们在家,他们的心里就是舒服的。只要能让父母舒心,即便我们有些不舒服,也应该坚持。

事实证明,确实是这样,本来我母亲经常失眠,但我们在家的那几晚上

她睡得特别香。半夜我起床上厕所时,在父母的床头伫立了好久,看着父母睡得这么香甜,我内心非常的欣慰。可怜天下父母心,孩子在身边,他们就像有了依靠,心里也踏实。如果能让父母开心,我们做子女的即便受点罪也是应该的。假如父母家确实有点脏,大不了回家后把衣服全换了,彻底洗个澡。我们做子女的在陪父母的过程中,不要把精力放在嫌这嫌那上,我们一年当中能够陪父母的时间本来就不多,要陪就好好陪,要陪就要陪好,不能回家一次还闹得老人和自己都不高兴。

如果你回到老家也有不舒服的感觉,我要提醒你的是,即便父母家里老旧、脏乱,那也是父母为了迎接你打扫过的,为了怕你嫌弃,父母通常会为你专门准备一套被褥,也许这还是达不到你的卫生标准,但是你的父母已经尽力了。如果你觉得父母家脏乱差,你为什么不给他们打扫打扫呢?即便你给他们打扫了,等你一走又会恢复了原样,但至少你让父母干净了几天。如果你什么都没有做,光等现成的,就没有权利挑三拣四。记住**家不是旅馆,父母更不是服务员**。如果看到父母家不如你意的地方,你应该想到的是为他们做些什么,而不是就知道在不顺心、不舒服的时候抱怨。

我们在明白了父母的舒心,要比自己的舒服更重要之后,还要明白父母的舒心,同样比他们自己的舒服重要。如果在父母身体舒服和心理舒服两者之间只能选一个的话,你应该选择后者。

就比如子女回家之后,父母都是起早贪黑给子女准备吃的喝的,我带妻子回家时,我母亲早晨5点多就开始在床上翻来覆去算计给我们做什么吃的,怕我们冻着,半夜起来好几次看看炉子灭没灭。他们也困、也累,也不爱起床,虽然做这些他们的身体是不舒服的,可是只要能让孩子舒服,父母的心里就是舒服的。我们做子女的要将心比心,对于如此关心我们的父母,我们也应该为了他们身心的舒服而付出努力。

前面讲了,父母的舒心,比我们子女身体的舒服更重要。可是即便我们懂得了这个道理,还是不够的。你还要知道怎么做父母才会舒心。如果你不知道父母怎么样才会舒心,你就没有努力的目标和方向。想让父母舒心,只需要掌握一个基本方法和一条基本的原则。这个基本方法就是"换位思考"。也许"换位思考"这四个字,你听得耳朵都起膙子了,我在这本书里就提到好多次，但你是否真的会换位思考、有没有真正地与父母换位思考过呢？我想未必，即便你换了也未必能够进入角色。我们应该怎样换位思考呢？很简单，你就站在父母的角度去看你的行为，去感受他们的感受。你就想一想，等你有孩子了，你希望你的孩子为你做什么，你希望你的孩子怎么孝顺你，然后按照你的希望，去孝顺父母就行。想知道怎样才能让父母舒心，除了这个方法之外，还可以参照这样一条基本原则，那就是你觉得不舒服的，也许对父母来说就是舒心的。比如你觉得在家待着不舒服，但是你只要在家父母就觉得舒心；比如你觉得陪父母逛街不如自己逛街舒服，但对于父母而言有你的陪伴她们就格外舒服；等等。当然这不是说父母想要你不舒服，而是有些子女一跟父母在一起就不习惯、不自在，在同辈人间意气风发，到父母面前就无聊至极。在自己小家妙趣横生，在父母家里就窒息憋闷。所以当你难受的时候，先想一想父母是不是舒服的，如果是，那么无论再难受，你也应该挺着。

五、子女尽孝不能凭自己心情，而要看父母心情

不管你经历什么样的事情、承受什么样的压力、面临什么样的困难，是什么样的心情不重要，对父母该怎么做就要怎么做。我们平时看太多人的脸色，看领导的、看同事的、看对象的、看朋友的，其实我们最应该看的是父母的脸色。我们不能只在心情好的时候才去看看父母，才给父母买东西，心情不好的时候就把父母晾在一边不管不问。作为成年人来说，应该具备承受和消化不良情绪的能力，不管自己心情怎么样，都要在父母面前调整好。

子女在不凭自己心情对待父母的同时，还要用心观察父母的心情，并根据父母心情的好坏，判断父母的需求。有一次我给我母亲打电话，当时我母亲头晕的老毛病又犯了，说几句话就不想说了，想休息一会儿。挂完电话后我妻子给我打电话说要去看看我父母，我说你现在别去了，我妈现在头晕，刚吃完药，如果你去了她还得强打着精神陪你。按道理说母亲生病我妻子去看是理所当然的，试想如果这个时候我妻子跟母亲说带她去逛街、吃饭，她肯定没那个心情，甚至还会想，我都难受成这样了，你们还有心情去逛街吃饭，就会认为我们不关心她，所以尽孝也要根据父母不同的心情对症下药。

六、子女既要跟父母喜好一致，又要跟父母喜好不同

读过一个《吃鱼的故事》，讲的是一对夫妻，从结婚开始只要家里吃鱼，妻子就对丈夫说自己喜欢吃鱼头，丈夫对妻子说自己喜欢吃鱼尾，就这样两个人生活了一辈子，等老头去世前，老头对老太太说：老婆，告诉你一个小秘密，我其实最爱吃鱼头，因为我觉得鱼头最好吃，所以每次我都把鱼头让给你。老太太说，我还以为你真爱吃鱼尾呢，因为我觉得鱼尾最好吃，所以一直都说自己爱吃鱼头。两个人说完会心一笑，两只手紧紧握在一起。

这个故事虽然不至于让人热泪盈眶，但是让人觉得很温暖。在我们日常生活中，夫妻双方能够像故事中这么谦让的不多，至少我和妻子就做不到。但是父母对子女普遍都能做到。我相信你在生活中肯定也有这样的感悟，简单拿吃饭来说，你喜欢吃饺子，那么只要你回家父母就会包饺子，因为他们也"喜欢"。比如吃鱼的时候你爱吃鱼头，那么父母肯定就"不喜欢"吃鱼头。我岳母就是这样，只要我妻子爱吃的东西，她就"不爱"吃了，都给我妻子留着，这就是父母，也只有父母能做得到这一点。即便我这么爱我的妻子，如果有我和妻子都爱吃的东西，我也只是分给她一半。父母爱孩子爱到了没有自己喜好的程度，作为子女而言我们也要力求做到这一点，和父母在一起时，屏蔽掉你的喜好，并且要留心父母的喜好，他们爱吃什么、喜欢听什么歌曲、喜欢看什么节目等都要做到心中有数，把选择权交给父母。如果父母让你选择时，也要选他们喜欢的。当他们征求你的意见，问你想吃什么、想去哪里玩时，你要尽量说出他们想吃的东西、他们想去的地方，并且要让父母觉得你是真的喜欢。即便你的演技不好，父母知道了你是故意顺着他们，至少他们会很感动。

我们做子女的有的时候要跟父母喜好一致，而有的时候要跟父母喜好不同。比如父母爱吃鱼，那么你也要爱吃鱼，这就是喜好一致。但如果父母喜欢吃鱼头，你就不能喜欢吃鱼头，这就叫喜好不同。喜好一致是为了顺着父母。喜好不同是为了把好的东西留给父母。有什么好东西时，如果你和父母都喜欢，你就要说自己不喜欢。比如我曾经给妻子买了一个iPad，我妻子在家用几天，看我岳母也挺喜欢，就说她不喜欢用平板电脑，就把iPad送给了我岳母。我妻子的舅舅给她买了一台iPhone 6，我妻子本来很喜欢，但为了让我岳母开心，又说自己用不惯，也把手机给了我岳母。一来二去我岳母还以为我妻子真的不喜欢电子产品，其实每次我带妻子去商场她都会去苹果体验店看看，每当同事向她炫耀时，她也会有小小的失落，因为我们俩的生活也不是很宽裕，所以她也只能压抑自己的喜好，先满足自己的母亲，这一点让我很感动。这也是我从妻子身上学到的一课，**作为子女要喜欢父母欢喜**。

七、不让父母遗憾，你就不会遗憾

对于子女而言，父母不留遗憾，自己就不会遗憾。很多时候子女的遗憾，就是因为让父母留了遗憾。所以为了不让父母遗憾，也不让自己遗憾，作为子女平时就要多了解父母想去哪，想干些什么、想体验什么等，要把父母每一个想法都当成"遗愿"一样抓紧帮父母实现，别让等待变成遗憾。

不想让父母有遗憾，首先要清楚什么会让父母遗憾。大体来说，父母的遗憾主要来自两个方面，一是想要什么、想要做什么、想要去哪儿没能实现；二是不想要的一种结果、不想经历的一些不愉快等。

1. 父母想要的——想方设法满足

父母的想法无外乎有以下几种：

（1）想要某样东西。当然这方面的需求，父母不会直接跟子女提出，需要子女去揣摩。比如陪父母逛街时，父母如果喜欢某样东西，往往会转一圈之后再回去看第二遍。

（2）想去某个地方。比如北京的故宫、长城，杭州的西湖等名胜古迹，如果父母有知青经历的也许想要到年轻时候下乡的地方去故地重游等。

（3）想体验某种经历。如划船、看电影、看演出、坐飞机等。

（4）想去见某个人。想找到以前对他们有过帮助的、关系特别好、感情特别深的人。

（5）想完成某件事。心中一直想去做，但是一直没有时间、没有能力做的事。比如内心一个缺憾、一个难以释怀的约定，抑或是一个别人的嘱托等。

作为子女应该怎么去了解掌握父母的想法？可以参照扁鹊提出的"四诊法"，即望、闻、问、切四法：

"望"，是指通过观察父母的神色、形态的变化，从父母的一些日常生活的举止行为分析判断父母的想法。比如有一次我带父母去逛街，母亲走到卖金银首饰的地方去看了看项链，我问她要不要，她说不要，我跟母亲开玩笑说："你不要还看什么。"我母亲说："我就是随便看看。"作为子女就要从平时父母所谓的随便看看、顺便转转中去发现父母的喜好和需求。

"闻"，是指从父母的言语之间分析判断，当然这更多的是话外音，要从父母话里听到他们没有说出的内容，这就需要子女用心去揣摩。比如父母提谁家老太太去哪里去玩了，并且一脸的羡慕和憧憬时，这时你就要考虑，是不是父母也想出去转一转了。

"问"，是指直接问父母。这个方法最直接，也最困难。因为父母即便想要什么也不好意思跟子女要。比如父亲想要一副邻居老李头那样的象棋、母亲喜欢王大妈那样的项链等，他们是不会说的。小的时候，子女想要什么都会直接跟父母说，父母不同意就反复说，死磨硬泡。可是父母想要什么东西，却不会跟子女说，子女要给父母买还要死磨硬泡。

"切"，是指试探性地了解父母的意愿。比如你想带父母出去旅游时，向他们征求意见时父母虽然不会直接说想去哪里，但是话里话外肯定会流露出对某一个地方的向往。

通过对这四种方法的灵活使用，就能大致判断出父母真实的想法，从而为尽孝指明方向。

2. 父母担心的——竭尽全力克服

这就没法一一列举了，总之任何对子女不好的事情，都是父母担心的。比如毕业了还没找到工作、这么大了还没找个合适的对象、结婚好几年了还没要孩子等，并且遗憾不一定是很大的事，你不经意跟父母拌的一次嘴，都有可能成为你终生的遗憾。

子女尽孝除了对父母想的、盼的努力去实现，对父母怕的、担心的努力去克服之外，还要鼓励父母去体验一些他们原来不想要的、不想体验的事情。他们没在计划之内的、没经历的美好一定要让他们经历。想方设法让他们体验体验没做过的或者好多年没有体验的事情。比如看电影、划船、旅游、上网，等等。我父母从来没有在电影院里看过电影，有一天我想带他们去，他们刚开始不答应，说电影又不是没看过。我说你们看的是在村头放的那种，跟到电影院里看感觉完全不一样，后来骗他们说我朋友给的电影票不去就浪费了。为了让父母彻底改变对电影的认知，我专门带父母去沈阳恒隆广场的百丽宫看了场《智取威虎山》，因为影院的环境和影片效果都特别好，我父母兴奋得当天晚上都没睡着觉，之后我父母就喜欢上了看电影，还经常问我还有没有电影票。

　　父母就是这样，他们没经历过或者不想去做的事，其实未必是他们不喜欢的，只是因为他们认为那样没意思，真正让他们体验一次也许就会有不同的感受。因为父母普遍比较守旧，对新事物有恐惧感，怕自己太笨学不会你没耐心教、怕自己弄坏了弄砸了让子女埋怨。比如有些老人不会用手机玩微信，当你把他们教会了，他们就会从中发现乐趣。

　　古人说："尽吾志而不能至者，可以无悔矣。"对待父母也是一样，只要你尽力了就不会有遗憾。如果有朝一日，父母躺在床上奄奄一息时，你问父母有什么遗憾时，如果父母说出的遗憾，是你能做而没来得及做的，我相信你的遗憾一定比父母更深。但如果父母临去世之前，拉着你的手对你说这辈子我没什么遗憾的了，该有的都有了，该经历的都经历了。你在即将为失去父母而悲痛的同时，也会因为没有让父母遗憾而释然。

八、子女终有偕老者，父母更需同路人

　　随着离婚率的上升，以及人生中不可预料的各种意外事故、疾病等原因导致的丧偶，社会上的单亲家庭越来越多，随之而来的，就是再婚的问题。在婚后的单身人群中，年轻人的再婚问题不是很大，一方面可能没有孩子，即便有孩子，孩子还小，还没有自己的意见，自己何时再婚，跟谁再婚都是自己说了算。即便孩子不同意，对方买点好吃的好玩的，孩子就容易被"拉拢腐蚀"。相比之下，孩子已经成年、自己已经步入中老年的婚后单身人群的再婚问题，就远非这么简单。

应该说，黄昏恋是老年人的精神追求和慰藉，也有助于老年人的健康，还会减轻下一代的身心负担。虽然有这么多的好处，但目前老年人的再婚还存在很多问题。天津人民广播电台"悄悄话"节目主持人张琦说，目前80%的丧偶老年人愿意再婚，但实际上只有3%的丧偶老年人实现了这一愿望。为什么理想和现实之间的差距这么大呢？很大程度上就是因为单亲家庭的父母在重组家庭时顾虑儿女们的感受，而父母在为儿女考虑的时候，却没有多少儿女为自己父母考虑。正是因为子女光考虑自己的心情，不在乎父母的感受，所以在父母再婚问题上很多的子女不够积极主动，甚至是极力反对。从这个层面说，有的子女是非常自私的。

单亲家庭的子女应该明白：父母也是人，也有七情六欲。你有自己的情感需求，你的父母也有自己的情感需求。你有追求幸福的权利，你的父母同样有追求幸福的权利。你连经常回家看父母都做不到，还不允许父母找老伴，你这边拥妻抱子，一家其乐融融。父母那边形单影只，冷冷清清。你觉得说得过去吗？我想这世间最自私的事也莫过于此了。

之所以说"满堂儿女，不如半路夫妻"，是因为儿女满堂终有散，半路夫妻命相连。在你没有成家前，父母还可以跟你相依为命，把所有的情感寄托在你的身上，一旦你有自己的家庭之后，你的家中有怀抱，父母家中无依靠，他们的孤独感、恐惧感就会与日俱增。对于非单亲家庭的老人而言，儿女因为工作、生活的需要，无法陪在父母身边，父母整天"出门一把锁，进门一盏灯"的生活已经寂寞得可怜，但这与单身的父亲（母亲）相比，还算是好的。至少父母之间相互还有个伴，如果父母出门、进门都是一个人，他们就会更加寂寞和孤独。退一步讲，即便你能陪伴，甚至你愿意放弃婚姻来为父母养老送终，因为年龄上的代沟，他们有些话无法跟你倾诉，跟你说了你也未必能够完全理解。人到了老年，夫妻相伴，白天一起看电视、看报纸、听收音机，一起到公园散步、逛街、旅游，一起跟好朋友喝茶聊天，那份自得和快乐，是多少儿女都无法替代的。所以每个单亲家庭的子女都要设身处地地为父母着想，如果你是真的爱自己的父母，你就一定会支持他们再婚。如果你不支持，就说明你对他们的爱是虚伪的，是肤浅的。你要真的爱他们，就会给他们追求幸福的权利，这也是你爱他们、为他们着想最好的证明。

可能因为父母现在身体硬朗，对老伴的需求还不太明显，所以很多子女还没有意识到。试想如果父母有个头疼脑热，身边连个端水拿药的人都没有，或者半夜起来上厕所万一有个磕碰，叫人都没人答应。并且随着年龄的增长，等到父母腿脚不灵便没有自理能力的时候，平时一日生活起居都无人照料。就像2015年1月19日，南宁市的一个独居老人猝死之后，尸体被狗啃食都没人知道。如果你让父母重新找个老伴，他们至少生活上有个照料，相互间有个依靠，就会避免这种情况发生。哪怕父亲（母亲）的老伴起不了什么作用，至少还能及时叫人，或者通知你。

此外，对父母再婚的支持，不能仅仅停留在父母征求你的意见时你同意他们再婚。因为情感方面的需求，很多父母是羞于对子女启齿的。作为子女要积极地做父母的工作，即便他们不想再婚，也要鼓励父母勇敢追求自己的幸福，敢于去尝试，不要顾及他人的闲言碎语，也不用考虑你的情况。你的支持就是他们最大的动力。你所有亲戚对你父母的动员加起来，也没有你一个人的态度重要。即便父母真就没有再婚的想法，或者因为没有找到合适的而终老此生，至少他们会感到特别的欣慰，因为他们知道他们的儿女确确实实关心他们的幸福，至少能够给他们孤单的老年生活一丝安慰。

在鼓励父母再婚时，第一选项就是尽量撮合自己的亲生父亲和母亲复婚。撮合父母复婚，不需要别人，**子女就是父母最好的媒人**。不管当初父母离婚时的原因是什么，随着时间的流逝，对彼此的伤害也会逐渐淡忘。俗话说，一日夫妻百日恩，能够生下爱情的结晶，至少说明父母还不只是做了一日夫妻，不可能没有感情。并且随着时间的推移，父母还会因为离婚后与他人的比较中清醒地意识到对方的优点。作为子女即使有一线的可能，也要尽最大的努力去撮合，积极地创造条件。假如父母复婚确实不能实现，那么就退而求其次，支持父母再婚。并且支持父母再婚也要趁早，一方面让父母早日脱离孤单的生活，享受幸福。另一方面，越早找，成功的概率就越大，等到父母生活都不能自理了，你再想给父母找个伴，也找不到了。

作为子女积极主动支持父母再婚还不是终点，还必须在父母重组家庭后继续理解和支持父母。重组家庭需要面临比正常家庭更多的问题，不仅仅是父亲（母亲）和对方两个人的事情，还牵扯到两个家庭。你一定要充分理解和包容，既然你都同意父母再婚了，就把好事做到底。在父母重组家庭后，就要好好跟继父（继母）相处，不要让亲生父母为难。

谈到如何处理和继父（继母）的关系就不得不提到闵子骞（孔子最优秀的学生之一，对儒家文化的形成和发展起到了非常重要的作用，被列为圣门十二哲之首，在《二十四孝》里被排在第三位），体现闵子骞孝心的就是"鞭打芦花"的故事：

> 闵子骞十岁丧母，其父闵世恭再娶，但继母李秀英对他虐待，给自己亲生的两个儿子做的棉衣里装的是棉花，给闵子骞做的棉衣里装的是芦花。冬天外出驾车时闵子骞拉车，因为没吃饱，没劲。父亲生气，用鞭子打他，棉衣破了，露出了芦花。原来，后妈给闵子骞的棉衣里装的是芦花。父亲就很气愤，决定休了李秀英。但闵子骞以德报怨，双膝跪地以情动父，说出了流传至今的感人之言："母在，一子单；母去，三子寒。留下高堂母，全家得团圆……"继母深受感动，遂对闵子骞视同己出。这个故事很感人，后来有人作诗称赞："闵氏有贤郎，何曾怨后娘。车前留母在，三子免风霜。"

与闵子骞遭遇相同的还有舜，舜幼年丧母后，父亲再婚，后母又带来一子。舜的父母与弟弟性格乖戾、偏激，据说是"父顽、母嚚、弟傲"，他们甚至多次加害于舜，必欲除之而后快，舜的处境可想而知。但是，舜依然孝心不变，最后终于用真诚的孝行使家庭归于和谐。

虽然这两个人的故事非常久远，但因为十分经典，所以我今天拿来老调重弹。在当今社会其实也不乏子女与继父（继母）和谐相处的故事，只不过从小我们不听话时，很多母亲都会吓唬孩子说"你就气我吧，等你把我气死了，你爸给你找个后妈有你好受的"。因为母亲经常拿"后妈"吓唬我们，所以很多人根深蒂固地认为"后妈是老虎"，既然后妈是老虎了，后爸怎么也得是豺狼，所以很多子女先入为主地给继父（继母）贴上"可恶"的标签，心里抵触排斥，为日后相处人为地制造了障碍。客观地说，继父、继母也是人，也不是好赖不分、软硬不吃、油盐不进。即便你的继父（继母）不好相处，但总不至于像舜和闵子骞的继父、继母那样可恶吧。所以只要你用心，就一定能够感化他们。当然，可能你会为此忍受一些委屈，甚至是羞辱。但我想如果能够让你的亲生父母开心，能够让继父（继母）对你亲生父母好，你多付出些也算不了什么。无论现在你和继父（继母）的关系处在什么程度，你只需要放下姿态，首先示好（也许这让你不习惯，但是你想要自己的亲生父母幸福，你就必须要这样做），用不了多久，你会发现，继父或者继母一样能够和谐相处。具体来说想要和继父（继母）和谐相处，只需要把握两条原则，一是对继父（继母）要像亲生父母对待；二是对继父（继母）或者亲生父母与继父（继母）所生的孩子，要像亲兄弟姐妹一样对待。只要把握住这两条，家庭和顺就很简单。

最后我要说的是，或许你的父亲母亲各自成立家庭后，你会失落，但这就是人生。只要他们能够找到各自的幸福就好，他们是幸福的，你就应该是快乐的。

听我一句劝，**爱他们，就给他们自由。**

九、既要对父母报喜不报忧，又要防止父母对你报喜藏忧

我想绝大多数奔波在外的人都会懂得"出门在外，对父母报喜不报忧"这个道理。因为有些负面的事情，即便告诉父母，除了让他们跟你一起着急、上火、晚上睡不好觉以外没有任何好处。

可是光懂得这个道理还不够，还需要知道什么事情会让父母喜，什么事情会让父母忧。对于你生活中所有好事父母都会喜，所有坏事父母都会担忧，这不用我多说。但是在生活中有一些细节需要把握，以一个生活中经常遇到的小事为例：我们很多人在回家前，为了早点让父母开心，喜欢提前告诉他们，好让他们有个盼头。也有的人怕提前告诉父母了让他们担心，所以就干脆不告诉他们自己什么时候回家，给父母意外的惊喜。一般人们都会选择这两种不同的处理方法，但我要说的是，这两种方法并不是最优化的选择，因为这两种做法都不能让父母的开心最大化，担忧最小化。

如果不告诉父母你回家的日期，直接回家，在你进家门的那一刻他们固然会很惊喜，但是父母快乐的时间很短暂（并且你不提前告诉父母，回家你就没有好吃的）；如果告诉父母你回家的日期，他们又会在你快回家前三天就会因为担心你路上的安全和你即将回家的兴奋而睡不着觉。那么有没有一个折中的方法，既能够让父母开心了，又不至于让他们担心呢？

我总结的办法就是：告诉他们一个延后的日期。比如你15号到家，你就说20号到家，并且5号就告诉他们。这样一来，你什么时候告诉他们，他们就从哪一天开始期盼，并且这时的期盼只有喜悦，没有担忧。所以早告诉几天没事，让父母提前有个盼头。一般来讲都是在子女回家前3天母亲开始睡不着觉（因为每个人的父母不一样，这个时间差也不同），等父母刚开始要担心你路上安全的时候，你已经走进了家门。

如果你要外出，去比较远的地方，最好也提前一周告诉父母。然后出发前三四天，再去见父母一面。这样的话，当你出发前，再次向父母辞行时，父母因为提前有了心理准备，情绪上就不会大起大落。

这就是细节，能做到这一点很简单，但是能想到这一点不容易。为什么呢？原因就是很多人没有真正静下心来思考，如果你能真正静下心来思考的话，我相信你也一定会有很多孝顺的方法（我也期待你能告诉我）。

前面只是讲的子女如何对父母报喜不报忧，这个道理父母也懂，所以也会在生活中为了不让孩子担心，自己有困难、生了病了也瞒着不说，对子女报喜藏忧。

央视曾经在多个频道播放公益广告《老爸的谎言》，广告一开始，一位老父亲在电话旁等着什么。电话铃响起，是女儿的电话，老父亲告诉孩子自己一切都好，生活丰富，经常和朋友们排节目，每天特别忙，一点都不闷。当女儿问及妈妈时，老父亲支吾着说出妈妈去跳舞了的谎言。实际上老父亲每天都是自己一个人守着空空的屋子等着女儿的电话，而老妈妈已生病住院。

每次看完这个公益广告，我都会感觉到一阵酸楚，我想我们很多人都有这样的经历：父母即便头疼脑热、磕了碰了，因为怕我们分心、怕影响我们工作，也不愿意告诉我们。本来平时没事的时候父母就很想自己的子女，自己有点事就更会想（就像我们子女在外面，高兴的时候不想父母，但是生病和心情低落的时候，肯定就想他们了），可无论他们多想、多需要自己的子女，也不好意思麻烦子女，除非是病重了，不得已才会告诉子女，还有的是别人看不下去了偷着告诉的。

在这方面我是有亲身经历的，我母亲在2012年9月份摔伤了腰，在床上足足躺了三个月。当时我在部队，母亲怕我担心，就没告诉我。每一次我打电话回家，母亲都强撑着跟我聊天，前两个月我居然一点都没感觉出来，直到有一天我给母亲打电话感觉母亲状态不对，在我反复追问下才知道了实情。母亲之所以告诉我，是因为当天我父亲拿着她拍的片子去市里医院找医生看，把母亲托付给邻居后，邻居忘了。我母亲不仅一天一口饭都没吃，从早晨要上厕所，也一直憋了一天。叫人，也没人答应，手机里只有我们兄妹几个的电话，还不敢跟我们说。正好我打电话回家，实在没办法了，才告诉我，让我给我们邻居打个电话。我知道后愧疚地泪流满面。作为儿子，我居然让自己的母亲这么可怜，直到现在想起来我都深深地自责。还有一次我回沈阳，在火车上我给母亲打电话让她准备一下，我想带她出去吃饭，母亲说你来了再说吧，等我到了，我才知道我母亲前几天煮饺子的时候，一锅正开着的饺子汤倒在了腿上，烫的满腿都是水泡，就连和母亲同住在沈阳的哥哥也没发现。因为每次我哥哥去了，母亲就把衣服穿上，怕他担心。这是我们作为子女应该防范的，一方面在前面讲过我们在外要对父母报喜不报忧，另外一个层面，还要防止父母对我们报喜藏忧。**我们没有必要再让父母为我们担心，但是我们必须为父母担心。这是我们做子女的责任，我们的父母，我们不担心让谁担心。**但是要想真实地掌握父母的情况，需要一定的智慧和方法，结合自己的教训，我总结了几个方法以供借鉴：

1. 与父母沟通。跟父母讲清他们在你心目中的分量，让父母知道他们如果发生了问题不告诉你，不是在帮你，而是在害你，是要置你于不孝。还要给父母讲明白两个道理，一是说不定在父母认为你没时间回家的时候，你恰好有时间可以请假回家（即便没有时间也要回家，这是父母最需要我们的时候）。二是有可能你虽然远在外地，也能通过朋友帮得上忙，帮父母处理出现的问题。就像前面说的我母亲腿烫伤了那回，后来感染了，正好我的同事老家医院有种特效药专治烫伤，知道我母亲被烫伤后，我同事就让自己家人到医院给我买完用快递邮给我母亲，用了没几天就好了。即便父母有事了，你实在帮不上忙，至少父母能够跟你倾诉一下，他们心理上有个寄托，就不会过于孤独。

2. 自己分析判断。我想你每次给父母打电话，问他们怎么样的时候，天底下父母说得最多的应该就是：没事，我们挺好的。你不用担心我们（如果有不同，也只是用的方言不同）。这时不要光听他们说，你还要从父母的语气和日常规律等方面，综合判断有无异常。

3. 在父母身边培养"亲信"。父母如果有个头疼脑热自己实在没有办法处理的时候，一般要找身边的亲戚帮忙，这时你就要在你的亲戚中培养这样的"亲信"。在你离家时也要跟你的"亲信"托付一番，"我父母这儿麻烦你帮我照看一下"等，并告诉他们如果你父母有什么大事小情，不管父母让不让告诉你都必须告诉你。

十、父母养宠物后，子女要深思；子女养宠物前，自己要反思

"以前，养个儿子叫狗子，现在养只狗叫儿子……"相声演员姜昆曾在春晚上表演的这个相声，让人捧腹大笑的同时，也道出了现在许多老人无以言表的孤独。正是因为孤独，我们在大街小巷，随处可见牵着狗散步的老人。

有记者随机采访了80位老人，其中49位养狗，9位老人养鹦鹉，3位老人养金鱼，剩下的19位老人没有喂养宠物，但是有6位老人也准备养狗。在这61位饲养宠物的老人中，有40多人的子女不在身边。心理专家指出：是孤独和寂寞导致很多老人患上了"宠物依赖症"。因为和以前相比，随着生活条件的改善，现在的老年人已经从"生理需求、温饱需求"升级到更高一级的"社交、感情、自尊、自我实现"的精神需求，而老年人的情感需求没有引起子女们的重视，老人们也只能通过别的途径寻找需求。为了排解孤独寂寞，老人们只能从饲养宠物中寻找一份亲情。

如果你的父母在养宠物，或者打算养宠物，那你就应该思考这样几个问题：

1. 父母为什么要买宠物？是他们从年轻时就喜欢，还是因为没人陪，想

找个伴儿?

2. 自己是不是平时陪父母陪得太少了？是不是给父母的关怀太少了？

如果你也在养宠物，或者打算买宠物，也要反思这样几个问题：

1. 你有买宠物和给宠物买食物的钱，你给了父母多少钱，你父母缺钱不？

2. 你有陪宠物的时间，陪父母行不行？

3. 如果宠物生病了，你会不会急急忙忙带宠物去宠物医院？父母生病时，你带他们去医院看了没？你是不是给狗看病比给父母看病都着急？

如果你连自己的父母还没有赡养明白，却要去养一条狗，那我是不是可以这样理解：在你的意识中你的父母还没有狗重要呢？但凡是人，都明白这两者孰轻孰重，但我想并不是所有养宠物的人都对父母做到了无可挑剔。

无论是父母养宠物，还是你自己养宠物，我都恳请你认真地思考上面的问题，并且最好用你的实际行动，做出无愧于良心的回答。

最后我想问你的是，你知道为什么很多人养宠物更倾向于养狗吗？那是因为狗能通人性，但我想狗再通人性，也没有我们人通人性吧。

其实热爱小动物，养宠物无可厚非，但如果你对父母都没做好，却把时间、精力、财力都用在养宠物上，那就必须要"厚非"了。

十一、若想子孝，先当孝子

每个人有了孩子，都希望孩子长大后能孝顺自己，因为养儿就是为了防老。可是有的子女却让老人防不胜防，很多父母"养了儿"，却被"啃了老"。于是在耳闻目睹了很多不讲孝道的新闻之后，没有系统学过教育孩子方法的父母开始思考一个问题，怎么教育孩子，孩子才会孝顺自己？我从自身经历总结就一条——你孝顺自己的父母。虽然我的孝行没有达到感动中国的程度，但扪心自问，自己还算孝顺，要不然也不敢写这样的书。而当我审视自己成长过程中是什么让自己孝顺父母，是什么对自己影响最大的时候，我印象最深刻的就是我父母在我小时候对我爷爷特别孝顺。我爷爷去世前在床上病了整整两年，在这两年的时间里，我父母为了给爷爷治病，不仅花光了家里所有的积蓄，还跟亲戚和乡亲们借了很多钱。这还不算，在给我爷爷看病的同时，为了保证我爷爷的营养，我父亲就到村里信用社贷款给我爷爷买水果、蛋糕、罐头、奶粉等营养品。我爷爷当时有一个很大的红板柜，我记忆里爷爷的柜子始终是满的。当时我整天就知道上爷爷的红板柜里拿好吃的，以至于我后来蛋糕、奶粉、罐头都吃伤了，现在一口都吃不下去。可以说是父母的言传身教告诉我作为一个子女应该怎样去孝顺老人。有这样的父母，我又怎么忍心不孝顺他们。

如果你想你的下一代孝顺你，那么你的精力不能仅仅放在对下一代的呵护上，而应该是对上一代人尽孝。正如《四言》中说，要知亲恩，看你儿郎；要求子顺，先孝爹娘。就是说养育了子女，才能了解父母的养育之恩；要求子女孝顺你，你就必须首先顺你自己的父母。文昌帝君说：你供养小孩，不供养父母，你这样怎么可能有福报呢？你的小孩怎么能学好，怎么能考中呢？我们的供养一定不要集中在下一代，一定要放在上一代。不管什么学派的命理，都是以下生上、上大过下为福禄的。如果我们能够从小孩子出生开始，就孝顺我们自己的父母，每天都让小孩子看到并且学习，那么小孩子将来福气会非常大，并且不用管他，他自己就能学好，会非常孝顺你。反过来，如果我们把眼睛放在下一代，不管上一代，薄我们的父母，厚我们的小孩，那么小孩的福气会很差。这样也会造成一个后果，就是将来小孩做了父母，也会不管我们，只关心宠爱他的孩子。

为什么会是这样呢？很简单，就是身教的结果。我们都知道榜样的力量是无穷的。年轻父母的孝心善举无疑会对子女产生深远的影响，年轻父母如果对长辈有孝心，经常关爱老人生活，对老人有礼貌，问寒问暖，体贴老人，等将来自己老了，子女也会有样学样、照葫芦画瓢地对你关爱有加。反之，自己对长辈不敬不孝，动不动呵斥，到了晚年，子女也同样会这样对待自己。如果你有好事的时候和孩子独自享受，并且让孩子瞒着爷爷奶奶，等到自己的孩子有孩子后，也会教他们的孩子，有好事不告诉你。善待老人就是善待明天的自己。因此，如果你希望自己老的时候孩子孝顺你，那么你现在就抓紧时间孝顺父母。

对于还没有孩子的人来说，也一定要记着，等你有朝一日成为父母之后，如果孩子存在什么问题，尤其是在孝道上存在问题，一定要知道最需要

教育的其实不是孩子，而是你自己。教育孩子的前提是父母的自我教育，孩子的问题大多是父母教育不当造成的。如果说"龙生龙凤生凤，老鼠生仔会打洞"是由本性决定的，那么俗语"儿子英雄，父亲一定是好汉。媳妇混蛋，丈母娘一定难缠"则更多指的是后天养成的行为习惯。对于孩子，在成长过程中他对所处的环境、他所接触的东西都会去模仿。父母就是孩子的镜子，父母的言行举止时刻都在影响着孩子。甚至有人说父母是原件，家庭是复印机，孩子就是复印件。父母会在子女身上看到自己的翻版，看到世事的轮回。

有这样一个故事，一位不孝之子将自己多年瘫痪在床的父亲用一辆破烂不堪的车子和儿子一起推到一个荒无人烟的野外，然后转身回家。不料年幼的儿子却说，爸爸，你怎么连车子都丢了？爸爸说，要它没用。儿子对爸爸说，爸爸，车子不能丢，等将来你也老了，和我爷爷今天一样不能动弹了，我用这辆车子把你推到这儿来。这位不孝之子一听傻眼了，又将老人推了回来。

这虽然只是一个故事，但它却折射出父母的言行对孩子教育的重要性。故事中孩子的话，并不是表达对父母虐待爷爷的不满，而是认为他也应该像父亲这么做，因为孩子幼小时没有是非对错的概念，这是人作为动物属性的一种习得本能。

如果说一个编的故事不够有说服力，那么我们就再来看一个发生在街道司法调解所的真实案例：一对父子俩气冲冲地来洪都街道司法所找调解员，"你是徐司法吗？我俩吵架你管吗？"徐司法立即热情接待，问其原因，其父生气地当着儿子的面列举了许多儿子不孝的事例给调解员听。儿子却反驳他说："你说我对你不孝，可是你孝顺吗？我爷爷、奶奶病了时，你为他们请过医生吗？你服侍过他们吗？你买过营养品给他们吃吗？没有！我对你不孝，还不是从你身上学来的。"几句话说得老人哑口无言。

言传不如身教，身教重于言传。这个道理虽然简单，但不是每个人都懂，甚至大多数人都不懂。因此很多人做了父母后都只注重言传，而忽视身教。很多做父母的之所以忽视身教，是因为他们觉得小孩什么都不懂，你即便告诉他什么东西他都不一定能够明白，更何况你做什么让他学了。他们都认为语言的教育要比身教更直接，你说什么就是什么，他们不会太多的思考，那你就大错特错了。

为什么言传不如身教？细想其实道理很简单，因为言传是"抽象"的，孩子要把大人说的话经过大脑的思考、分析、想象，然后才能落实到行动中。而身教是"具象"的，孩子不需要思考，只要照着大人的行为举止照葫芦画瓢就行，不用过脑子，少了一个环节，自然就简单得多。

现在很多人结婚之后就忘了娘，等有了小孩子就更是把父母抛到脑后，全身心地把精力都投入到孩子身上。几乎每个人都要经历既上有老，又下有小的阶段。你对父母的一言一行、一举一动都会被纯真的孩子看在眼里、记在心里，最终用在你的身上。不可忽视的一点是，孩子学好难，学坏容易。这就像古语说的从善如登，从恶如崩。孩子学好可能比较慢，学坏那是过目不忘，所以你在对待父母时想想自己的以后。你也许会认为你把一切都奉献给了孩子，尽自己所能给他创造更好的环境，即便你不孝顺自己父母，你的孩子也肯定会对你孝顺。可你问问自己，你的父母不爱你吗？你的父母为你付出的不够多吗？可是他们换来的是什么呢？有人说孝顺是一种基因的遗传，其实不然，孝顺只是身教的结果。等你躺在病床上埋怨孩子对你不冷不热、不理不睬，甚至不管不问时，你会抱怨，会咒骂。可是他们只需一句话就会让你哑口无言，他们会说你当初不也是这么对我爷爷、奶奶的吗？你能说什么？这就是报应。我只能用鲁迅在《论雷峰塔倒下》的最后一句话送给你，那就是——活该。

因此我们如果有孩子了，一定要以身作则，在对待自己的父母和爱人的父母时，要礼让为先，要求孩子做到的，自己首先要做到，不让孩子做的，自己首先不做。在家要注重营造良好的孝文化氛围，吃饭时要将长辈先请到餐桌上；出门时要给长辈打招呼；遇事要和长辈抱着谦虚的口吻商量；有空就陪老人说说话；对行动不便的老人利用早晚推着轮椅上公园转转；节假日要带上孩子常回家看看；爷爷奶奶、公公婆婆体弱多病，行动不便，要多体贴，多照顾，不能动不动对父母发脾气。只有我们年轻父母力所能及做到孝敬长辈，子女才会潜移默化地受到熏陶，这样随着时间的推移，从而让他们意识到孝顺父母是天经地义的。久而久之，孝敬长辈的习惯也就会形成。

上行的"孝"，是对下行最好的"教"。对父母孝顺，是对子女最好的教育。如果你自己对父母不好、不孝顺，却想让子女对自己孝顺是有一定难度的。如前面所言，很多子女之所以不孝顺自己的父母，主要是因为父母的身教。但还有一个原因是因为老人和孩子隔代亲，爷爷奶奶跟孙子孙女亲，孙子孙女自然也跟爷爷奶奶亲，所以如果你对孩子的爷爷奶奶不好，孩子非常容易讨厌你。

说到大人对孩子的影响，发生在我姐的孩子身上的两件事给我的印象特别深刻：

第一件是我父母住在我姐家的时候，因为我父亲得了轻度脑血栓，为了让我父亲能康复得快点，我姐每天下班后给我父亲按摩。有一天我姐下班晚了，到点了还没回家，我外甥就搬个小凳给我父亲按摩。刚开始我姐夫跟我说，我还不相信，因为我外甥太腼腆了，不是一般的腼腆，我还特意让我姐夫把我外甥给我父亲按摩时照了照片发给我。

第二件是我过年时带着妻子给父母拜年，我父母说意思一下就行了，不用磕头，但为了感谢父母的养育之恩，我和妻子坚持给父母磕头拜年。等我们给父母拜完之后，我让我外甥给我们拜年，外甥居然也拿了一张报纸，垫在地上像模像样地给我和妻子磕头。这还不是关键，关键是，先前我外甥给别人拜年时，让他磕头他死活不肯，给钱也不行。没想到给我们拜年磕头没有丝毫的拘束，跪下就磕。

我想这应该就算身教吧。你根本不需要给孩子讲太多的大道理，你只需要自己做好，让他们学就可以了。有句话说：人在做，天在看。天看不看不知道，最主要的你的子女在看。所以，哪怕是为了自己也要对父母好一点。无论你的初衷是什么，只要你孝顺就好。

十二、爱人的"枕边风"和父母的"耳旁风"

注：这个章节，是我给男人的私信，女士请绕行。

之所以不让女人看，就是想跟男人好好唠唠，一般来说每个已婚男人都会感受到这两种风（不知道你有没有遇到），两者相比，妻子的"枕边风"风力更大、威力更强,一年也许就吹两次,但是一次能吹半年。内容无非就是公公婆婆这不是、那不是,最后吹得连你自己也认为父母确实这也不对、那也不对。而相较于妻子的"枕边风",父母的话都是"耳旁风",左耳朵进,右耳朵出。不过能听父母"耳旁风"的人还算是好的,至少说明还去看父母,父母还有吹"耳旁风"的机会,但即便给父母吹"耳旁风"的机会,由于内心早已被"枕边风"洗脑,所以对父母"耳旁风"抗体较强。

一般来说,作为男人,无论是对妻子的"枕边风",还是父母的"耳旁风"都应该做到四有:

1. 有耐心。如果父母和妻子有一方对你吹风,不管内容如何,仅从形式上来说,就代表了情绪上的不满。所以一旦有风吹草动,你要切记一点,一定要做一个有修养的"伏尔泰主义者","我不同意你的观点,但是我誓死捍卫你说话的权利"。你要知道,有些话你父母和你妻子之间不会说,尤其是对对方的看法,但是他们都会毫无保留地跟你说。如果你不给妻子和父母说话的权利,你就不知道他们的观点,无论他们的观点对错,首先要让他们畅所欲言,然后你再耐心地讲事实、摆道理、晓之以理、动之以情地跟他们沟通。这一点尤其在与父母接触过程中最重要,要认真听老人的话,真正入耳入心,不要心不在焉。

2. 有原则。对妻子和父母说的话就事论事,帮理不帮亲。双方就事论事讲道理可以,但是不能上升到道德层面,尤其不能对对方进行人身攻击。在妻子与父母有矛盾时,父母一般都是弱势群体,因此要格外避免妻子对父母过分的行为(比如前面新闻中儿媳把老公公赶出家外)。如果父母受到了妻子的羞辱,你要替父母做主,要敢于和妻子就事论事,据理力争。如果这你都不敢,你就不是男人。

3. 有担当。父母和妻子任何一方有错,你都要主动承担错误,并且尽可能地把责任都揽到自己身上,从而降低一方对另一方的不满。如果错误比较明显,你无法和稀泥、当替罪羊,也要代替犯错的一方向另一方认错,并私下规劝犯错的一方。

4. 有智慧。父母和妻子闹矛盾时,要有策略,讲方法,不要觉得家里的事不用过脑子,想说什么就说什么,想怎么说就怎么说,处理家里的事虽然不完全像处理工作上的事情那样小心谨慎，但同样要花点心思，用些技巧。比较常用的就是老话说的要两头瞒，不要两头传。不管是"瞒"还是"传"，最终的目的都是将双方往一处使劲。此外，还要对双方所说的话综合判断，具体分析，换位思考，尤其不能"妻"云亦云，从而避免因为偏听偏信导致判断的失误。

虽然在前面我已经说了不让女人看，但肯定会有女人好奇地看了这一章，那我要给你的唯一忠告就是：**如果你爱你的男人，就要孝顺他的父母**。因为如果你和他父母有矛盾，最终受折磨的是你自己的男人。你的男人受的折磨越多，他的心血耗费得就越多，除非他是大款，你想要早点继承财产，否则即便他父母存在问题，你也应该包容。很多女人算不清一笔很简单的账，就是汇仁肾宝的广告语说的那样，他好你才会好。

对于女人来说，如果对方父母有的事情做得不尽如人意，这时应该想：**你跟的是他，不是他父母**，所以不必计较太多。如果你实在做不到、想不通，就假设自己的子女成了家，你和子女的对象有了分歧，你觉得谁应该先让步呢？在平时应该想：**他是他爸妈生的，不是你生的**。如果你生了孩子，你觉得你的付出不值得孩子回报吗？

无论是男人还是女人，你都是你爱人和父母沟通的桥梁，你作为中间人一定要起到调节的作用，想要把父母和爱人的关系协调好，你要努力让双方做到"四解"：

了解——可以说你爱人和你父母所有情况都是不同的，无论是成长环境、生活习惯还是脾气秉性等。你没办法、也没必要让父母和你爱人养成相同的习性，但至少要让双方知道对方的习惯是什么，尽可能地让双方彼此了解，才能使双方在相处过程中，想要迁就对方时有个方向。哪怕是生活习惯，所以每次我带妻子去看父母，母亲给我们做饭时都会刻意少放点盐，因为我之前告诉母亲我妻子口淡。

理解——双方彼此了解了，就为理解打下了良好的基础，就在一些事情的看法、一些言语的理解上做了很好的铺垫，至少能够减少相互之间的曲解。比如我妻子在与我父母接触过程中，我妻子每次去看我父母都待到晚上才走，每次要走的时候父母都会挽留我妻子，说再待会吧。当时正是各地经常出事的时候，我妻子回家还要一个多小时的时间，晚上自己打车回家害怕。所以就对我说，我去看爸妈时，能不能让我早点回来，晚上太晚了我害怕。我就对我妻子说：首先我父母挽留你就说明他们喜欢你，想要多跟你待一会，再者，有的时候也是礼貌的说法。他们觉得你走的时候如果不挽留你，怕你认为他们不想你去，而不是他们不为你考虑。随后我又对我父母说，晚上尽量让她早点回去，要不太晚了不安全。后来我妻子去看我父母时，我父母都会提醒她早点回去。我妻子在我父母提醒她的时候，看看还不太晚，就对父母说，"没事，我再陪你们待会"。这只是生活中一个小得不能再小的事情，但是如果你沟通不好，双方不理解对方的初衷，就很容易产生一些不必要的误会。

谅解——父母和爱人彼此了解了，相互理解了，那么即便发生一些不愉快，比如你的爱人无意顶撞了父母、父母无意责怪了你的爱人，也能彼此谅解对方。在这期间尤其是男人要让父母明白一个道理，那就是媳妇和女儿是不一样的，同样一件事情女儿去做和儿媳去做，父母就会有不同的感受。就比如一位婆婆对邻居说："我那个媳妇，整天好吃懒做，不睡到中午不起床，家务也不做，整天就吃现成的，吃饭还让我儿子拿到房间给她吃，真是太过分了！"邻居问她："你女儿嫁得还不错吧？"那位婆婆说："是啊，过得可幸福了，大家都对她很好，也不让她做家务，放假就出去玩，每天睡到中午，我女婿做了饭还端到房间给我女儿吃。"所以在父母挑儿媳毛病的时候，你要让他们想想做儿媳的难处（最好把这个故事讲给父母听）。

化解——如果上面三点都做到了，自然而然就能化解爱人和父母彼此双方的矛盾、隔阂和误会，让彼此的关系始终处在和谐、融洽的氛围之中。

第八章

孝之践行

FILIAL PIETY IS YOUDAO

之前分析了那么多的误区，总结了这么多的感悟，最终还是要落实在实践上。这一章就是将前面的内容整合成可操作性的原则、措施和方法。

践行原则

一、确保父母身心健康"一二三四五"原则（子女应遵循）

子女确保父母身心健康的"一二三四五"原则，即一个中心，两个是否，三意，四想，五要。

一个中心：以父母为中心。

两个是否：一要考虑是否有利于父母身体健康；二要考虑是否有利于父母心理健康。

三意：一切以父母同意不同意、满意不满意、乐意不乐意为标准。

四想：想父母衣服是否齐备、想父母饮食是否健康，想父母住宿是否整洁、想父母出行是否安全。还要经常想父母在哪里、在干什么、在想什么、需要什么。

五有：老有所养、老有所医、老有所为、老有所学、老有所乐。

老有所养：有稳定的物质经济供给，不管父母有没有养老保险、退休金，子女都应该定期为父母提供能够满足父母生活需求的物质需要。

老有所医：医疗保险是一个必须认真考虑的选择。原先我对保险并不重视，我姐姐刚到保险公司上班时，让我帮她推销保险我都不好意思跟朋友说。因为在我的概念里，推销保险就像搞传销骗人一样。后来，我一个亲戚通过我姐姐投保之后，没过多长时间因为心脏病住院做支架花了十多万，因为刚上完保险，用保险报销了好几万的医药费，让我切实感受到了保险的作用。尤其在环境污染、食品安全形势严峻的今天，马云说未来十年，每家都要有一个癌症患者，真的不是危言耸听，我甚至觉得他说的还算保守。试想，如果你的父母得了癌症，你怎么去应对？如果你觉得无能为力，就趁早给父母投份保险。总之，只要大的保险公司应该都有保障，我只是郑重地提醒你：**保险很重要，投保要趁早。**

老有所为：退休后如果体格壮健、精力旺盛又有一技之长的，可以积极寻找机会，做一些力所能及的工作。一方面发挥余热，为社会继续做贡献，实现自我价值；另一方面使自己精神上有所寄托，生活充实，增进身体健康。国家有梦，人民有梦，人人都可以有梦想，作为老人同样也可以有梦想。

老有所学：学习能促进大脑的思维，使大脑越用越灵，可以延缓智力的衰退。同时，学习能更新知识。社会变化发展很快，要避免知识老化，变成孤家寡人，就要加强学习，跟上时代的脚步。仅以读书而论，世界卫生组织监测中心调查发现，肝炎、糖尿病、脑血管病的死亡率，与患者文化程度呈负相关关系。文化程度越高，得病后的死亡率越低，长寿的可能性越大。美国人寿保险公司对年逾百岁的调查表明，其中多数人都有爱好读书的习惯。读书是健康的良药。随着全球进入知识经济时代，"终身学习"的问题已经提上了议事日程。在知识型社会，应倡导全民教育、终身教育、终身学习的新思想、新观念。

老有所乐：子女要让父母培养一个兴趣爱好，无论是养鸟种花、钓鱼遛狗、下棋打牌，还是读书作画、舞文弄墨，还是太极慢跑等，只要是对健康有利，帮父母找个自己喜欢的兴趣也是对父母的一种拯救。

五要：要给、要陪、要笑、要靠、要唠。

要给：给父母充足的钱支配使用。

要陪：尽可能多地陪伴父母，与父母多沟通、多交流。

要笑：要对父母做到和颜悦色，不顶撞。

要靠：让父母为你做一些力所能及的事情，适当依靠父母，让他们有事情做，有成就感。

要唠：无论是否在父母身边，都要多跟父母聊聊天，拉拉家常。

二、老人心理健康自我调试"一二三四五"原则（父母应掌握）

近年来，社会上流行的促进老年心理健康的"一二三四五"原则，对老年人养生保健十分有益，即"一个中心：以健康为中心；两个要点：潇洒一点，糊涂一点；三个忘记：忘记年龄、忘记疾病、忘记恩怨；四老：有个老伴、有个老窝、有点老本、有几个老友；五要：要掉、要俏、要笑、要跳、要聊"。

一个中心：老年人应该保护好自己的身心健康。一个身心健康的人，他的生活质量才能提高，才能享受到生活给予的乐趣。老年人身心健康了，就不会给社会和家庭造成负担，这本身就是对社会和家庭做贡献。

两个要点：潇洒一点，糊涂一点。老年人应该活得更轻松一些、宽容一些。潇洒者，自然大方，轻松自如，不拘束；糊涂者，大彻大悟，淡泊名利，不为琐碎事所扰。人生苦短，生命才是第一位的，何必斤斤计较那些生活中的无聊琐事。糊涂一点，宽容一点，忍一时风平浪静，退一步海阔天空，何乐而不为呢？

三个忘记：忘记年龄，忘记疾病，忘记恩怨。老年人不要总担心自己年事已高，疾病缠身，也不要总回忆过去的恩恩怨怨。生老病死是人生的自然规律，没有人能够逃脱这个过程，所以没有必要对必然要发生的事情过分担忧。人生旅途中难免会有一些风风雨雨、坎坎坷坷、恩恩怨怨，没有必要对已经过去的事情斤斤计较。老年人应该放松自己，乐观地享受生活，这才是最重要的。

四老：有个老伴、有个老窝、有点老底、有几个老友。

有个老伴。俗话说："满堂儿女，不如半路夫妻。"就是说，老夫老妻在一起生活是最好的，儿女再好也不如夫妻相互照应好，即使是新组合的老夫妻也比子女的照顾要好得多。老夫老妻在精神上相互安慰寄托，在生活上相互照顾关怀，是其他关系所无法替代的。夫妻间的感情沟通对养生保健非常有益。

有个老窝。老年人一定要有一所属于自己的住宅，才会有安全感，才有利于身心健康。有一些子女多的家庭，很多都是轮流让父母上子女家住一段时间，老人自己拿着个小包，像住旅馆似的转。从表面上看，这好像是一个比较公平的方法，可是又有多少人想过父母的感受。老人自己在自己家里吃的用的都习惯，在儿女的家里会有各种不自在，尤其是两代人的生活习惯不同，更会让老人觉得拘束，最好是子女能隔三岔五带着全家上门陪父母，其中再穿插着让把老人接到自己家里住。

有点老底。老年人应该有一些积蓄以备不时之需。手中有点积蓄，一旦有点事情，自己不用向子女伸手要，能够及时拿出，以解燃眉之急。

有几个老友。可以是老朋友，也可以是老年朋友，总之老年人应该有几个朋友，平时一起聊聊天，有事相互帮帮忙。良好的人际关系可以开拓生活领域、排解孤独寂寞、增添生活情趣，对养生保健很有好处。

五要：要掉、要跳、要笑、要俏、要聊。

要掉。老年人要放下架子，保持一颗平常心，这对于有社会地位的人来讲尤为重要。老年人离退休后，不要再讲我是某某长、我是老专家、我是老教授，想当初我如何如何等。要把自己放在一名普通老百姓的位置，用一颗平常心来看待问题和处理周围事物，心态才会平和，身心才会健康。

要动。老年人要经常活动，运动可以增强体质，使机体充满活力，还可以调节情绪。

要笑。老年人要对生活充满乐观情绪，时时保持着愉快的心态。每天对着镜子笑几次，就会有好心情。

要俏。老年人的穿着要漂亮一些，让自身的形象更美一些，这样就会感觉年轻了许多，心态变年轻了，身体也会焕发出青春朝气。

要聊。老年人需要经常与别人进行思想和感情交流。封闭自己和孤独感是危害老年人身心健康的重要因素，是引起老年抑郁症和老年痴呆的原因之一。聊天是一种最经济实惠而且又非常有益于身心健康的活动，对防治抑郁症和痴呆均有益处。

第八章 孝之践行

践行步骤

一、懂得感恩

想要孝顺父母，首先要感恩，因为只有知恩才能报恩。如果一个人不懂得感恩，不知道父母养育自己的辛苦，对父母的孝心就会大打折扣。那么如何让自己懂得感恩呢？我结合亲身的经历总结了一些的方法，希望能够对你有所帮助。

1. 回忆父母经历的苦难。我们父母这代人，经历了太多的波折和坎坷。如果你能够记得父母经历的苦难，知道他们生活的艰辛和不易，就会发自内心地想要给他们补偿。拿我母亲来说，可以说我母亲前半生一个女人该受的苦都受过，在她9岁那年我姥姥去世，我母亲一个人把三个舅舅拉扯大，一个9岁的女孩要抚养三个弟弟，这其中的艰辛不是我用文字所能描述的，我二舅一次在家庭聚会时用一句话总结："这个姐姐，比妈不差。"等到我母亲把三个舅舅拉扯大，跟我父亲结婚后，陆续有了我们兄妹四个，在我妹妹还不满一周岁的时候，我父亲生病，爷爷也卧床不起，又是我母亲一个人支撑着我们的家。当时我们家里很穷，种地买不起化肥，我母亲为了地里庄稼长得好一点，又怕别人瞧不起笑话我们，就晚上自己去泥塘里挖青泥，然后用小推车把青泥一车一车推到地里当肥料；我妹妹还在母亲怀里的时候，收麦子时忙不过来，我母亲就抱着妹妹，晚上去地里割麦子，把妹妹放在地头陪她，一割就是一晚上。有一次晚上割麦子时觉得手上冰凉，原来手上抓住了一条蛇，把我母亲吓得坐到地上哭了半天，又擦干眼泪继续割。还有一次，白天刨完红薯之后，要把红薯擦成一片片的薯干，我母亲抹黑在地里擦了一晚上，等干到天亮才看到自己满手是血，原来擦板把手擦破了，她自己都不知道……像这样的事情我母亲经历了太多。现在母亲回到农村老家，凡是认识我母亲的乡亲们没有一个不钦佩她的。我们本家的长辈跟我母亲说，他们都以为我父亲病了以后，我们这个家就完了，以为我母亲会扔下我们不管，自己走了。让他们没有想到的是，我们这个家不仅没散，母亲硬是凭着自己的坚韧供出了三个大学生。我经常把这些事情拿出来品读，每一次都热泪盈眶。仅仅是这几件事，你作为一个局外人听完是什么感受呢？难道不被我母亲那种坚强所感动、所震撼吗？更何况我是从她肚子里出来的。每当想到这些，我的良心就会再三提醒我，以前自己小没办法为父母做什么，现在长大了我一定不能再让我饱受苦难的父母吃苦。我想你的父母也一定会有各自的苦难，有句话说家家有本难念的经，要我说人人都有本难念的经。你如果时常把父母的苦难拿出来反省一下，相信你应该不会忍心父母再经历苦难。

2. 反思父母为你的付出。说到父母为孩子的付出，自然是不可尽数的。你只需要在父母为你做的不可尽数的事情里面，找到一些让你印象深刻、令你感动的事情。拿我来说，我们兄妹四个，我排行老三。都说淘气是孩子的天性，尤其是男孩，我也不例外。但凡一个农村小孩能淘的气，我差不多都淘过。我从小上房揭瓦、下河捞鱼、偷水果、野浴，到最后所有的亲戚都不愿意让我去他们家，可想而知我当年混得有多差，也可以想象得出，我有多不让我母亲省心。跟淘气相比，更让我母亲不省心的是我生病，我小时候经常发高烧，可能对于一般人来说发烧算不了什么，吃点退烧药或者打个点滴就好了，可是对于我来说却是要命的病。不知道什么原因，我小时候一发烧就不省人事，几乎每发一次烧，就要给我急救一次。每一次都是母亲给我掐人中，甚至用锥子扎我的指甲心，我母亲每次都要承受巨大的精神压力，一次次用她博大的母爱把我从死亡线上拉回来。除此之外，生活中母亲为我琐碎的付出就更是不胜枚举。还记得一年夏天，我母亲为了给我凑学费，整整拔了一夏天的草，把草晒干之后卖了36块钱，才给我交齐了学费。三伏天大中午的去苞米地里拔草，可不是轻松的事，说是蒸笼丝毫不夸张，我母亲为了我却拔了整整一个夏天。还有我上大学之后，跟同学吃吃喝喝多了，钱不够花,我就跟母亲要钱,当时母亲让我省着点花的时候,我还嫌她啰唆。直到2008年我暑假放假回家,一件事彻底让我改变了。当时我母亲在我们县城新建的"马大姐"糖厂包糖,我坐长途客车到县城一下车,就直接打车去糖厂看母亲。等看到母亲时我发现她手肿了,我问她怎么回事,母亲说,没事,包糖包多了就这样。我问包一斤糖能赚多少钱,母亲说一斤才挣一毛钱。我当时心疼得不行。我突然觉得自己看都看不上眼、掉在地上都懒得捡的一角钱,我母亲却要用半个小时的时间包一斤糖才能赚回来。于是后来我彻底改了,因为我每吃一顿饭、每买一件衣服就不由自主地想到,我花的钱我母亲要包多少斤糖。所以现在每当我母亲手疼时,我就默默地忏悔,忏悔自己不懂得心疼她,忏悔母亲让我省着点花钱时自己的不耐烦。每想到这些,你认为我为父母花钱的时候还能算计吗?如果为我母亲花钱我都舍不得,我的良心会同意吗?

其实伴随着我们每个人成长的每时每刻都倾注着父母的心血,如果你仔细观察、认真感悟、用心思索,为你付出这么多的人,但凡你的良心还在,就一定不忍心亏待他们。可是很多人因为父母对自己付出的太多了,多到了熟视无睹、习以为常甚至已经无法感知的地步。说到这种现象就不得不提到《一碗馄饨的故事》:

苏州一个小姑娘因为一件琐事和妈妈发生了争吵,任性的她把门一摔,一气之下,离家出走了。妈妈发动家里所有的亲戚去找,都找不到这孩子。晚上八九点了,小姑娘一个人走在街头,又冷又饿,流着眼泪,心里恨着自己的妈妈。她走了很长时间,看到前面有个卖馄饨的小摊,香喷喷热腾腾,她这才感觉到肚子饿了。可是,她摸遍了身上的口袋,连一个硬币也没有。小摊的主人是一个看上去很和蔼的老婆婆,老婆婆看到她站在那边,就问:"孩子,你是不是要吃馄饨?""可是……我身上没钱。"她有些不好意思地回答。"没关系,我请你吃。"老婆婆很热心地说:"来,你坐下,我下碗馄饨给你吃。"很快,老婆婆端来一碗馄饨和一碟小菜。她满怀感激,狼吞虎咽地吃了起来,刚吃了几口,眼泪忽然就掉了下来,纷纷落在碗里。然后扑通一下,给那老婆婆跪下说:"老奶奶,你是我的救命恩人啊,我要感谢你,你比我妈妈好多了。"老婆婆听过以后，说："孩子，就凭你这句话，这馄饨我都不该给你吃啊！我们俩素不相识，你连我姓什么叫什么都不知道，你说要报答我一辈子，只是因为我给了你一碗馄饨？你怎么不想想给你做了十几年饭的人呢？每天，你的父母为你端这弄那，那才不易呀！你想过要感激他们吗？"听了老婆婆的话，孩子恍然大悟，等跑回家里时，发现妈妈已经晕倒在床上。

看完这个故事，你也可以想一想，在你的生活中，也许也有让你感到感激的人，可是你仔细想想他们为你的付出，跟父母为你的付出谁多谁少，谁轻谁重？这个世界上不可能有第三个人能比父母为你付出得多，如果你真正能够明白父母对你的付出时，一定会让你泪流满面。可我们会感激邻居门口的灯光，却忽略了恒久照耀着我们的太阳和月亮。面对哺育我们的父母，我们多少次忘记了应有的感激！

3. **体会父母对你的期望。**每个人的父母从孩子在肚子里就开始望子成龙、望女成凤，从孩子的出生、上学、成人、成家，一路呵护、盼望，宁可自己累点、辛苦点，心想只要能把孩子供出来，哪怕砸锅卖铁，卖房卖地也在所不惜。父母认为只要把孩子抚养成人，自己就有盼头了，自己就可以享福了。当父母眼巴巴地把你培养大，满怀期待地盼望你能够在他们干不动的时候照顾他们时，你忍心让他们的期望落空吗？

以上三种途径，无论哪一种，抑或是三种思绪的交织，只要你想得够真，终归会让你触动。我们有时看外国电影，基督教徒在饭前一般都要祷告"感谢主赐我食"之类的话，其实我们每个人每天也都应该祷告，不过祷告词应该改成：感谢父母赐我身、赐我食。我们今天的一切都是父母给予的，因为没有父母就没有我们，更谈不上我们所拥有的一切。父母就是我们的"主"，就请你停下匆忙的脚步，用心看看你的"主"，看看他们满头的白发、满脸的皱纹，去摸摸他们满是老茧的手，看看这些记录着他们苦难的印记，我想一定会让你心生怜悯，甚至泪流满面。等明白这些之后，我们不仅要感恩父母，更应该感恩父母还在世，还有机会让自己报答和偿还。

二、及时报恩

前面说子女要感恩父母，但这还不是最终目的，目的是为了报恩。其实尽孝就像一门考试，是有时间限制的，这门考试的时间就是父母生命的长度，并且这门考试，我们没有重修的机会。感恩只是能读懂题，对于考试而言，能读懂题固然很重要，但这还不够，还要做题，也就是要报恩，但是现代人对报恩做得似乎还远远不够。

《生命时报》联合搜狐网健康频道、39健康网通过网络调查了700个人，其中64.2%的人从来都不会跟父母拥抱；63.58%的人偶尔会陪父母买东西；约24%的人外出时经常牵着父母的手；62.35%的人会给父母过生日，并准备礼物。"这是一个孝道寂寞的时代，"苏州荣格心理咨询中心高级督导王国荣直言，父母往往成了子女金钱上的供应者，为他们上学、买房、买车。他们愿意舍弃自己的生活圈子，从老家跑到一个人生地不熟的地方，帮子女带孩子，但他们得到的感恩和回报，却太少太少了。

子女应该怎样报恩呢？我想可以简单分为两个层面：

1. 精神层面的表达。子女对父母不仅要有发自内心的关怀，还要善于表达出来，比如在别人面前说说我们的父母怎么不容易，可以是在父亲节、母亲节为父母送一句祝福，或者是提醒父母过马路时注意安全、提醒我们父母失眠时少吃点安眠药等。当然最好的方式是直接对父母说出我们的爱，也许这让我们觉得难以启齿，看看下面这个故事，或许会让你的观点有所改变：

美国东部时间2001年9月11日上午恐怖分子劫持的4架民航客机撞击美国纽约世界贸易中心（双子塔）和华盛顿五角大楼的历史事件。世贸的两幢110层塔楼在遭到攻击后相继倒塌。当飞机撞向世贸大楼时，银行家爱德华被困在南楼的56层。到处都是熊熊的大火和门窗的爆裂声，他清醒地意识到自己已没有生还的可能，在这生死关头，他掏出了手机。

爱德华迅速按下第一个电话。刚举起手机，楼顶忽然坍塌，一块水泥重重地将他砸翻在地。他一阵眩晕，知道时间不多了。于是改变主意按下了第二个电话。可电话还没有通,他想起了一件更为重要的事情,又改拨了第三个电话。

爱德华的遗体在废墟中被发现之后,亲朋好友怀着沉痛的心情赶到现场,其中有两个人收到过爱德华临终前的手机信号,一个是他的助手罗纳德,一个是他的私人律师迈克,可遗憾的是,两人都没有听到爱德华的声音。他俩查了一下,发现爱德华遇难前拨出了三个电话。第三个电话是打给谁的?他在电话里说过什么?他俩推断,很可能与爱德华的银行或遗产归属权有关,可爱德华无儿无女,又在5年前结束了他失败的婚姻,如今只有一个瘫痪的老母亲,住在旧金山。

当晚,迈克赶到旧金山,见到了爱德华悲痛欲绝的母亲,母亲流着泪说:"爱德华的第三个电话是打给我的。"麦克严肃地说:"请原谅,夫人,我想我有权知道电话的内容,因为这关系到你儿子庞大遗产的归属权问题,他生前没有立下相关遗嘱。"可爱德华的母亲摇摇头,说:"爱德华的遗言对你毫无用处,先生。我儿子在临终前已不关心他留在人世的财产,他只对我说了一句话……"。

迈克含着激动的泪水告别了这位痛失爱子的母亲。

不久,美国一家报纸在醒目的位置刊登了"9·11"灾难中一名美国公民的生命留言:妈妈,我爱你!

这是个真实的故事,没有经过任何艺术的加工和人为的修饰。我第一次看到这个故事后,着实感动了许久。应该说爱德华是幸运的,至少他在人世的最后一刻,说出的这句话足以温暖他母亲的余生。而他当然又是不幸的,因为他能为他母亲做的,也只是说了这句话。看完这个故事我们需要反思这样几个问题:

如果你是他,当你处于这样的情况,你会打给谁?

如果你在这种情况下也会给父母打电话,你会说什么?

如果你也会说跟他一样的话,那为什么非要到生命的最后一刻你才肯说?

有人说,亲情也需要表达,我觉得应该说亲情最需要表达。对于大多数人而言,虽然也想表达,却不知道爱要怎样才能说出口。如果我问你,你对父母说过"我爱你"这三个字吗？你会说东方人哪有这么矫情，可是这三个字，你从来没有对别人说过吗？如果说过，是对谁说过呢？是才认识了一个多月的对象，还是在网上聊了几天的网友呢？想必答案我们心里都清楚，所以说咱们中国人含蓄也只是对自己父母含蓄。如果你确实不能一下调整过来，不习惯对父母表白，下面有几种方法可以借鉴：

方法一：说给别人，让父母听。如果你确实对父母说不出来，在家庭聚会等场合，可以对亲戚朋友表达对父母的爱意，貌似是对别人说，其实说给父母听。

方法二：说给别人，让别人说给父母听。私下跟亲戚朋友说，亲戚朋友自然会告诉你的父母，并且还会夸你。

方法三：在特殊日子向父母表白。在平时表达感情可能没有由头和氛围，但是在一些特殊场合、特殊时机就显得顺理成章。

比如你过生日时，就可以对母亲说：

妈，今天是我的生日，也是你的苦日……

在婚礼上，也是对父母表白的最好机会。以我自己为例，我2013年1月4日结的婚，我在婚礼上是这么对父母表白的：……今天借这个机会，我想要对我的爸妈说的是：爸、妈，我爱你们！

方法四：写信或者发短信。当然这有其局限性，很多父母不会看短信，如果父母会用手机看，就可以用短信的方式来表达自己的感情，也可以用传统写信的方式，表达对父母的爱。虽然现在电话这么方便，传统写信的方式基本上都被人遗弃了，甚至写信的格式都忘记了，但是对父母写信仍然是个不错的选择，如果再附上照片效果会更好。过去烽火连三月的时候，家书能抵万金，现在虽然值不了万金，但对父母来说仍是珍贵的。

方法五：用肢体语言表达。一提到肢体语言自然会让人想到拥抱，咱们中国人跟父母拥抱的比较少，只有在经历了生离死别的大事之后，才能放下羞涩和矜持，与父母深情相拥。所以中国人的"拥抱"一般都是和"眼泪"连在一起。如果你实在不习惯跟父母用拥抱表达也不用勉强，我也一样。其实肢体语言不仅限于拥抱，可以是父母上楼梯、过马路时的搀扶，也可以是为父母按按肩膀、梳梳头发，或者是给父母一个甜蜜的微笑，还可以是为父母洗一次脚、过年时给父母磕个头。说到这儿，我还要单独说一下给父母磕头的事，虽然说男儿膝下有黄金，有的人在家里给妻子跪搓衣板、跪遥控器、跪方便面不觉得丢人，给父母磕头拜年就浑身不自在、不舒服，我不知道他们的价值观是怎么塑造的。我不是说过年给父母拜年时，子女就一定要给父母磕头（其实我是这么想的，但我怕这么说会有人说我太迂腐），但如果给父母磕头也没有那么不可理喻、不能接受。给父母磕头，其实不是为了弯下身体，而是为了让你彻底放下傲慢。不管别人怎么样，反正我给父母拜年肯定磕头，结婚了就带着媳妇一起给父母磕头。

2. 物质层面的表达。父母需要我们精神上的表白，当然也需要物质上的表现。一方面是物质能满足父母一定的需要，更重要的是通过物质层面的表达来证明我们的孝心，礼物只是我们孝心的载体。说到给父母买礼物，算得上是一个有技术含量的活。相信很多给父母买过东西的子女都有这样的经历，自己好心好意给父母买了东西，父母不仅不开心，还要挨一顿训。总是买不对父母的心思，可是你问他们想要什么、喜欢什么，他们又不跟你说。如果你有这样的困惑，可以看看下面这些原则和方法能不能帮到你。

给父母买东西的原则：

原则一：实用优先

子女给父母买东西越实用，父母接受的概率就越大。给对象买束花，对象会高兴；给妈妈买束花，妈妈肯定会训你，说你乱花钱。作为普通家庭来说，尽量买父母能用得到的东西，尤其对身体有益的是最好的，多买些瓜、果、梨、桃等老人喜欢吃的食品，在特别日子的时候可以适当买点浪漫的。

原则二：无论贵贱

给父母买东西时，子女不能考虑价钱，只要是父母需要，只要自己买得起，多便宜父母都不会在意，多贵子女都不能在意。

正如朱柏庐所言，重资财，薄父母，不成人子。佛教说有八种人，你要毫不犹豫地去布施：一父、二母、三佛、四弟子、五远来之人、六远去之人、七病人、八病者。父母就排在首位。当今社会上有很多人在迎来送往过程中爱玩虚的，但是我想如果谁对父母都玩虚的，对父母的付出还要算计，那可真算是个人才，不去经商都屈才了。

事实上很多人给父母买东西时，买太便宜的，怕父母觉得自己舍不得。买太贵的，自己又确实舍不得。有这种想法的，归根到底是没有跟父母建立起信任。建立什么信任呢？就是让他们确信你爱他们。而这种信任的建立，是必须平时实实在在地付出，让父母感知你对他们的心，就算你条件有限不能给他们买什么东西，他们也会理解你，也不会觉得你舍不得给他们花钱。所以说，如果你不自信，那是你的问题，是你平时没有做好。

平时为父母的付出不在多少，最主要的是要有真情实意。我有一次回家，早晨起来喝水时觉得水有点酸，就问妻子水怎么是酸的。妻子说，水里放了柠檬。我说，不是都说喝白开水对身体最好吗？妻子说她看到朋友圈里有人发了篇文章说每天喝柠檬水有助于改善酸性体质，对身体健康有好处（注：未经验证，不确定是否科学）。当时我们正准备去看我父母，我第一反应就是让我父母也跟着喝。于是在给父母买水果时，特意买了两个柠檬，一个8块钱，虽然只有16块钱，说明我心里真正有自己的父母。当父母问我妻子柠檬怎么吃的时候，我妻子就把为什么给他们买柠檬的原因说了，我父母听后很感动。

现在很多人为自己花钱毫不吝啬，自己吃好的、穿好的，给对象买东西更是不遗余力，又是看电影，又是逛街买东西。有次看天津台的《爱情保卫战》里面一个男孩为了省钱给对象买礼物，居然吃了一个月的包子，后来见了包子就想吐。再后来又为了给对象买礼物，又吃了一个月方便面，最后见了方便面就想吐，见了包子又亲了。虽然很多人为自己和对象花钱慷慨大方，但是一给父母买东西就舍不得了。因此有句谚语说，父亲给儿子买了一件礼物，儿子笑了。儿子给父亲买了一件礼物，父亲哭了。父亲为什么会哭？就是因为我们买得太少。

看过一首名叫《那一年的我们》的诗，形象地描述了这种现象：

那一年
我们好像很有钱
走进宿舍楼的时候
会买一包爸爸都舍不得抽的烟

那一年

我们好像很有钱

你会在柜台前挑上半天化妆品

可妈妈用得最多的"化妆品"

却是年复一年陪伴着她的透明皂和洗涤液

那一年

我们好像很有钱

玩纸牌、麻将不在乎赢钱输钱

谁会想到爸妈餐桌上吃的是哪些菜饭

那一年

我们好像很有钱

成为自己情侣吃穿玩乐的"保姆"

回家却不能给爸妈买一件最便宜的衣服

不知道你现在是不是还停留在上面这个水平,我想这是很多人年轻时的真实写照,如果你也曾经这样"年轻",那就用你今后的行动,弥补之前的过错。

原则三:逢物减钱

人际交往中有一个基本原则:逢人减岁,遇物加钱。说的是猜别人年龄时就往小里说,猜别人买的东西价格时就往贵里猜,这样别人才会高兴。用在父母身上,要反其道而行之,给父母买东西要尽量往便宜里说,这样做的好处主要有两点,一是说便宜点父母才不会说你花冤枉钱,才会觉得花的钱值;二是说便宜点父母才舍得用,要不然他们就会把你给他们买的东西放起来不用,束之高阁。

虽然我们给父母买东西,他们会欣慰,但是他们在欣慰的同时更多的是担忧,怕你花钱大手大脚,担心你不会过日子。我们既要给父母买东西,还要避免父母的担忧,最有效的方法就是告诉他们能够承受得了的价格。

如果你告诉他们一个便宜的价格,父母仍然抱怨你,说你又浪费钱,让你把钱用在干正事上时,你就对父母说"给你们买东西,才是我最大的正事",或者说"我给你们买东西不要,我就用这钱'孝顺'我对象了",这样父母十有八九就会愉快地接受。

当然为了避免父母生气,给父母买了东西,就说是购物送的、单位发的、别人给的,总之是不花钱、白来的、免费的,这样父母就会坦然接受。

给父母买东西的方法:

给父母买东西,最让人头疼的是,你问父母喜欢什么、需要什么,父母只会说,我们什么都不缺,也不会告诉你,你自作主张给他们买了礼物之后,他们还不喜欢,总买不对父母的心思,这确实让很多孝顺的子女为难。如果你也有这样的难处,那就不妨试试我的方法:

方法一:猜猜看

就是先假装给父母买了礼物,让他们猜是什么,然后按照从父母猜的过程中透露出来的信息去买礼物。

具体方法就是在给父母买礼物之前,打电话跟父母说:妈,我给你和爸爸一人买了一件礼物,我已经买完了,等我回家给你们带回去。父母肯定会问你,又瞎买什么了?这时你就跟他们说,你不用管,反正都是你们需要的。要不你们都猜猜看我给你们买什么了,我看看我买得对不。我觉得都是你们最想要的、最有用的东西。

妈妈会说:买什么了啊,是手表吗?

你就说:你猜得挺准啊,你再猜猜是什么牌子的?你知道是什么颜色的吗?……

就这样尽量让父母多猜几次,然后你再按照父母说的信息去买,就能最大限度地接近他们的想法。但是这种方法也有其局限性,因为父母不像爱人那样还能跟你浪漫一下,他们往往一听你给他们买东西就着急了,没有耐心跟你猜。最好还是跟父母一起逛街时,让他们自己选自己喜欢的东西,但他们即便喜欢上一件东西,也舍不得买。怎样才能让父母决定买他们喜欢的东西呢?为了解决这个问题我总结了下面的两个方法。

方法二:托人演

假设你陪父母逛商场时,你母亲看上一件衣服,甚至还试了试(只要父母上身试了,就说明喜欢),问了问价钱,觉得贵。或者给了个价钱,人家不卖。你要买，母亲还不让。这时如果母亲要走，你也别拦着，因为等你们走时售货员不叫你们回去，一般来讲就是最低价了。如果你们出店时，售货员给了一个更低的价格，你母亲接受了，当然更好。如果没有，这时你已经了解了售货员的最低限度，出了店门以后，你可以跟父母说我认识一个朋友卖这个品牌的，我给他打个电话，问问他能不能帮忙让给个进货价（如果你打电话，父母不拦着你，就说明他们想买）。然后在带父母去别的店里看的时候，给朋友发个短信把大致意思跟他说了，让朋友打电话配合你演一出戏。等他明白之后，你就给他拨个电话，然后说，哥们，上次咱们吃饭，我听说你现在代理××这个品牌，我带我妈逛街，我妈正好看上他们店里的一件衣服，不过太贵了，你方便的话，帮我打电话，让店里给打个最低折扣……行，那我等你电话。然后告诉父母，我给我朋友打电话了，他马上跟他们店里说（你也可以自己把手机弄响了，假装接电话自言自语）。同时假装上厕所，或者说回店里要他们的电话号码，利用这个时间回到店里跟店员讲好，让店员配合你，等你带父母再转回店里的时候，就让店员说，你朋友跟他们的经理说了，这件衣服只收您一个进货价。这样父母拒绝的概率就会大大降低。

　　总之具体的细节你可以脑补一下，这个方法绝对有效。这样父母会很开心，因为不仅买了他们喜欢的东西，还少花了钱。店员也肯定愿意配合你，你还可以在朋友面前树立一个好形象。周幽王"烽火戏诸侯"落的个千古骂名，你"购物瞒父母"留下的则是贤孝佳话。并且，你也用你的实际行动给她们上了生动的一课，也会对她们有所触动。

　　方法三：私下谈

　　方法与上一个类似，只是没有托朋友演的环节。只是私下跟店员沟通，就让售货员对你父母说：看您儿子这么孝顺，我就给你个最低价。这时父母会因售货员的夸奖变得格外开心，也会考虑到你的良苦用心，而不忍拒绝你。为了防备售货员宰你，你先前可以诚恳地跟售货员说，我也没钱，就想给父母尽尽孝心，能不能给个最低价。如果你这么说，但凡有良知的售货员也不会宰你（这种方法我已试验多次，非常奏效）。

　　上面这两种方法是针对需要当面兑付的，对于隔段时间兑付的你做工作就更从容一些，比如看过这样一个故事：

有这样的一个儿子，他是个大款，母亲老了，牙齿全坏掉了，于是他开车带着母亲去镶牙，一进牙科诊所，医生开始推销他们的义齿，可母亲却要了最便宜的那种。医生不甘心就此罢休，他一边看着大款儿子，一边耐心地给他们比较好牙和差牙的本质不同。可令医生非常失望的是，这个看似大款的儿子却无动于衷，只顾着自己打电话抽雪茄，根本就不理会他。医生拗不过母亲，同意了她的要求。这时，母亲颤颤悠悠地从口袋里掏出一个布包，一层一层打开，拿出钱交了押金，并定好一周后来镶牙。两人走后，诊所里的人就开始大骂这个大款儿子，说他衣冠楚楚，抽的是上等的雪茄，可却不舍得花钱给母亲镶一副好牙。正当他们义愤填膺时，不想大款儿子又回来了，他说："医生，麻烦您给我母亲镶最好的烤瓷牙，费用我来出，多少钱都无所谓。不过您千万不要告诉她实情，我母亲是个非常节俭的人，我不想她不高兴。"

故事中这个儿子的做法值得推荐，但我总结的后面两种方法，一般都是需要当时兑付的，可以是提前给售货员钱，也可以去收银台买单时给，不同情况不同处理。说了这么多，可能有人会觉得，给父母买个东西不用这么麻烦吧。客观地说这几种方法，也就是拐了两道弯，算是曲线尽孝。对你来说无非就是多跟别人说几句话、多走几步路的事，但是你做的这些能够让父母开心，还有什么比能让父母开心更重要的呢？我们很多人为了见某个明星一面，等好几个小时都愿意，还有的人为了排队买个 iPhone 6 都能在外面睡一宿，不能为父母做这点事就嫌麻烦。你说对吧？

践行秘籍

所谓秘籍，其实并没有什么特别之处，可能有些方法你也会、有些道理你也懂，落实这些秘诀最根本的就是你要照我说的去做，我就保证肯定是有效的。这就像你生病去看医生一样，再好的灵丹妙药也要吃了才管用，如果医生给你开了药你不吃，那你的病就是华佗再世也于事无补，所以想要不留遗憾，你就要谨遵医嘱。

秘籍一：把你每一次和父母接触都当成是生命中的最后一次

无论你是在外打工、上学、从军，还是经商，随着父母年龄的增长，我们与父母是见一次少一次。因为父母的去世总会有个时间点，谁也无法预料这个时间什么时候到来，不知道哪一次与父母见面是最后一次。既然无法预料，那你就干脆把每一次和父母接触都当作是你人生中的最后一次。与其被动地接受上天给你的安排，不如自己主动假设，尤其是在与父母分开之前都要认真假设这是你和父母最后一次见面。

比如一次我和妻子带父母去鞍山二一九公园玩，我父母想划船，等到了湖边租船的售票亭，我母亲看牌子上写着80元一小时，说太贵了，不划了，在湖边溜达溜达得了。尽管父母说什么都不划，我和妻子还是坚持把票买了，并且陪父母划了一个多小时。当时我就在想，假如还没等到下次见面，我父母其中一个去世了，我会因为没带父母划船而遗憾。即便这真的是我和父母见的最后一面，至少我在回忆的时候，我和父母最后一次相处，我让父母开心了，我的心里就会好受很多。

这真正是我多年的心得体会，我不止一次地想，如果有一天，我站在自己父母的坟前，我会后悔什么，然后就抓紧为父母做什么。希望你能试一试我这个多年来一直在使用并且行之有效的方法。当你不耐烦父母的唠叨时，当你想早点离开父母时，想一想这是你人生中最后一次见他们，你还会烦吗？你还想早点离开吗？我想应该是不会的，你如果真正假设自己和父母最后一次见面时，就会对父母倍加珍惜，就会对与父母相处的机会倍加珍惜。

这个方法不仅仅局限于见面时，每次给父母打电话也可以当成最后一次。这时你就不会再感觉跟父母聊天索然无味，就会摒弃自己的浮躁，耐心地陪父母唠唠家常。只有你真正把每一次和父母无论是见面还是通话都当成是最后一次，你才会尽最大努力去克制自己，尽最大的努力去讨父母欢心。其实如果你想得够真，你会发现这时你根本就无须克制自己，你自然而然会冷静。

人的生命是脆弱的，所谓人有旦夕祸福，任何疾病、事故、意外都会夺去人的生命，仅仅在我校稿这段时间，马航的失联、海南的大水、昆山的工厂、高雄的燃气、云南的地震……接连不断地发生让人意想不到的天灾人祸，没人能知道下一秒会发生什么，所以当下与父母相伴的每一秒都应该倍加珍惜。尤其是老年人身体机能每况愈下，如风中之烛，生命之火随时都可能被吹灭。说不定今天还有说有笑，明天就阴阳两隔。今晚睡下，明天不一定能醒来。

我想提醒每一位父母还在世的子女，我们和父母的每一次再见，都有可能再也不见。每一次告别，都有可能是诀别。这一天的到来是迟早的事，但如果你每一次陪伴父母都按照最后一次的标准来对待父母，那么即便你和父母的某一次相见真的成了最后一次，你也不会有遗憾。

所以我奉劝你，如果陪伴，请用心一点，因为任何多看一眼，都有可能成为最后一眼，多说一句，都可能是最后一句。

秘籍二：想象你现在就站在父母的坟前

有句话说人生没有彩排，每天都是现场直播。说的是生活不像拍电影那样不满意可以一遍遍返工，就是一遍过，所以说人生如戏，全靠演技。其实这只是说"生活"这个导演，不会主动给人们安排彩排的机会，但如果你想要演好自己的人生，提前对自己人生中重要的事情进行反复的预演是绝对必要的。因为只有预演你才知道哪里需要改进、哪里需要加强。人生最重要的事情莫过于对父母尽孝，为了能够在对待父母上不留遗憾，也应该提前进行预演，找出自己的不足之处，从而加以改正。那么我们应该排练哪一段呢？我想只需要预演父母离世之后的感受就可以了，让我们现在开始吧：**现在你想象你站在父母的坟前，抑或是面对盖着白床单的父母冰冷僵硬的尸体。你想象父母身体已经变得冰凉，你叫爸（妈），他们再也听不见，你买的东西他们再也吃不了，他们再也不会跟你唠叨，再也不会批评你，不会拖你的后腿了，你没有负担了，你耳根清净了，你自由了，但是我想问你，我亲爱的朋友，你快乐吗？**（请放下书，闭上眼，真真切切地想一遍）

请原谅我的残忍，但是终归会有这一天，不是吗？我想这是我们每个人都无法接受，却又必须接受的现实。在写这段文字以及每次重新读这段文字时，我都会眼含热泪，因为我和你一样，不敢想这个场景。但是我们掩耳盗铃就能改变结局吗？这显然是不可能的。如果你真实地像放电影似的把这个场景过一遍，你觉得父母的唠叨还烦吗？你觉得父母讲不讲卫生还重要吗？你觉得你还那么忙到没时间回家吗？你觉得应不应该多陪陪他们，应不应该带他们四处走走，应不应该平时多买点东西孝顺他们。对于这些，如果你真正身临其境地想象之后，应该会有答案。

想想吧，无论这有多难受，经常想象一下父母去世的场景，然后看看自己有没有遗憾、会不会愧疚，如果有，就把让你遗憾和愧疚的事情趁父母还在世，尽快弥补。

假设父母去世的时机，可以是在路上看到出殡的车队时，也可以仅仅是做了一个父母去世的噩梦。说到做噩梦，这是我的一个特殊爱好。因为做噩梦时能够真实地把可怕的事情进行一遍，在梦里恐惧、奔跑、痛苦、哭泣，可是一觉醒来，居然发现是假的，就会发现自己是多么的幸福。

这本书写到这个章节时是2014年4月份，当时我在徐州学习，可能是因为写得太投入了，日有所思夜有所梦，晚上我做梦我母亲去世了。我当时整个人都崩溃了，趴在母亲身上号啕大哭，我在梦中连哭带叫的，把我的室友都吓醒了，最后叫醒了我。当我知道自己原来是在做梦时，高兴得甚至无法用语言来形容。这个噩梦再一次让我真正感受到了父母在世的幸福，当天我给母亲打电话的时候我还开玩笑说，你可得多活几年啊，你看在梦里你没了我都受不了，更何况是真的呢。玩笑过后，我沉重地思索，并在笔记本上写下这样的感受：您若不幸离人世，儿有疑难可问谁？

父母早晚会离开我们，为了让这一天到来时你不会过于悲痛，就请你从今天起、从现在起，对你的父母好一点、再好一点。

秘籍三：想象你现在手里拿着自己的病危通知单

写到这儿，我就在想，我是不是太残忍了，为什么非要用这种置之死地的境况来让人们警醒呢，就没有别的方法让人们醒悟吗？想来想去，除此之外确实没有太有效的方法，因为现在的人们真的迷失了太多。很多人都不能充分认识到父母的重要性，以及陪父母的紧迫性。

怎样才能让你从扑朔迷离、错综复杂的事情中认清什么对你最重要呢？很简单，假设你自己得了绝症，只能再活一周、一个月，或者三个月，在这个背景下，你再看看你想要做什么？是和朋友们相约去吃饭、逛街、唱歌、打游戏，还是在家陪你的父母呢？如果你真的能设身处地这样设想，你会发现，原来你没时间陪父母，最大的阻力不是工作，不是朋友，不是领导，而是你自己。无论你从事什么样的工作，无论你多忙，你终究有自己可以支配的时间。在尽孝上少一些借口，多一点紧迫感，用自己将不久于世的心态来抓紧孝敬父母，你就会在父母离世的时候少些遗憾。

秘籍四：将来你想要你的子女怎样对你，你现在就怎样对你的父母

"将来你想要你的子女怎样对你，你现在就怎样对你的父母。"没有人不希望自己的子女对自己不好，因此要想子女孝顺你，你只需要对自己的父母好。你对父母关怀备至，孩子自然会对你关爱有加。至于为什么，在前面已经阐述得很清楚了。父母的现在，就是自己的未来。如果有一天，你像他们一样步入老年时，你希望怎么过？如果你的孩子已经长大成人或者娶妻生子，这时你需要什么？你盼望什么？然后按照你的所思所想、所欲所求去对待你的父母。这样虽然不能与父母的想法完全一致，但至少可以最大限度地接近父母的想法。

我们所有的人都终将老去，到了那个时候，我们是否也会战战兢兢地生活在儿女家里，让晚年生活里，只剩下"温饱"两个字？如果那不是你愿意看到的结果，那么就从现在开始，关爱自己的老人，让他们有尊严地活着，将来我们的孩子也会给我们留下足够的尊严。

秘籍五：百"事"孝为先

"百善孝为先"这句话连三岁小孩都知道，没有太多论述的必要，我们要思考的是，如何在尽孝的过程中，体现出"百善孝为先"呢？很简单就是要做到百"事"孝为先。就是在自己所有事情里，永远把父母排在第一位，父母是前提，是基础，把父母安排好了，再去考虑别的事情，这样你做其他事情也踏实。我们看美国大片时，美国总统有一个第一优先原则，就是说所有事情都要为这个事情让步，父母就应该是我们的第一优先原则，**把父母安排明白了，再考虑其他的。**

百"事"孝为先落实到具体层面上，就是当你觉得饿的时候，首先应该想一想父母吃没吃饭，当你在吃好东西的时候，你要想你父母吃没吃过；当你觉得冷的时候，首先应该想一想父母加没加衣服。你在穿新衣服的时候，要想一想父母在穿什么。有水先让父母喝，有水果先给父母吃，要有"我有饭吃，我爸妈就有饭吃，如果只有一口饭，我也得让他们先吃"的心态，总之就是要把"第一口"和"最好的"都要先给父母，真正做到"好饭先尽爹娘用，好衣先尽爹娘穿"，并且不管父母怎样推辞都要坚持去做，而不是先考虑自己的孩子和爱人。

秘籍六：孝以"顺"为先

中国民间有个说法叫孝顺孝顺，顺者为孝。孝顺，应该是以顺为先，不顺从父母合情合理的意愿，就谈不上孝顺。很多时候，我们的孝心就在于不违背。在真正意义上，汉传统文化里面的孝是以"敬"为前提的，对内心的"敬"最好的表达就是"顺"，"顺"就是趋向同一个方向，所以孝的本质就是"顺从"。当然，"顺"的前提是前面提到的不能愚孝，但是父母和儿女之间所产生的冲突，关乎大是大非，关乎道德，关乎国家大义的事毕竟很少。绝大多数的冲突，都是鸡毛蒜皮的小事。但就是这些鸡毛蒜皮的小事，却经常弄得父母不高兴，儿女往往也委屈。顺，就是解决这些冲突的根本方法。子女在尽孝过程中，光知道要顺着父母还不够，关于"顺"，还要弄明白是什么、为什么、怎么办三个问题，只有这样才能端正"顺"的态度、提高"顺"的质量。

第一个问题：顺是什么？

顺是对父母的尊重。当我们同父母有不同意见时，也要用尊重他们的态度和语气与他们耐心地协商、沟通。暂时意见不能达到统一，也不能强求他们，更不能用要挟、训斥来达到自己的目的。

顺是对父母的宽容。对父母的唠叨等不良小节，如流鼻涕、随处吐痰等，要在适当的时间、场合，善意地劝他们改正。如果改不掉，我们就要宽待、迁就他们，尊重他们几十年养成的生活习惯、脾气，容忍和忘却他们对你做过的不妥之事和曾经的伤害，耐心地倾听他们讲过多次的故事，接纳他们的喜怒哀乐。总之，只有顺着父母，他们内心才不会感到孤独。

顺是对父母的报答。我们成长这一路，都是父母顺着我们，凡事都依着我们的喜好。等他们老了，我们自然也应该多顺着他们的喜好，以此来报答他们在我们成长路上对我们的迁就。

第二个问题：为什么要顺？

你不顺着父母，他们会失落。对父母的顺从其实并不难，但是能够做到的却很少。本来父母要求子女做的就很少，但是这很少的要求还得不到满足。主要是很少有人真正地关注过父母的感受,如果你换位思考父母被否定、被拒绝之后失落的感受,也许就不会再忍心拒绝和否定他们。

你说的、做的不一定正确。如果你认为父母说得不对、做得不对的时候,你要意识到你的看法也未必是正确的。父母经历得比你多,懂得比你多,虽然人老了也有犯糊涂的时候,但大多数老人说的都是正确的,也许不一定是最好的选择,但肯定不是最坏的选择。年轻人想事情"too young, too simple",而父母经验丰富,想事情考虑周全,看得肯定比你远,想得肯定比你多,知道这一点,或许在生活中你就会主动顺从父母。

子女对于父母的看法有个规律:小时候,觉得父母说的都是对的;等大点了,觉得父母说的有些是对的;等成年了,觉得父母说的都不对;到了中年,又觉得父母说的有些是对的;等到了老年,觉得父母说的都是对的。不知道你现在觉得父母说的是不是对的,但你要知道这个规律,并且要知道你说的不一定是对的。和尚和屠夫的故事更形象地说明了这一点,和尚和屠夫是邻居,古时候没有闹钟,屠夫怕起晚了耽误了杀猪,和尚怕起晚了耽误了撞钟,于是两个人就约定谁起得早,就叫对方起床。后来两个人死后,屠夫上了天堂,和尚入了地狱。和尚不明白为什么自己一心向佛反而被打入地狱,屠夫每天杀生却进了天堂。就去质问阎王,阎王问和尚:"你们俩是不是有个约定,谁起床早就叫对方?"和尚说:"是啊。"阎王说:"那就对了,屠夫之所以上天堂是因为他每天叫你起床超度众生,而你每天叫屠夫起床是让他去杀生。"这个故事就是要再次告诉你,你认为正确的,其实未必是正确的。

要知道"顺"是孝道的核心。顺,对于孝道来说太重要了,孟子甚至说:"不得乎亲,不可以为人。不顺乎亲,不可以为子。"可见顺对于孝道的重要程度。父母就希望他们说的话有人听、他们做的事有人懂,顺是让他们最开心的事情。你在乎父母,就要在乎父母在乎的。在与父母相处的过程中,正是因为不一样的东西多,所以需要顺的地方也多,而你的顺与不顺就决定着父母快不快乐。

第三个问题:应该怎么顺?

如果父母的想法、喜好、习惯和你一样,顺着父母自然没有什么难度,你仅仅是做自己喜欢做的事,就算顺了。关键在于当父母与你的想法、习惯、喜好不一样的时候怎么顺。因为大多数情况下,子女和父母的看法和习惯都是不一样的。对父母的顺主要有两种情况,一是与父母意见不统一时,二是规劝父母改正错误时,具体来讲,两种情况要做到以下标准:

　　子女与父母意见有冲突时,要顺到没有主见、没有喜好。在生活中我们与父母需要统一意见时无非两种情况,一是父母让你做什么,你不愿意。二是父母自己做什么,你不同意。子女与父母之所以出现不同意见,主要是因为父母与子女成长的时代不同、环境不同、生活条件不同,思想观念、生活习惯等自然也不同,在这么多的"不同"中,我们做儿女的,最容易跟父母形成的冲突就是在生活习惯上。我们愿意让他们生活好,所以在生活中会经常指责父母攒的瓶瓶罐罐舍不得扔,剩菜剩饭舍不得倒,买的全都是处理的菜和水果等。很多子女不理解现在日子过好了,父母过去的习惯还改不了。要知道习惯的养成需要时间,习惯的改正更需要时间。尤其人到老年性格思维变得越来越固执,他们习惯于他们那个时代的思想与行为方式,如果我们一意孤行,往往事半功倍,甚至费了九牛二虎之力,还不能得到父母的欢心。两代人动机都是好的,但看问题的角度和方式不一样,所采取的行为自然也不同。

　　不管是劝谏父母的言行,还是表达自己的意愿,都会遇到父母理解与否、接受与否的问题。父母理解了、接受了、改正了,当然皆大欢喜,万一父母不理解、不接受,做儿女的该怎么做,这才是问题的关键。这时,是固执己见、我行我素而不考虑父母的感受,还是依着父母的心愿而放弃自己的意见呢?如果父母和子女的意见不同,总要有一方先让步。那么是应该让已经迁就了子女大半辈子的父母让步,还是让子女迁就一下父母呢?我想这不需要太多解释。父母把子女养大成人,付出了这么多的心血,子女在一些无关痛痒的小事上迁就他们一下,不是什么不可理解的事,更何况父母又不可能对子女提过分的要求。

　　只要不涉及原则性问题,就都应该顺着父母。这就又多了一个问题,什么是原则?我总结为"三不",即不触犯法律、不违反道德、不伤害身体(父母的和子女的)。在满足这三条原则的前提下,做什么、怎么做,一切都应该听父母的。比如，你出门的时候母亲让你多穿件外套，即便不冷你也要穿上，哪怕出了门再把衣服脱了。凡事你顺着他们的意思，他们就不会着急，就会放心。即便他们说的不符合当时的情况，不是当时最优化的选择，只要不违背"三不"原则，就应该顺从父母的决定和选择。在生活中吃什么、喝什么，穿什么、戴什么，干什么、玩什么，你喜不喜欢不重要，只要父母喜欢，就应该按照父母的喜好办。做到"亲所好，力为具；亲所恶，谨为去"。做子女的说话、做事，都要考虑父母会怎么想，尽一切努力让他们顺心、宽心、舒心。

说到这点我有一次后悔的经历：2007年我放暑假回家时正赶上我们家新盖了房，需要买套沙发。我就和父母一起去县城家具城逛。转了一上午，我父母看上一套沙发，我一看样式特别土，做工还不好，就不同意父母买，最后我选了一套样式比较新颖的，用现在的话说，看着"高大上"的，但是我父母不喜欢，我就给他们做工作，他们看我喜欢，最后就买了。后来在我回学校的火车上，我反思这次暑假有没有给父母留下什么遗憾，想来想去我突然意识到买沙发这件事我做得就不够好。也许我的选择是对的，我选的沙发即便比父母选的那一套好，但是父母要看着他们不喜欢的沙发一年又一年，而我一年在家总共加起来也没几天。即便我天天在家里，也不应该把自己的意愿强加在父母之上。即便以后自己成家了，家里的沙发也要按照父母的意愿来买，即便他们来我家住不了多长时间，也要让他们来的时候看着舒服。在这件事之后，我就给自己立下规矩，凡事需要拿主意的事都让父母做决定，只要他们喜欢，我就按照他们的意思执行。希望你能汲取我的教训，借鉴我的经验。

如果在顺到没有自己喜好的基础上，能再进一步，喜欢父母的喜好就更好了。如果你能真正摒弃浮躁，静下心来品味父母的喜好，你会发现父亲喜欢的钓鱼、书法和下象棋也挺有意思，母亲热爱的肥皂剧、十字绣和养花也有意想不到的快乐。如果能喜欢上父母的喜好，就能让你顺得更容易，并且顺得有收获。

子女劝父母改正错误时，要顺到没有脾气、没有怨言。这时的"顺"主要是指子女劝父母改正错误时，对父母态度上的"和顺"，而并非顺从父母的错误。这里所说的过错主要是违背"三不"原则的过错。曾有人说，天下有不是的子女，无不是的父母，这显然是不正确的。无论是子女还是父母都会犯一些错误。那么，当父母说得不对、做得不对的时候，子女应该怎么做呢？孔子给出的建议是："事父母几谏，见志不从，又敬不违，劳而不怨。"意思是说侍奉父母，如果他们要干错事，如果他们不愿听从自己的意见，还是要恭恭敬敬，但不能违背道理，为他们操劳，也不要怨恨。

作为儿女，侍奉父母的时候，如果父母有什么做错的地方，要很克制地，很轻微地，用柔和的方式去劝说。就像《弟子规》中所说："亲有过，谏使更。怡吾色，柔吾声。"在劝父母更改过错的时候，重点是要面带笑容，语调柔和。要和颜悦色、轻言细语地劝说。说得直白点，就是好话要好好说。有的人之所以不能对父母好话好说，是因为觉得自己是好意，对父母责之越切，说明我爱之越深，这是很多人容易有的误区。如果自己不是好意，可能还不太敢对父母态度恶劣，因为起码的良知让人们知道这是最没有教养的，但是如果自己是好意时，就认为态度恶劣也情有可原。我们跟父母讲道理时，道理本身是什么样，并不重要，但是怎样用一种最好的表达方式把道理说得通，这很重要。作为一个孝子，对于父母的过错要尽力劝阻，如果父母不听劝导，即便是他们的错，子女也只能在一定程度上同父母争辩，而不应该口不择言地说一些伤害父母的话。

儿女在劝说父母时，如果父母一时想不通、不接受，做儿女的依然要孝敬父母而不能违背他们的意愿，即使再烦劳，也不能心生抱怨。父母不听劝，儿女依然要孝顺，自己辛苦一些甚至痛苦一些，也不能抱怨父母。在"又敬不违"的情况下，你心中可能对这事继续担忧，但不能生出怨恨。父母总以宽广的心胸包容着儿女的一切，那么父母有了过错，做子女的更应以感恩的心去体谅父母，包容父母的过错。儿女要对父母多一点尊重和理解，多让他们按照自己的方式去过一种快乐的日子，也许这就是最好的孝敬。

前面只讲凡事都要顺着父母，按父母的意愿做，可能有人会说，我们年轻人不能没有自己的生活啊，如果什么都和父母一样，还不和这个社会脱节了。其实我们每个人陪父母的时间都是有限的，首先是我们不能长期在家，和父母相处的时间本来就很短，再者父母在世的时间也是有限的，即便我们克制自己顺着父母，也不会占你生活的多大比重。所以即便顺着父母你不舒服，甚至很痛苦，也都是短暂的。

秘籍七：孝，就是让父母笑

西方有句谚语：智慧之子，使父亲欢乐；愚昧之子，叫母亲担忧。**孝顺的最高原则就是让父母快乐，悦亲是养亲第一要诀，"悦吾老"是"老吾老"的最高境界。**

作为父母，他们的开心是儿女给的，他们的不高兴也是儿女给的。在父母心里子女的快乐比他们自己的更重要。因为父母的情绪对他们的身体健康有着重要的影响，所以子女无论说什么、做什么都应该一切以让父母开心为前提，一切以父母的情绪为参照。使父母常生欢喜心可以增进他们的健康，这是寿亲之道。我们孝顺父母就要从心理入手，让父母保持开心的状态。在父母前万不可有愁容，更不能有怨言。无论我们所处环境顺逆，都应该克制感情，对父母都要面带微笑，因为笑脸就是"孝"脸。还有一点需要注意的是，如果你有烦心事，自己实在控制不住、消化不了，被父母看出来的时候，你要跟他们沟通，不能简单地说"没啥事"来搪塞父母，这样父母就会辗转反侧地想到底是什么事，是和领导闹了矛盾？不然就是夫妻吵架？再不就是孩子成绩不好？身体出了问题？你本意是好的，怕告诉父母后让他们担心，可是你不知道，你越是不说，父母越会胡思乱想。如果遇到这种情况，即便有什么事，严重的你可以往轻里说，或者编一个比当下发生的事比较轻的事情，来解释你的情绪。让父母一听，没什么大不了的，从而不至于过于担心，反而会开导你。当然，最好是不让父母看出来你不高兴。

悦亲的目的是让亲悦，而悦亲的前提是"阅"亲。只有充分了解、掌握父母的情绪，才能做到有的放矢，对症下药。一般来说，悦亲的方法有以下几种：

"做"。做一些让父母开心的事。比如，陪父母聊天、逛街，帮父母做家务，给父母过生日、买礼物等，哪怕是你感恩的一句话，你充满爱意的一个举动，都会让父母非常开心。比如有一次我母亲丢了100块钱，急得牙都肿了，我就跟别人借了100块钱，扔在院子里，然后假装捡到，告诉母亲钱我找到了。虽然很多年后，我母亲提起这件事时，说其实她知道是我故意丢院子里的，但她依然很开心。

"逗"。要拿出讨对象开心的劲头，来逗父母开心。给他们讲讲工作中遇到的有意思的事，或者讲个笑话，也可以跟他们一起看郭德纲的相声、看"开心麻花"的小品、看搞笑电视剧等，不管手段如何，能让父母笑**就是硬道理**。在我们家，我就充当这样一个角色，我总是想方设法地逗父母开心，以至于父母觉得我始终长不大，其实我只是在他们面前不想长大而已。

"劝"。要学会做父母的思想工作。俗话说"人在事中迷，就怕没人提"，父母随着年龄的增长，思想上容易钻牛角尖，这时子女就要及时开导。对父母而言，孩子的难处和不如意都是他们心头的结。父母到老了，整天就惦记着子女的事。拿我们家来说，我兄妹四个，我父母整天不是为这个操心，就是替那个发愁。我们兄妹几个又不可能每个人的工作、生活、婚姻都好到无可挑剔，所以父母整天就发愁。于是我就给父母讲"两个兄弟卖冰棍和雨伞的故事"，并且把作家史铁生的感悟讲给父母听，让他们知道"其实每时每刻我们都是幸运的，任何灾难面前都可能再加上一个'更'字"这个道理；当父母舍不得吃、舍不得花的时候，我就给他们讲"中国老太太和美国老太太的故事"，一定程度上让父母宽慰了许多。

"教"。教父母尝试一些新的事物，比如教父母视频聊天、用手机使用微信等，让父母从新生事物中寻找快乐。需要特别注意的是，在教父母学习新东西的时候一定要有耐心，要按照"**我讲给你听→你做给我看→我再教你做**"的程序教父母。且不说父母学会了会开心，单单是你这么有耐心、不厌其烦地教父母，就会让他们很高兴。

这几种方法，可以是在父母心情不错时锦上添花，更重要的是要在父母不开心时雪中送炭。

秘籍八：把父母当成外人

跟父母接触时把父母想象成外人，可以把父母当作你的朋友、同学、同事、战友、领导,甚至是和你毫不相干的张三、李四、王二麻子。当父母提醒你多穿点衣服时,你想象成是同事提醒你加衣服;当父母给你做饭时,你想象成是去同学家,同学给你下厨做饭;当父母给你买东西时,你想象成是朋友给你买礼物;当父母给你买房子时,你想象成领导给你买房子;当父母给你接送孩子时,你想象成是邻居帮你接送孩子……

设想一下,如果是外人为你做这些,你会怎么对待他们,你就把要对外人的反馈来反馈你的父母,不需要因为他们是你的父母,你就格外开恩,你只需要跟对待外人一致就行。这种想是真正地想,是设身处地地想,不是随便想想。当他们为你做什么事情时你就想,他们不是你的父母,他们是外人;当你要对父母发脾气时,也想一想他们不是你的父母,他们是外人。只有你真的把父母当成"外人"时,他们才能享受到"内人"的待遇。

秘籍九:把父母当成自己的孩子

有一个真实的故事:讲的是一个女儿护理自己病重的母亲。母亲病情严重,无力回天,在去世前女儿拉着母亲的手说:"妈,下辈子咱们还做母女好吗?"母亲泪流了下来。女儿又接着说:"咱们俩提前说好,这回咱俩换一换,你做女儿,我当母亲。"看到这,我的泪也流了下来。我为这个女儿的孝心所感动,感动之余我就想,其实孝顺父母,把赡养当成抚养,不一定非要等父母在弥留之际才能"说",在父母在世之时就能"做"。等你成年或者成家之后,你就可以把自己的父母当成自己的孩子来看待,与父母角色互换,把"赡养"当成"抚养"。无微不至地关心他们,不厌其烦地帮助他们。歌德说:"我们体贴老人,要像对待孩子一样。"很多对自己的孩子和对父母最大的区别就是有无耐心。而体贴父母最重要的就是要有耐心。

说到耐心,看过一个"21"和"4"的故事:

一个宁静的夏日午后,一座宅院内的长椅上,并肩坐着一对母子,风华正茂的儿子正在看报,垂暮之年的母亲静静地坐在旁边。

忽然,一只麻雀飞落到近旁的草丛里,母亲呢喃地问了一句:"那是什么?"儿子闻声抬头,望了望,随口答道:"一只麻雀。"说完继续低头看报。母亲点点头,若有所思,看着麻雀在草丛中颤动着枝叶,又问了声:"那是什么?"儿子不情愿地再次抬起头,皱起眉头:"我刚才告诉您了,妈妈,那只是麻雀。"说完一抖手中的报纸,又自顾看下去。麻雀飞起,落在不远的草地上,母亲的视线也随之起落,望着地上的麻雀,母亲好奇地略一欠身,又问:"那是什么?"儿子不耐烦了,合上报纸,对母亲说道:"一只麻雀,妈妈,一只麻雀!"接着用手指着麻雀,一字一句大声拼读:"摸—啊—麻,七—跃—雀!"然后转过身,负气地盯着母亲。老人并不看儿子,仍旧不紧不慢地转向麻雀,像是试探着又问了句:"那是什么?"这下可把儿子惹恼了,他挥动手臂比画着,愤怒地对母亲大嚷:"你到底要干什么?我已经说了这么多遍了!那是一只麻雀!难道你听不懂吗?"

母亲一言不发地起身,儿子不解地问:"您要去哪?"母亲抬手示意他不用跟来,径自走回屋内。

麻雀飞走了,儿子沮丧地扔掉报纸,独自叹气。过了一会,母亲回来了,手中多了一个小本子。她坐下来翻到某页,递给儿子,指着其中一段,说道:"念!"

儿子照念起来:"今天,我和刚满三岁的小儿子坐在公园里,一只麻雀落到我们面前,儿子问了我21遍'那是什么',我就回答了他21遍'那是一只麻雀'。他每问我一次,我都拥抱他一下,一遍又一遍,一点也不觉得烦,只是深感他的天真可爱……"

老人的眼角渐渐地露出了笑容,仿佛又看到往昔的一幕。儿子读完,羞愧地合上本子,强忍泪水张开双臂搂紧母亲。他终于明白,母亲不是患有老年痴呆症,也不是无理取闹,只是看到了麻雀,回忆起昔日母子间的亲密。日记本中那位可爱的孩子,如今已经长大成人,不再追着妈妈问"那是什么"了。

两人偶尔的相处,自己却不懂得珍惜,完全忽略了身边的母亲。当母亲触景生情,想找回往日的温馨,仅仅问了三四遍,自己竟然火冒三丈不耐烦了。

儿子陷入深深的羞愧和自责中……

这是一个令人深思的故事，21和4之间的差距，不是数字，而是难以言说的爱的差距，是儿女穷尽一生也无法偿还的亏欠。

我不知道，如果你的母亲问你，你能回答她几遍，但我知道，如果你的孩子问你，你肯定也会不厌其烦。我们很多人都是对子女讲"心"，对父母讲"金"，其实父母最需要你的心，需要你的关心、需要你的耐心。子女要知道**当父母一件事问你几遍或者跟你说几遍时，不是他们错了，而是他们老了。**

对父母要像对自己孩子一样，最主要的就是要像对孩子一样有耐心（虽然有教养的人对父母同样有耐心，但通常不如对孩子的耐心）。这一点说容易也容易，说难也难。如果你没有发自肺腑地把父母想象成自己的孩子，只是强迫自己耐心地对待父母就很难。当你真正能够把父母当孩子时，你的耐心就会自然而然。

把父母当成自己的孩子，就是当他们脆弱的时候你要坚强，安慰他们，开导他们；当他们害怕的时候你要勇敢保护他们，哪怕是在街上遇见一条狗，也要把父母护在你的身后；把父母当成自己的孩子，你就不会把他们扔一边不管不问，就会对他们的衣食住行、起卧坐走悉心照料。当他们需要你的时候，你会在他们身边呵护他们，陪伴她们。

秘籍十：把对方父母当成自己亲生父母

这个方法或许让你觉得有点老套，没有什么新意，但越是老套的东西越有实际价值，就好比古董，往往是年代越久越值钱。即便再有效的方法，如果你不真正用心去应用，对你来说也没有任何价值。

把对方父母当作自己父母，就是当你在为对方父母尽孝时有不情愿的时候，你想象成这是你自己的父母，你是否还会不情愿？当对方父母说你两句，你想象成是你自己的父母说你，你是否还会在意？以此类推，记得经常用你对待自己父母的标准来对待对方的父母。当然，前提是你对自己的父母足够好。

妻子要知道：丈夫的父母就是自己的父母，将心比心，爱屋及乌，老吾老以及"夫"之老。只要内心深处认为这就是我自己的父母，心理上对老人依恋亲密，老人迟早会感受到这份真心。

丈夫要明白：妻子也是父母心头的肉，也是父母含辛茹苦拉扯大的。妻子虽然嫁到你家，也不能光孝敬公婆而不管自己的亲生父母。你也要对妻子的父母尽到做儿子的义务。

把对方父母当作亲生父母，还要注意平时对对方父母的称呼。看到一种社会现象，儿子考试没考好，妻子就对丈夫说，你看"你"儿子，才考这么多分。等孩子考了双百，妻子却对丈夫说：你看"我"儿子，考了双百，我儿子真棒。就好像丈夫不是孩子亲生父亲似的。

夫妻之间称呼对方父母经常会说"你"爸"你"妈，这样称呼有些生分，最好说"咱"爸"咱"妈。虽然区别不大，但是这对心理的暗示不一样。如果张嘴闭嘴"你"爸"你"妈，心理上就会暗示自己，既然是你爸你妈，跟我就没关系。如果觉得说不出口，至少要找一个中性的前缀来区别双方父母，比如大妈妈、小妈妈之类。**爸妈前面不加你我，也就意味着不分你我。**

落实在其他生活细节中，对待双方父母应该做到"媳对翁婆应与女同，婿待岳丈依照子行"，具体来说应做到以下两点：

1. 各给所需。双方父母的职业不同、经济状况不同，需求自然也不同。就拿我母亲和岳母为例：我母亲从农村出来没有工作，没有经济收入，只能是靠我们兄妹几个谁手头有钱就给她点，但我岳母有固定的工作和稳定的经济来源，从这一点来说，虽然两个母亲都有物质和精神双重的需要，但我母亲物质上的需要自然会更多，而我岳母精神上的需要更多。我和妻子在满足两个母亲的需要时就会有所侧重，需要什么就给什么，最需要什么就先给什么。

2. 尽量公平。仅以给双方父母买衣服为例，双方父母不是双胞胎，不可能买任何东西型号、款式都能买一样的，衣服的品牌、型号、款式不同，价格自然也不同，这就没办法绝对公平。但至少要差不多，不能说给女方父母买动辄上千还觉得拿不出手，给男方父母买百十来块还嫌贵，这显然是不对的。如果在单件物件上无法找齐，可以综合来看，今天给你父母买的东西便宜，但下次有合适的可以买点贵的。总体上应该保持大致相当，不能厚此薄彼。

秘籍十一：以爱人的名义尽孝

你在为父母尽孝时，为父母买什么东西、做什么事，全都加到对方头上，你爱人情愿当然最好，如果不愿意，你也要对父母说是你爱人的意思，这样父母就会很开心。如果仅仅是你自己为父母做事，你父母在享受你孝心的同时，还会因为你爱人对他们不关心而失落。所以即便生活中有些事是你未经爱人允许的，也要以爱人的名义去做。为了让父母开心，你就只能发扬风格学习雷锋了，还不能留名，连日记都不用写。

如果你以爱人名义为父母做的事，让父母开心，或许父母会对你爱人表达谢意，你爱人会感到受之有愧、不好意思，进而主动和你一起尽孝。

秘籍十二：让爱人和孩子替你尽孝

一般来说，你自己对父母孝，不如你的爱人对你父母孝；你爱人对你父母孝，不如你的孩子对你父母孝。拿给父母钱为例，如果爱人给你的父母500，胜过你给父母1000；如果你的孩子给父母500，胜过你给父母一万。总之，你的爱人和孩子对你父母尽孝都比你自己尽孝的功效强。你对父母好是应该的，你爱人毕竟不是你父母亲生的，正因为不是亲生的，如果能对父母好，更会让父母欣慰。孩子年纪还小就知道孝顺老人，更会让老人生活有希望，有奔头。

让爱人替你尽孝。老话说"姑娘孝不如女婿孝，儿子孝不如媳妇孝"，只要夫妻双方都能多一些宽容、多一些谅解、多一些真情，孝道就会在心间开出美丽的花朵。

让孩子替你尽孝。哪怕你的孩子只是给爷爷奶奶、姥爷姥姥洗个苹果、剥块糖，都会让老人感到莫大的欣慰。对于父母而言，最让他们没有抵抗力的就是你的孩子，哪怕你和父母发生争执，需要缓解关系时，用孩子做公关肯定会马到成功。最好能把这种天伦之乐作为天天之乐，让孩子尽可能多地陪伴父母，替自己尽尽孝道。

孩子是替你尽孝的最好法宝，都说父债子还，其他的也许不需要，因为很多父母都是为孩子创造财富，无论多少，但是这情债单靠你这一辈是还不完的，孩子虽然小，但是由于隔代亲等先天因素，可以取得事半功倍的功效。此外，多让自己的孩子陪陪父母，让父母享受"隔代亲"是一石三鸟的事：首先是对父母好。孙子和外孙辈对父母的孝，是最高级别的孝，是父母最喜欢的方式，是天伦之乐。之所以说天伦之乐，意思就是无法形容的乐趣。父母对于孙子和外孙辈，是永远看不够的。自己成家有了孩子，一定多带着孩子去看父母，每次打电话时，也要鼓励孩子和爷爷、奶奶、姥姥、姥爷多说话，这就是让父母最高兴的事情。其次是对你自己好。孩子替你尽孝一方面能弥补你对父母的愧疚，并且会让你父母开心，你父母开心，身体就会好，你父母好，你才会放心。另一方面，孩子能孝顺爷爷、奶奶、外公、外婆，当然也会孝顺你。最后是对孩子好。孩子从小养成尊老爱幼的习惯利于自己感恩意识的树立，是塑造孩子完整人格的关键。

秘籍十三：老吾老以及"老"之老

我们每个人应该做到穷则独"孝"其亲，达则兼"孝"他人。如果你对父母做到了足够好，为了能够让他们更加开心，你就应该做到"父母之所爱，亦爱之；父母之所敬，亦敬之"，对与他们密切相关的老人们孝顺，主要包括以下几个方面的关系：

1. 父母的父亲母亲。也就是你的爷爷奶奶、外公外婆，已婚的还要包括爱人的爷爷奶奶、外公外婆。

2. 父母的兄弟姐妹。也就是你的姑姑、叔叔、舅舅、姨，对于父母而言兄弟姐妹是他们除了父母以外最亲近的人。

3. 与父母有特殊感情的老人。父母的老师、干姐妹、拜把兄弟、战友、同学、同事，或者是对父母有恩的人。

随着生活水平的提高、医疗水平的提升，老人的平均寿命延长，老人的老人、和父母同时代的老人相应增多,在这些老人里,一定有一些人对于父母而言有着特殊的感情、特殊的意义,这时你如果去看望,或者对困难者予以帮助,我相信父母会很欣慰。你的父母在他们的亲戚、朋友面前也会觉很很有面子。

总之,我们要孝敬的不仅仅是父母,还要关心、疼爱对于父母来说重要的人,对于他们我们同样要尽孝心,讲孝道。这样更能让父母感到欣慰。

秘籍十四:适当地"麻烦"父母

这种麻烦主要以锻炼父母身体、让父母有成就感为目的,可以从以下几个方面"麻烦"父母:

1. 找父母乐意干的。如果你让父母做的事情是他们的兴趣所在,那当然最好不过,因为他们不仅帮你做了事,自己还娱乐了他们自己。

2. 找父母擅长干的。找父母最熟悉、最擅长的事情让父母做。比如母亲以前是个裁缝,你可以让她给你做床被子。父亲以前是木匠,你可以让他给你打个书架。父母都是种地的,那就让父母给你种点蔬菜,等等。

3. 找父母能干的。如果前两项中找不到适合让父母做的,那就找个父母体力、精力承受范围之内的活让父母干,不能让父母过于疲劳。

以上十四条秘籍,只要你用心领悟、经常使用,哪怕你只是用了其中一条,也会带来不可思议的变化。

践行方法

一、想要和父母在一起的方法

尽孝最好能跟父母在一起，下面介绍几种跟父母在一起的方案：

方案1：因为父母往往故土难离，那你可以放弃你现有的工作，到父母所在城市，或者离父母较近的城市工作。

方案2：如果老人愿意到你工作的城市去，那最好不过了。你在所在的城市有房子后（哪怕是租的），也可以把父母接过来和你一起住。

方案3："亲情两代居"模式，两代人有合有分，既可以保持各自的生活习惯，又能天天见面，相互照顾。

模式A：在你所在城市，给父母单独买一套房。同一小区，分而不远，争取在"一碗汤"距离内。这样让彼此都有自己独立的空间，老人也放松。

模式B：楼上楼下，遥相呼应。在一栋楼里，老人住楼下，年轻夫妇住楼上，吃饭一起吃，睡觉各自睡。

模式C："1+1大小配"，分门不分户。所谓"1+1大小配"，就是由相邻的两套房组成的一个大套间，其中一套是两居室，另一套是一居室，共用户外走廊。年轻夫妇与父母住在一个大套间里却经济独立，分灶开火。

方案4：让父母每年不忙的时候，过来在你的城市跟你住一段时间，既让他们感受一下大城市，也让你尽尽孝心。可能很多父母因为不适应城里的生活，感觉不舒服、没有老家自在，就等他们住够了再回去，并且你在节假日放假时再回家陪他们。

二、不能跟父母在一起时的尽孝方法

如果受客观条件约束,实在不能跟父母在一起,可以通过以下几种方法尽孝:

1. 打电话。不在父母身边时,一定要确保每天跟父母通一个电话,一是问问他们好不好,一天都干吗了,身体怎么样,吃的什么,老家发生了哪些事情等。二是告诉他们你很好。向父母报告一下你的学习、工作和生活的情况。人老了,没有什么想要得到的东西了,他们只希望自己的子女能幸福快乐,也希望自己的子女心里有他们。所以有空就给父母打个电话,等到父母去世了,你再想给他们打电话都不知道拨几。并且要做到"**父母在,不关机**",要让父母有事的时候随时能找到你。

2. 视频聊天。这个是子女不在父母身边时跟父母联系的最好方法,因为很多老人不会使用电脑,所以把这个方法放在第二位。如果老家有条件能装网线,就给父母弄台电脑,教会他们怎么视频聊天,这样即便你远在天边,家就在眼前。

3. 定期寄钱。给父母在银行办张卡,定期往父母卡里打钱,保证父母手头有充足的钱,并且要教会父母怎样操作ATM机,可以等回家时带父母去银行演示给他们看。每到过年,再额外给父母发个红包,并把父母给孙子辈的压岁钱也计算在内。

4. 邮东西。虽然给父母寄钱时也是让他们想买什么买什么,不用省着,但是多数父母都舍不得,都替你攒着。他们舍不得花,你就给他们买东西,老家的东西、衣服等东西肯定没有你所在城市那么充足,所以给父母寄钱和给父母买东西是两码事。在平时逛街或者在淘宝上看到父母能用的、能穿的、爱吃的,买了之后快递回去。到换季和特殊节日的时候,如果自己不能回去也要买点礼物寄回去。

5. 写信。定期换个方式跟父母交流,给父母写封信。用这种传统的方式,更能让父母感受到你的孝心。

6. 请别人照看。把父母托付给父母身边的亲戚、邻居,让他们帮忙照看一下父母，也隔段时间给邻居、亲戚打电话问候一下，并且通过他们定期了解父母的情况。

三、与父母在一起时的尽孝方法

尽孝12条：

1. 多在家陪陪他们。哪怕回家只是和父母说说话，让他们看见立体的你，他们就是高兴的。在陪父母过程中，如果你能放下廉价的自尊，去掉迂腐的羞涩，帮父母洗一次脚，捶一次背，梳一次头，剪一次指甲就更会让父母感到满足。

2. 给父母检查身体。人到老年身体机能下降，各种疾病频发，子女要定期为父母做全身检查，这样能够提前了解身体状况，确保早发现、早治疗。这方面要做父母的工作，因为有的父母感觉身体没病没灾的，检查身体怕浪费钱，还有的就是掩耳盗铃，怕一检查浑身是病，还不如不检查。首先子女要认清给父母体检的重要意义，要认识到这是尽孝中最关键的举措之一，从而主动带父母检查身体。同时更要让父母认清体检的重要意义，进而配合检查。父母怕花钱就告诉他们，等小病攒成大病，不仅要花更多的钱，还得把身体搭上。检查完没病更好，有病就抓紧治疗，别让小病拖成大病。

3. 给父母做饭。父母为你做了一辈子的饭，你也要亲手给父母做几顿饭，让他们也尝尝现成的。如果你结婚了就和爱人一起为父母做，无论做好做坏，都是你的孝心。如果你实在不擅长，就让父母在一旁指导，还能让他们有成就感。如果你意识不到给父母做饭的意义，可以在网上搜搜名字叫《天堂午餐》的视频看看，视频中儿子给去世的母亲做了一顿母亲盼望已久的午餐，却只能是送往天堂的午餐。等你看完，相信你会卷起袖子，围上围裙。

4. 给父母洗衣服。从小到大父母给你洗了多少衣服，恐怕连他们自己都记不清了，子女也要亲手为他们洗洗衣服，哪怕只是用洗衣机洗。不要放不下架子，无论你多尊贵，给父母洗衣服都是应该的（第3条和第4条都属于做家务的范畴，之所以都单列出来是因为这两条比较关键）。

5. 陪父母逛街。有时间带父母到商场、超市，哪怕是去菜市场转转，买不买东西不重要，重要的是让父母体验你陪他们逛街的感受。

6. 给父母买东西。记住父母的衣码、裤码、鞋码及喜爱的颜色。每年给父母从头到脚买一两套。除此之外，还可以给父母购买睡眠器具、足浴盆。在寒湿季节，给父母常备暖宝宝、保温鞋、羊绒裤等保暖用品。

7. 给父母按摩。可以自己给父母按摩，也可以带父母去专业按摩店按摩。自己给父母按摩，父母心里最舒服，让专业按摩师给父母按，父母身体最舒服。最好是两种办法相结合。

8. 给父母拜年。如果你不习惯用磕头的方式拜年，那就用给父母"压岁钱"的方式。只要你自己赚钱了，除了定期给父母钱，过年时还要给父母压岁钱，最好用红包包上，让老人觉得喜庆吉利。

9. 带父母看电影。尽量带父母看他们喜欢的题材，如果没有，也要让父母体验一下电影院的感受。

10. 给父母过生日。虽然很多老人嘴上说"不愿意过生日"，但子女不能不当回事，有条件尽量要给父母过。如果平时父母过生日的时候，你因为工作原因确实回不了家可以理解，但不能每年都不回去。尤其是父母五十、六十、七十这样的大寿一定要隆重过，儿女要尽量回到父母身边。祝寿不仅是对父母养育之恩的报答，也是让父母自豪的一种方式。父母过生日时，如果不在父母身边，可以通过定制蛋糕或者从网上买生日礼物邮寄给他们，要让父母知道你无论走多远，你的心始终跟他们在一起。如果记不住父母的生日，就在手机日历上加个备忘录，并且要提前几天，这样无论是给父母买东西，还是回家，都有提前量。

11. 支持父母的业余爱好。如果父母有爱好最好，子女就尽自己所能支持父母的爱好。如果父母还没有爱好，就帮他们选择一个适合他们的爱好。最好是对身体有益处的，比如钓鱼、太极、书法、插花等。

12. 带父母去旅游。父母在年轻的时候为了生活，没有太多的精力和财力去旅游，老了一定要让父母真正感受一下旅游的感觉。帮助父母完成年轻时未完成的愿望，或者是坐坐飞机，看看大海，爬爬长城，或者是到他们年轻的时候曾经插队的地方故地重游。子女要知道父母渐渐老去时，想的不会是自己有几处房产，银行里有多少存款，想得更多的是去过哪些地方。所以子女一定要带父母出去转一转（别说没条件，人家拿平板车推着母亲都能旅游），因为这将是父母最美好的回忆。

如果你说自己没条件，就看看孝的长征。

尽孝的方法有很多，有的人总结了新24孝，日本知名老年医学专家米山公启总结了31种方法，还有人总结了子女应该为父母做的45件事，总之方法各式各样，以上这12条只不过是把主要的梳理了一下，还有一层考虑就是我怕罗列太多，反而不利于具体的操作。如果以上这12件事你做过了，并且做好了，我想你的父母就已经很知足了。

以上几种方法，不知道你能"孝"仿几条，可能这些事你有些会觉得不适应，但这是作为子女最基本的，如果这些都让你觉得不适应的话，那你就只有一个办法，就是多做几次，做多了自然就适应了。并且你做得越多，做得次数越多，父母就越幸福，你也会越快乐。除此之外，我也期待你能在这12条的基础上，制订属于自己的尽孝计划。

这些所谓的方法，虽然只是一些用来参照的依据，不是必须执行的行为准则，但是想要实现也并不难。当你为父母做这些时，父母也许会拒绝、嗔怪，这时你要对他们说：如果你们不想在你们过世之后，让我后悔没能及时尽孝，就让我为你们多做一点吧。我想如果你这么说，他们就不会再拒绝，并且会觉得他们为你付出的一切都是值得的。

践行标准

初级标准：让父母一想到你就会微笑

你要做到父母一想到你就发自内心地感到温暖，让老人想起你就感觉满足。即便你不能陪伴在他们身边，但是他们知道，你心里一直有他们，你一有时间就会来陪伴他们，你知道他们最需要什么。父母一想到你或者一跟外人提起你，心里满满的都是幸福，满脸洋溢着幸福的微笑。

中级标准：能在父母葬礼上笑得出来

双亲故去，子女痛心，哭是其自然的感情流露，也是绝大多数人对父母故去常见的表达方式。这哭声中包含着各种感情的因素交织，究其原因无外乎以下几种：

为自责而哭。因为自己没来得及尽孝，父母就撒手而去，内心有深深的愧疚。这种愧疚痛彻心扉，发自肺腑，情不自禁泪眼滂沱。或是在此之前与父母拌嘴，伤害了父母，内心更是愧疚万分，捶胸顿足，呼天抢地。

为思念而哭。平时忙于工作、学习，没有把精力放在父母身上，等父母一旦撒手而去，习惯了依赖父母的子女们才会意识到自己有多么想念他们。

为名声而哭。想让别人觉得自己孝顺，哭给别人看。如果父母去世自己不哭，怕别人说自己不孝顺。即便父母去世内心如释重负，甚至还有几分窃喜，终于没人拖累了，总算可以全身心地过自己的日子了。但是心中高兴归高兴，至少要让外人感觉自己很伤心。

儿女在父母葬礼上流泪，大体上就是上面几种原因的排列组合。其实父母去世后你哭与不哭都不重要，你葬得是否隆重也无关紧要，重要的是父母在世时你对父母的所作所为。

衡量你在父母在世时做得多与少、好与坏，有一个可以量化的标准：假设你现在在父母的葬礼上，当别人过来安慰你，让你节哀顺变时，你要能够笑得出来。你如果敢笑，就说明你做得足够好，好到没有丝毫的愧疚，好到所有人都知道你的孝，你无须再用自己的眼泪来证明你的孝顺。但是很多人是不敢的，因为怕别人误解为父母去世后自己因为没负担了而开心。即便心中确实是这么想的，还是要装作痛不欲生的样子，哭给别人看。我奉劝所有靠在葬礼上哭来表现自己孝顺的人，适当地可以推陈出新，换换花样，尝试着用微笑来送老人。我曾经对我父母说：你们去世了，我一滴眼泪都不会掉。我之所以敢这么对父母说，是因为在我能力范围内，我能做的都做了。当然，不哭是不可能的，但至少我敢这么坦诚地对我父母说，至少我有在父母的葬礼上笑的勇气。

提这个标准并不是说一定要在父母的葬礼上笑出来，而是你要有笑的勇气和资本。首先是敢笑，不怕别人看到后说你不孝。你敢笑就说明你对父母已经尽力，所以没有遗憾，不需要自责，就说明你对父母怎么样别人都已知晓，不用再装腔作势。当然，也有不孝但仍然能在父母葬礼上谈笑风生的，这不在我所说的之列，因为我说的是人，不是动物。其次是能笑，自己内心没有愧疚，自己对父母无怨无悔。所以，如果你真的想让自己的父母快乐，你要照着你能在父母葬礼上能笑出来的标准去对待父母。认真思考一下，你应该怎么对待父母，才能在父母的葬礼上笑得出来。

高级标准：让父母含笑而终

"死亡"是最让人恐惧的事情，尤其对步入黄昏的老人而言，对死亡甚至恐惧到不能提"死"这个字眼，当年轻的我们口无遮拦地说这个字时，老人都会批评我们。死亡之所以让人如此恐惧，一方面是因为要去一个未知的世界，身体要么火化，要么埋在阴森的地下。虽然都知道死后就没了知觉，但是还是怕疼痛难忍，并且一旦死后就要终日与鼠蚁虫蛇为伍，从此遁入无底的黑暗。另外一个原因就是没有人陪伴，只能自己一个人去的孤独（所以古代皇帝都让人陪葬）。

作为子女，为父母尽孝，要做到能让父母在面临令人毛骨悚然的死亡时仍能面带微笑，他们在弥留之际，没有任何的遗憾，没有任何的抱怨，你用你的爱让他们不再恐惧未知的死亡，让他们可以微笑地面对诀别，我想这应该就是孝顺的最高境界了。

微信扫码
听孝经浅解音频
添加阅读助手领取服务

编 后 语

  我不相信神灵,但我还是选择祈祷,祈祷我们每个人的父母都能健健康康、平平安安、快快乐乐地享受他们的晚年。

  如果要为这本书结尾说最后一句话,我还是要说:尽孝要趁早,因为没有爱可以重来!

这不仅是一本讲解孝道的图书
更是您的学习解决方案

本书配套线上资源

【孝经浅解】
听《孝经》浅解音频，开拓视野，多维度了解"孝"，帮助您更好地理解本书。

【阅读助手】
为您提供专属阅读服务，满足个性阅读需求，促进多元阅读交流，让您读得快、读得好。

获取资源步骤

【第一步】微信扫描二维码

【第二步】关注出版社公众号

【第三步】选择您需要的资源或服务，点击获取

微信扫描二维码　领取本书线上阅读资源